污泥管理
Sludge Management

[印度] 博拉·R. 古尔贾尔（Bhola R. Gurjar）
维尼·库马尔·蒂亚吉（Vinay Kumar Tyagi）　著

颜莹莹　邢俊义　梁　远　译

U0387967

中国建筑工业出版社

著作权合同登记图字：01-2021-4730号

图书在版编目（CIP）数据

污泥管理 /（印）博拉·R·古尔贾尔
(Bhola R. Gurjar)，（印）维尼·库马尔·蒂亚吉
(Vinay Kumar Tyagi)著；颜莹莹，邢俊义，梁远译
. —北京：中国建筑工业出版社，2021.12
　　书名原文：Sludge Management
　　ISBN 978-7-112-26487-2

　　Ⅰ. ①污…　Ⅱ. ①博… ②维… ③颜… ④邢… ⑤梁
… Ⅲ. ①污泥处理　Ⅳ. ①X703

中国版本图书馆CIP数据核字（2021）第171300号

责任编辑：程素荣　李春敏　边　琨
责任校对：姜小莲

污泥管理
Sludge Management

[印度]　博拉·R. 古尔贾尔（Bhola R. Gurjar）
　　　　维尼·库马尔·蒂亚吉（Vinay Kumar Tyagi）　　　著

颜莹莹　邢俊义　梁　远　译

*

中国建筑工业出版社出版、发行（北京海淀三里河路9号）

各地新华书店、建筑书店经销

北京雅盈中佳图文设计公司制版

北京京华铭诚工贸有限公司印刷

*

开本：787毫米×1092毫米　1/16　印张：16¼　字数：354千字

2021年12月第一版　2021年12月第一次印刷

定价：**68.00**元

ISBN 978-7-112-26487-2

　　　（37994）

版权所有　翻印必究

如有印装质量问题，可寄本社图书出版中心退换

（邮政编码 100037）

《污泥管理》翻译编辑委员会

主　编：颜莹莹

副主编：邢俊义　梁　远

编委会：孟春霖　刘雪迎　王　侨　沙雪华　赵　鑫
　　　　胡　啸　李雪怡　刘艳艳　马嘉蔚　臧星华

目 录

14.8　蛋白质和酶 ……………………………………………… 207

14.9　污泥在全球范围内的资源化再利用 ……………………… 208

14.10　技术经济和社会可行性 ………………………………… 209

14.11　小结 ……………………………………………………… 209

习　题 …………………………………………………………………… 211

结　语 …………………………………………………………………… 216

参考文献 …………………………………………………………… 219

中文版序

获悉《污泥管理》(Sludge Management)一书的中文版即将翻译出版,我由衷地感到高兴。

作为国内污泥处理处置行业发展的亲历者和推动者之一,见证了我国污泥处理处置技术的快速进展,以及政策和标准的逐渐完善。然而,由于我国长期以来"重水轻泥",污泥处理处置没有与污水处理同步提升,仍有欠账,至今尚未得到有效解决,形势依然十分严峻。因此,借鉴国外经验,为国内培养具有国际视野的工程师和管理人员就显得格外重要。

遗憾的是,由于污泥处理处置是环保行业的专业细分领域之一,目前对全流程进行系统性介绍和总结的英文书籍并不多,《污泥管理》则是该领域中非常出色的一本综合性书籍,涵盖了污泥管理中传统技术和先进技术,以及发达国家和发展中国家的工程案例。

本书从污泥处理处置既是"污染物"又是"资源"的双重属性出发,系统介绍了污泥浓缩、调质、脱水、稳定化、消毒、干化和最终处置的各种单元工艺及其相应的优缺点;并从资源化角度介绍了从污泥中回收各种有价值产品的方法,例如生物燃料、生物柴油、供电、重金属、磷、蛋白质及建筑材料等,还提出了上述诸方面研究进展的发展趋势。

鉴于原书作者在污泥处理处置领域具有丰富的实践、教学、培训和研究经验,能够深入浅出的阐明各种工艺原理、特征、技术要点和适用工况等,虽然是一本专业书籍,但可读性强,内容不枯燥。

该书面向的读者是从事污泥处理处置行业的工程师,污泥管理领域的学者和研究人员,也可用作硕士生和博士生的教科书。同时本文所有引用都标注了原文的出处,有利于感兴趣的读者进行针对性的扩展研究。

值得一提的是,本书的翻译团队以其丰富的设计和运营管理经验,为我们提供了一部关于污泥处理处置的系统性教材。无论是对污泥处理处置的监管方、设计方还是运营方,都具有一定的参考价值。

最后,我对参与翻译的人员在该书出版中所做的努力表示诚挚谢意!

李世镇

2021 年 5 月

译者序

随着我国经济持续快速稳定发展,城镇污水处理规模日益提升,污泥产量也相应增加。据统计,2020年我国污泥产量已超过6000万t(以含水率80%计),但与之矛盾的是,由于污泥最终处置路线不明确、法律法规监管体系不完善及我国城市污水处理厂早期建设过程中存在的严重"重水轻泥"现象,当前我国污泥处理设施仅基本实现污泥的减量化,并未真正实现"稳定化、无害化、资源化",仍存在严重的二次污染风险。我国的污泥处理处置与发达国家间存在的差距主要体现在:我国污泥处理设施稳定化处理能力不足,以及污泥无害化、资源化利用率较低。

在这种情况下,有必要借鉴国外的污泥处理处置经验和方法。《污泥管理》(*Sludge Management*)是一本非常出色的系统性教材,由美国CRC出版社于2017年出版,提供了关于污泥处理、利用和处置的前沿信息。本书的作者Bhola R. Gurjar博士和Vinay Kumar Tyagi博士在污泥处理处置行业拥有丰富的实践、教学、培训和研究经验。

本书内容丰富,围绕污泥管理的全流程展开,全面系统地进行阐述,旨在提高污泥管理、设计、运营人员的技术水平。本书不仅适用于污泥处理处置现场操作人员进行运行管理的需要,还可以作为了解污泥处理处置行业的入门书籍,以及作为科研人员或者大专院校学生的教材和参考书。

本书从污泥的处理技术、处置途径和资源化利用方式等方面全面阐述了污泥处理处置技术。第1章 污泥:概述,从污泥的来源、分类、特性和关键参数进行阐述;第2章 污泥的泵送,基于不同含水率和来源的污泥,对其流动特性、管损和能量需求、适用的泵送装置,以及水泵的控制展开介绍;第3章 污泥处理,概括性介绍了污泥处理的工艺流程,并对污泥预处理环节,例如除砂、混合、研磨等方面进行详细介绍;第4章 污泥浓缩,主要介绍了重力浓缩、气浮浓缩、机械浓缩的工艺原理和优缺点,并对新兴的污泥浓缩技术,以及小型污水处理厂的污泥浓缩方法进行介绍;第5章 污泥调理,从化学调理、热调理、冻融调理等调理方式展开介绍,并分析了影响污泥调理效果的主要因素;第6章 污泥脱水,详细介绍了污泥脱水的自然方法和机械方法,并概括了小型污水处理厂的污泥脱水方法;第7章 污泥生物稳定化,介绍了污泥稳定化的目的,对厌氧消化、好氧消化、堆肥等主流工艺的工艺原理和优缺点进行了详细分析；第 8 章　污泥的非生物稳定化方法，介绍了热处理、碱性稳定化、氯氧化和物化法等污泥稳定化方法和最新进展；第 9 章　小型污水处理厂的污泥稳定化，主要基于适用于小型污水处理厂的高温好氧消化、低温好氧消化和污泥处理湿地展开介绍；第 10 章　污泥减量技术，详细介绍了污水处理和污泥处理过程中，污泥减量的技术、优缺点和最新进展。第 11 章　污泥消毒和热干化技术，主要介绍了污泥热干化的原理、主要的干化类型和设备，以及如何实现污泥的消毒；第 12 章　热处理技术和污泥处置，对污泥的单独焚烧和协同焚烧的主要方式、工艺原理、优缺点对比和工艺进展展开介绍；第 13 章　污泥处置方法、问题和应对策略，主要介绍了污泥通过土地利用、焚烧和水处置时，需要考虑的问题、应对策略和相关案例；第 14 章　污泥能源和资源回收，对从污泥中回收建筑材料、营养物、重金属、生物燃料、蛋白质和酶的方法进行介绍，并对各种方法的技术经济和社会可行性进行分析。

本书翻译由北京首创污泥处置技术有限公司完成。本书由邢俊义、梁远、颜莹莹主译并统稿，参加翻译的还有孟春霖、刘雪迎、王侨、沙雪华、赵鑫、胡啸、李雪怡、刘艳艳、马嘉蔚、臧星华、刘迪，全书稿由颜莹莹负责审校。

感谢北京市市政工程设计研究总院有限公司副总工程师杭世珺在本书翻译过程中提出的宝贵意见。由于时间仓促，加之译者水平有限，本书翻译内容难免有错误和不准确之处，敬请同行和读者批评指正。

2021 年 6 月

前　言

　　污泥是自来水和污水处理的主要残留物。根据处理工艺的不同，污泥的组成不同，主要包括水、固体颗粒、依赖于有机物生长的微生物及其代谢产物，特别是胞外聚合物以及最初存在于污水中的未降解有机物和矿物质组成。污泥的产生是污水处理中各种机制共同作用的结果，例如分离技术、微生物转化和吸附现象。污泥中含有大量水和易腐败有机质，处理工艺包括浓缩、调理、脱水、稳定化、消毒、干化和最终处置等。

　　多年来，由于污水处理设施提质增效以及出水水质标准越来越严格，全球污泥产量显著增加。因此，污泥管理和处置既是社会和环境问题，也是立法者、研究人员和工程师面临的挑战。然而，前期研究使废弃污泥资源化成为可能，从而将污泥的形象从"污水污染浓缩物"转变为"污水资源浓缩物"。厌氧消化工艺可提供沼气、肥料或土壤改良剂等资源，在污泥资源化方面发挥着重要作用。其他一些有前景的工艺将可实现从污泥中回收其他有价值的产物，如生物燃料和合成气、生物油、生物柴油、电力、重金属、蛋白质和酶以及建筑材料。

　　鉴于上述背景，博拉·R.古尔贾尔教授和维尼·库马尔·蒂亚吉博士以全面的污泥管理综合指南形式撰写本书，信息丰富且与时俱进。本书将满足化学和环境工程学科的本科生、研究生、学者、研究人员、政策制定者和管理人员的需求，尤其是污水和污泥处理领域的从业人员。有关污泥管理所有方面的详情和最新信息，即污泥产生和特征、污泥处理处置及其相关风险、污泥原位减量和污泥资源化等目前热门话题，本书均有涉猎。

　　在环境风险分析、污泥管理、生物能源回收等领域，及环境、健康、能源、基础设施和资源等科学和技术问题的综合跨学科研究领域——特别是从全球变化、可持续发展和风险评估的角度，古尔贾尔教授和蒂亚吉博士拥有丰富的国内和国际工业、教学、培训和研究经验。《污泥管理》是关于污泥处理、再利用和处置的综合指南，我对作者发表如此重要且意义非凡的作品表示祝贺。

海琳·卡雷尔（Hélène Carrère）

法国国家农业研究院环境技术实验室，UR0050

法国，纳尔博纳

序 言

关于水质净化和污水处理的大量科技文献已有发表。然而，直到最近，污泥处理处置还只是作为水和污水处理的一部分来对待，而不是作为一个单独话题。多年来，随着该领域的新知识体系不断发展，使污泥处理处置成为一个独立的研究和开发领域。因此，它需要以单独文本和参考书的形式进行编制和记录。为填补这一空白，本书涵盖污泥处理、安全处置的基本原理、常规方法和先进实践。

污泥处理处置工艺，可根据其一般现象分为物理（如浓缩和脱水）、生物（如厌氧消化、好氧消化和堆肥）、热（氧化、热解和氢化）和化学（酸或碱水解）工艺。此外，污泥处理处置的单元操作和工艺流程涉及运输、浓缩／消化／脱水／干化／焚烧以及最终安全处置。所有这些操作和工艺在本书中均有详细叙述。另外，在污泥处理工艺中，污泥的一些共同特性值得特别提及。其中包括：（1）含水率／重量／体积的关系；（2）密度、黏度、硬度和其他流动特性；（3）浓度或浓缩以及过滤性能（即排水性）的相互关系；（4）热值；（5）消化效率；（6）肥料价值。污泥的这些特性也已在本文中进行介绍。污泥管理中最重要和前沿的两个领域是：（1）通过物理法、化学法和机械法预处理后，污泥进行深度厌氧消化；（2）从污泥中回收能源和资源，而不是视其为废弃物。本书中对这两个主题的相关最新技术进展都进行了详细介绍。

因其特殊特性，污泥处理处置是一个世界性问题。由于地理和政治的特殊性，世界不同地区采取了不同方法。例如，相关文献记载，德国和英国污泥焚烧比例分别为51%和65%。然而，在英格兰和威尔士，大量污泥被回收（作为土壤改良剂）进行农用。此外，由于人口密度高且不采用海洋处置，日本不得不将其总污泥产量一半以上进行焚烧。通常焚烧成本高昂，但日本寻求出一种有效技术，利用熔化污泥和焚烧灰分来生产一种具有商业价值的无浸出硬骨料。所有常规污泥处置方法的选择和审查，即填埋、海洋处置和土地利用，主要基于社会、经济和环境因素。因此，目前努力的方向是利用污泥的有益特性进行资源和能源回收。在美国，一些通过污泥厌氧消化产生沼气发电的先进技术正在进行工程实践。在中国，每年包括污泥在内的原料，沼气（甲烷）产量为 7.2 亿 m^3。瑞典政府强调营养素循环利用的目标，是从污泥和废弃物中回收75%的磷。此外，污泥产生的沼气还可作为生物燃料用于交通运输领域。

日本在利用污泥生产建筑材料领域领先世界。所有这些问题和相应所作的努力都在本书中适当章节给予了应有的重视。

　　为了向土木、化学、公共卫生和环境学科的相关学生、教师和从业工程师清晰地介绍污泥处理处置一般原理和方法，本书共分为 14 章。这些章节详细讨论了污泥分类及其特征参数、预处理、浓缩、稳定化（生物、物理和化学）、调理和脱水、原位减量技术、消毒和热干化、热处理和处置，以及污泥处置方法、问题和应对策略，最后从污泥中回收能源和资源。每章都以简短的介绍性说明开始，包括其必要性和范围。在污泥处理处置方面具有潜在应用和可行性的新发展，已在正文相应章节中进行适当归纳。然而，仍处于研发阶段或因成本高而较少使用的方法尚未详细讨论。希望本书对于从事常规水和污水处理，特别是污泥处理处置的学生、教师和工程师来说是一种宝贵资源。向本书读者和用户征求创造性意见和建议，以对其内容进行补充和改进。

博拉·R. 古尔贾尔（Bhola R. Gurjar）

维尼·库马尔·蒂亚吉（Vinay Kumar Tyagi）

2017 年 1 月

致　谢

我们对在编写本书初稿期间以各种方式作出贡献的许多学者、同事、学生、从业者和朋友，表示感谢。我们尤其要感谢海琳·卡雷尔教授为本书撰写前言。

感谢家人的耐心和支持，帮助我们完成本书的撰写。我们诚挚感谢拉杰夫（Rajeev Grover）先生和他的团队对于文字的润色和图表的制作。

非常感谢印度理工学院（IIT）、台湾大学（中国）、卡迪兹大学（UCA）、能源与资源研究所（TII）和南洋理工大学（NTU）为我们提供舒适的环境，这有助于更好的完成此书。

感谢所有被我们查阅和引用著作的作者、研究人员和编辑。正如威廉（William Turner）所说：如果蜜蜂从大量草本植物中采集的蜂蜜可以称为蜜蜂的蜂蜜；那么我们也可以说我们汇集了许多优秀作者的观点，得以产生这本书（引自 A. Scott-James《花园的语言：个人选集》）。

博拉·R. 古尔贾尔

维尼·库马尔·蒂亚吉

2017 年 1 月

导　言

随着文明的发展、人口的增加和工业化的繁荣，出现了水资源短缺的问题。为了解决这一问题，人类设计了一些方法来处理自然可利用的水（即原水），使其健康可口，并开始处理生活污水和工业污水，避免其污染其他水资源。原水和污水处理的最终产物主要包括：

- 产品水；
- 污水处理厂出水；
- 副产物泥浆或污泥。

经过供水厂处理后的产品水是最终成品，可供城市居民或工厂使用。污水处理厂出水可排入受纳水体或受纳土壤／土地中，污泥则需经过处理后再进行最终处置。污泥以泥浆或半固态形式存在，通常含固率为 0.25%~12%，固体中含有有害物质，剩余部分是水，具体取决于原水／污水的处理工艺和运行方式。

传统污水处理方法如活性污泥和生物滤池工艺，除了产生剩余污泥（活性污泥）外，还产生大量初沉污泥。在活性污泥法中，二沉污泥主要是有机质被代谢而增殖的微生物。污水中的沉淀物约有 50% 是微生物。其中 20% 会回流到水处理段，其余部分与初沉污泥进行共同处置。处理的主要问题之一，即在较低负荷的生物滤池中产生的污泥较少，且污泥不回流；一般来说，污水处理过程中会产生含固率约为 1%~4% 的污泥。这是因为剩余污泥是有机质和微生物细胞的混合物，可被其他微生物降解。

最近，厌氧工艺已被用于处理工业废弃物和含有大量不溶性或有机化合物的废水。

厌氧消化的优点：

- 减少生物质或污泥的产生量；
- 无需曝气；
- 生成甲烷（沼气）；
- 采用封闭式工艺，臭味少。

在这种情况下，沼气可用作锅炉的燃料，也可用作汽车的生物燃料，或以每去除1000t化学需氧量（chemical oxygen demand，COD）产生约1.16×10^7KJ的比例发电（Scragg，1999）。

厌氧消化的缺点：

- 需要较好的混合；
- 温度需控制在35~55℃范围内；
- 底物的生化需氧量（biochemical oxygen demand，BOD）要求高（1.2~2g/L）；
- 停留时间长达30~60d（用于污泥消化）。

厌氧消化工艺对于高BOD（1.2~2g/L）的要求意味着该工艺适用于一些农业和工业废弃物。无论污水处理的工艺和运行方式是什么，副产物产生量最大的是污泥。污泥的处理和处置应该是环境工程师在这一领域所面临的最复杂的问题。

处理污泥问题复杂的原因：

- 污水中有害物质富集在污泥中。污水生物处理产生的部分污泥是由污水中原有的有机质、矿物质和微生物组成的，未经处理的污泥会发生生化反应，产生其他问题。
- 污泥中的主要成分是水，如果不经过任何处理倾倒在自然水体或陆地上，会污染地表水或地下水。

此外，需要指出的是，污泥中的干重是指可沉降的固体从水中分离或相变后产生的固体的重量。可能包括：

- 可沉淀的固体，普遍存在于水和污水中；
- 添加剂/化学混凝剂和沉淀剂，将难以沉降的固体或胶体转化为可沉淀固体；
- 污水处理过程中，大量溶解性营养物质带来微生物增殖，并产生脱落的生物膜、生物絮体残渣和其他生物质。

污泥来自自然沉淀、化学沉淀、化学混凝、滤池腐殖质和污水处理厂的剩余活性污泥及供水厂化学软化/除盐等过程产生的污泥或泥浆。在到达沉淀池底部时，大多数固体（有机质和矿物质）与相对大量的水结合，形成松散、蜂窝状的颗粒状和絮状结构。随着沉积物的堆积，它们在自身重量下固结，难以轻易将水转移出来，因此大部分沉淀池污泥的含水率仍然很高。

污泥中含大量水及有机质。妥善处理、处置泥浆和污泥需要消耗大量的资金，主要支出在运输和最终储存/处置部分（Girovich，1990；Martin & Bhattarai，1991；Topping，1986）。从以上论述可以清楚地看出，出于对它们来源、产生量、黏稠度，以及腐败性等问题的考虑，大多数污泥都需要在处置之前处理，以确保处理后的污泥的卫生性、安全性和感官可接受性。

此外，污泥处理还可减少运输和处置的污泥体积和重量。处理后的污泥不仅可被安全处置，还可被转化为有价值的副产物。因此，污泥可作为一种有价值的资源加以利用，而不仅仅被认为是需要去除的废弃物。

污泥处理作为固废处理的一部分，是考虑选择净水和污水处理工艺的主要因素之一。例如，污泥性质取决于污水处理工艺和污水来源。它不仅含有机质和无机质，还含有细菌、病毒、油脂、氮、磷等营养物，重金属、有机氯和其他持久性有机污染物等有害物质。

污泥的每个成分都有其环境影响，在选择处理工艺和处置路线时需要考虑到这一点。污泥处理处置有多种方法，如填埋、海洋倾倒、焚烧、干化、喷灌（即农业处置）、堆肥和厌氧消化。在厌氧消化工艺中，厌氧菌分解污泥中 30%~40% 的有机物，生成比例约为 3∶1 的沼气和二氧化碳气体混合物。现在，这一处理工艺被广泛应用于污泥稳定化。过程相对简单，且可产生有价值的含甲烷的沼气资源。通常根据实践经验，污水污泥的厌氧消化只能将大约 30% 的有机质转化为甲烷和二氧化碳。

厌氧消化可使污泥减量同时稳定化，但仍有大量待处理的污泥，从而导致运输和处置问题。要进一步进行污泥减量，有许多方法处于研究及全面开发阶段，例如热处理（康碧），化学方法（酸化、碱化、臭氧氧化）、机械方法（超声处理、高压均质器：Micro-Sludge™），这些方法可以使厌氧反应中的有机质转化为甲烷的效率显著提高。

这些方法有望大大减少污泥处理后续问题，因此需要进一步研究和改进。由于运营成本高，大规模污泥焚烧是一种昂贵的处理方式，产生的灰分会造成后续处置问题，所以焚烧只可当作部分污泥处理的选择。自持焚烧工艺的发展使焚烧技术更具吸引力。在这个过程中，初沉、二沉污泥混合在一起，去除水分形成含固率 30% 的泥饼，可保证自持燃烧。先进的流化床焚烧系统，在 750~850℃ 高温下焚烧污泥，产生的热量超过污泥中水分蒸发所需的热量。这意味着污泥本身可产生足够的热量，其焚烧不再需要添加燃料。

静电除尘器用于去除在此过程中形成的灰分，湿式洗涤器去除二氧化硫、氟化氢和氯化氢。燃烧后灰分中的重金属来自污泥，占原始干基重量的 30%，体积的 1%~2%。通常被送往垃圾填埋场处置。此外，有些污泥可通过农用进行处置。

微生物有富集金属元素的能力，因此几乎所有污泥都或多或少含有重金属。所以，在土壤中施用污泥会造成土壤重金属浓度高的风险。此外，任何农用的污泥，除非完全没有暴露风险，否则都必须经过化学或生物处理，以减少病原体的数量。

可选用以下任一种处理方式：

- 碱性稳定化，pH ＞ 12 持续 12h；

- 厌氧消化，在 35℃ 停留 12d；

- 堆肥，4~5周；
- 干化和储存，3个月；
- 液态储存，3个月；
- 巴氏消毒，在70℃温度加热30min或更久；
- 高温好氧消化和高温厌氧消化，温度在55℃。

这些方法中的任何一种都可减少污泥在施用于土地之前的病原体数量。通常污泥在脱水前先进行调理，以提高脱水性能。脱水通常在干化床中进行，压滤和离心工艺也被普遍用于降低含水率。除上述方法之外，我们还在后面的章节中详细讨论和描述了污泥处理和处置的基本原则，以及传统和先进的工艺。建立污泥资源化回收系统，有助于生产环保型产品，减少对不可再生资源的依赖，从而有助于保护自然资源，降低人类健康风险和减少环境污染，为污泥的可持续管理提供了途径。

可以从污泥中得到几种高附加值产物，例如：高热值的沼气（甲烷、氢气、合成气），液体生物燃料（生物柴油、生物油），建筑材料（砖、水泥、浮石、炉渣、人造轻质骨料），生物塑料，蛋白质和水解酶，生物肥料，生物吸附剂，生物农药，利用微生物燃料电池发电，营养物（氮、磷）和重金属。本书最后一章介绍了污泥资源化的最新进展。

第1章

污泥：概述

1.1 引言

污泥被普遍认为是一种需要被处理到无影无踪的废弃物。因此，"污泥"一词通常与污染、污浊和疾病联系在一起。没有人希望它出现在自己的居住地附近。污泥可以定义为软泥或泥浆，是污水处理过程中产生的黏稠沉淀物。从环境工程师的角度，污泥是以下几个过程的副产物：

- 供水厂；
- 污水处理厂；
- 河流和港口疏浚；
- 洗煤和洗砂场；
- 工业制造；
- 农业。

污泥由聚集成絮状物的颗粒组成，这些絮状物具有单个颗粒的流体力学的特性。这些絮体可以是悬浮态，即游离于其他絮体之外（例如水处理中沉淀前的明矾絮体），也可以紧密结合成难以识别单个絮体的整体（例如剩余活性污泥）。在污泥量方面，污泥总产量取决于进水负荷、处理工艺、运行效果、污泥处理设施类型和污水处理要求。一般来说，假设进水负荷或处理工艺不变，污泥产量将根据处理厂干旱季节平均流量进行估算。

1.2 污泥的来源

污泥的主要来源包括供水厂、市政污水处理厂和工业污水处理厂。污泥是纯粹的废弃物吗？可以用作资源吗？回答这些问题需要仔细思考"废弃物"和"资源"的定义。显然，废弃物可以定义为闲置的、没有生产力的、多余的，或处于没有可利用价值（无用）状态的物体。另一方面，资源是一种产生财富或金钱的手段，即某种可以有一种或多种用途的物体，可以从中提取有用副产物，或有助于制造一些有价值的产品/物品的东西。显然，从这样的一般定义来看，被投入使用的任何形式的污泥都不是废弃物，但那些被弃置的污泥则肯定是废弃物。

1.2.1 供水厂

在供水厂，污泥包括沉淀池中的沉淀颗粒物、化学混凝所产生的絮凝沉淀物，过量化学药剂的残渣、浮游生物等。为保证连续清除污泥，通常考虑将污泥排放至附近现有下水道的可行性。对于石灰软化的污泥，可以探索使用煅烧和再利用的方法。采用铁铝混凝剂沉淀产生的污泥可以通过真空过滤装置脱水成泥饼，使用石灰作为调理剂，以便用卡车运往垃圾填埋场。通过硫酸处理从污泥中回收明矾，为减少待处理的污泥量提供了可能性。砂干化床是将某些类型的污泥从沉淀池中脱水以便送至垃圾填埋场处置的一种可采用的方式。简单的污泥干化塘处理也可以减少待处理污泥的体积，然后将其送至垃圾填埋场处置。值得注意的是，供水污泥在不同类型土壤上的可接受施用量与污泥固磷能力有关。

1.2.2 污水处理厂

通常污水污泥是含水量超过 95% 的泥浆，固体主要由人类、动物和食品垃圾中的有机质组成，其他成分是微量污染物（金属和持久性有机污染物），主要来自工业污水和细菌，其中一些可能是致病性的。Girovich（1990）描述了污水污泥的初始形态是一种液体，总固体含量（total solid，TS）为 2%~6%。以干基计，污泥中含有 35%~65% 的有机质，其余为不可燃的矿物质灰分。污泥中的氮、磷、钾和一些微量金属营养物质，可用作有效肥料。但是，污泥也含有病原体，在某些情况下，还含有重金属和有害有机物等成分。

1.2.3 工业污水处理厂

工业污水处理设施会产生不同类型的污泥，通常可分为有机污泥和无机污泥，两者都可能含有重金属等有毒物质。存在的有毒化合物（例如来自制药和金属工业）会污染污泥，从而限制工业污泥的安全处置途径。被归类为危险废弃物的工业污泥含有有毒物质（重金属、内分泌干扰物、其他危险毒素），不适于农用。

1.3 污泥分类

污泥可根据以下标准进行分类，如化学成分、污水来源和污水处理厂污泥产生阶段。按化学成分分类，无机固体悬浮物超过 50% 的称作无机污泥，有机固体悬浮物超过 50% 的称为有机污泥。按污水来源分类，可分为生活污泥、市政污泥和工业污泥。具有一级处理、生化处理设施的污水处理厂产生的污泥来源和类型如图 1.1 所示。污泥可分为：初沉污泥（来自初

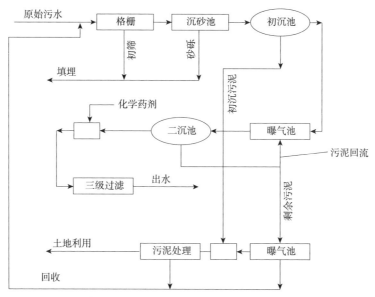

图 1.1　污水处理厂污泥产生的各个阶段已获得 John Wiley & Sons 许可
资料来源：Turobskiy & Mathai，2006。

沉池的污泥）、化学沉淀污泥（来自沉淀池经过化学沉淀后的污泥）、二沉污泥或生物污泥（来自二沉池经过生物过滤后的污泥，例如：滤池污泥）、活性污泥、化粪池污泥（即粪便）和消化污泥。

1.3.1　初沉污泥

一般来说，污水处理厂采用物理沉降处理方法，从原水中去除可沉淀的固体。初沉池产生不同颗粒大小和成分的污泥是一种灰色悬浮液。初沉污泥总固体含量在 2%~7%。由于有机质含量高，初沉污泥会迅速分解并腐化，变成深灰色或黑色，发出恶臭。与生物污泥和化学污泥相比，初沉污泥中的离散颗粒和碎屑使其更容易脱水，可产生更干燥的滤饼，无需化学调理即可获得较好效果的固体捕获。生初沉污泥的质量约为污水处理厂进水流量的 0.4%~0.5%，约每 1000 人 $1.1m^3$（$39ft^3$）。

1.3.2　化学污泥

化学药剂一般主要用于工业污水处理，以沉淀和消除难以去除的物质，及在某些情况下提高悬浮物的去除效率。常用的化学品有石灰、明矾、氯化亚铁、氯化铁、硫酸亚铁和硫酸铁。通常化学沉淀池的污泥是深色的，如含有大量铁元素表面可能呈红色，可能产生臭味，但不像初沉污泥那样强烈。铁或铝的水合物会使化学污泥变成有点黏稠的胶状物。如果留在池中，化学污泥会像初沉污泥一样分解，但分解速度要慢一些。如果让它继续沉淀，密度会增加并释放出大量气体。

1.3.3　生物滤池污泥

生物滤池污泥呈褐色和絮状。低流速生物滤池污泥中含许多死虫，可能产生强烈恶臭，且脱水性能差，因此脱水前必须进行充分的消化反应。基本所有处理厂都会回收这种污泥并与初沉污泥混合，然后进行消化，是一个很好的方法。

1.3.4　活性污泥

活性污泥呈絮状，在空气中即使摊铺开，干燥速度仍较缓慢，即脱水/排水性能差。如果生物处理运行较好，则污泥呈黄褐色，散发泥土气味。如果颜色比平时浅，可能是曝气不足导致，固体沉降缓慢。如果颜色太深，污泥可能产生腐败。30~35℃下更易发生消化反应。在输送到污泥消化池前，先与初沉污泥混合。

1.3.5　好氧消化污泥

好氧消化污泥呈棕色至深棕色，外观呈絮状，气味呈霉味。经过好氧消化后的污泥可迅速脱水，并含有丰富的营养物质（Bahadori，2013）。

1.3.6　厌氧消化污泥

厌氧消化污泥的外观是像热焦油、烧焦的橡胶或密封蜡样的深褐色至黑色泥浆，包含大量气体，但无刺激性，气味较小。当厌氧消化污泥以薄层形式在多孔干化床上摊铺时，固体首先被夹带的气体带到表面，下面留一层相对清澈的水。水分会迅速地流失，使固体颗粒缓慢地下沉到床层上。随着污泥干燥，气体会溢出，使表面开裂，散发出类似花园壤土的气味（Bahadori，2013）。

1.3.7　化粪池污泥

化粪池污泥是黑色的。除非经长时间储存进行充分消化，否则会产生带有刺激性气味的硫化氢和其他气体。如果以薄层分布，化粪池污泥可在多孔床上进行干燥。进行充分消化后，恶臭会消失（Bahadori，2013）。

1.3.8　工业污泥

与污水污泥相比，不同类型工业污泥具有危险性，现概述其特性：

（a）炼油行业

炼油厂产生的污泥量很大，含有石油、蜡、硫化物、氯化物、硫醇、酚类化合物、甲酚盐，有时还含有大量的铁。

（b）农药行业

农药工业产生的污泥含有危险化学物质，如二氯苯酚、硫酸氢乙酯和氯苯磺酸。

（c）涂料行业

油、树脂、染料、溶剂、增塑剂和填充剂都对涂料工业产生污泥的化学特性有影响。

（d）电镀行业

电镀工业污泥中最重要的有毒污染物是酸、金属，如铬、锌、铜、镍、锡以及氰化物，也有碱性清洁剂、油脂和油类。

（e）纸浆和造纸行业

造纸工业产生的污泥含有纸浆、漂白剂、硫醇、硫化钠、碳酸盐和氢氧化物、酪蛋白、黏土、染料、蜡、油脂、油类和纤维。

（f）制革厂／皮革行业

皮革工业生产的污泥含有高浓度硫化物和铬。

1.4　污泥特性

污泥可根据其物理、化学、细菌学和生物学特性加以区分。这些特性取决于污泥来源，以及产生污泥单元的操作和工艺。污泥的主要成分是水，按重量计算可达 95%。剩下干固体中的氮、磷、钾、重金属、病原体、多氯联苯和其他成分的不同比例由污泥的来源决定。

表 1.1 总结了污水污泥的主要特性。污泥的每个物理、化学和生物学特性将在下面的小节中详细讨论。

污水污泥特性　　　　　　　　　　　　　　　　表1.1

参数	初沉污泥		活性污泥	
	范围	典型值	范围	典型值
pH	5~8	6	6.5~8.0	7
碱度（以 CaCO$_3$ 计，mg/L）	500~1500	600	580~1100	—
总固体（TS）（%）	2~7	5	0.4~1.5	1
挥发性固体（TS 百分比）	60~80	65	60~80	75
相对密度	—	1.02	—	1.01
油脂类				
醚溶性（TS 百分比）	6~30	—		—
醚提取物（TS 百分比）	7~35		5~12	—
蛋白质（TS 百分比）	20~30	25	32~41	—
氮（TS 百分比）	1.5~4.0	2.5	2.5~5.0	—
磷（P$_2$O$_5$，TS 百分比）	0.8~2.8	1.6	2.8~11.0	—

续表

参数	初沉污泥		活性污泥	
	范围	典型值	范围	典型值
钾（K_2O，TS百分比）	0~1	0.4	0.5~0.7	—
纤维素（TS百分比）	9~13	10	—	7
铁（TS百分比）	2~4	2.5	—	
硅（TS百分比）	15~20	—	—	8
有机酸（以醋酸计，mg/L）	200~2000	500	1100~1700	
能量含量（kJ/kg）	23300	18600	23300	
Btu/lb	10000	8000	10000	—
污泥中主要矿物质含量 a				
SiO_2	21.5~55.9		17.6~33.8	
Al_2O_3	0.3~18.9		7.3~26.9	
Fe_3O_4	4.9~13.9		7.2~18.7	
CaO	11.8~35.9		8.9~16.7	
MgO	2.1~4.3		1.4~11.4	
K_2O	0.7~3.4		0.8~3.9	
Na_2O	0.8~4.2		1.9~8.3	
SO_3	2.0~7.5		1.5~6.8	
ZnO	0.1~0.2		0.2~0.3	
CuO	0.1~0.8		0.1~0.2	
NiO	0.2~2.9		0.2~3.4	
Cr_2O_3	0.1~3.1		0.0~2.4	

注：a 为总矿物成分百分比。

1.4.1 物理特性

污泥的物理性质在很大程度上决定了消化和处置污泥的可能性和条件。最重要的物理特性描述如下：

1. 颜色和气味

市政污水产生的新鲜污泥呈淡灰色或黄色。完全消化的污泥呈黑色（由于铁硫化物），并有一种焦油味。好氧消化产生的污泥呈棕色，并有一种类似腐殖质气味。在正常干燥的天气下，约两周可以风干而不散发气味。

2. 含水率

污泥体积主要取决于其含水量，与固体物质有轻微的关系。例如，污泥中固体成分占10%，水占90%。如果固体由非挥发性（矿物）固体和挥发性（有机）固体组成，则所有固体的相对密度可计算如下：

$$\frac{M_s}{S_sP_w}=\frac{M_f}{S_fP_w}+\frac{M_u}{S_vP_w} \tag{1.1}$$

式中　M_s——固体质量；

　　　S_s——固体相对密度；

　　　P_w——水的密度；

　　　M_f——非挥发性矿物质质量；

　　　S_f——非挥发性固体相对密度；

　　　M_u——挥发性有机质质量；

　　　S_v——挥发性固体相对密度。

污泥体积（V_{sl}）的计算公式如下：

$$V_{sl}=(M_s/P_wS_{sl}P_s) \tag{1.2}$$

式中　S_{sl}——污泥相对密度；

　　　P_s——总固体含量（以小数表示）；

M_s 和 P_w 定义如上所述。

污泥含水率（或含水量百分比）对于选择适当的处理/处置方法（消化、脱水等）和污泥的运输方式非常重要的。含水率的估算是通过污泥在烘箱中经过 105℃温度蒸发，完全干燥并称重污泥的减少量来确定。在这种情况下：

$$含水率（P_w）=（重量损失/初始重量）\times 100（\%） \tag{1.3}$$

含水率通常也可用污泥中固体总量（P_s）替代表示。

3. 相对密度

污泥相对密度取决于非挥发性和挥发性固体的性质和比例，及污泥含水量。根据来源不同，一般来说，污泥相对密度在 0.95~1.03（最大 1.25）之间变化。改变污泥含水率（P_w）或总固体含量（P_s）所引起的体积变化由公式决定：

$$V_{sl(1)}/V_{sl(2)}=[100\cdot P_w+P_{w2}（P_s-P_w）]\cdot（100-P_{w2}）/$$
$$[100\cdot P_w+P_{w2}（P_s-P_w）]\cdot（100-P_{w1}） \tag{1.4}$$

对于给定的水分或固体含量的近似计算，结论很容易记住：体积与污泥中固体物质的百分比成反比，即：

$$V_{sl(1)}/V_{sl(2)}=（100-P_{w2}）/（100-P_{w1}）=P_{s2}/P_{s1}（近似） \tag{1.5}$$

式中　$V_{sl(1)}$，$V_{sl(2)}$——两个阶段的污泥体积；

　　　P_{s1}，P_{s2}——两个阶段的总固体含量百分比。

4. 脱水性能

污泥的脱水性能，或干燥特性，可通过观察污泥放置在一层砂纸或滤纸上干燥至表面均匀破裂所需时间来确定。

在实验室，污泥的脱水性能可由布氏漏斗装置测量，如图 1.2 所示，并记录增加单位体积滤液（上清液）的所需时间（无论是否抽吸）。这种测试用来确定各种化学物质对污泥脱水或过滤性能影响时特别有效。消化污泥的脱水性能优于新鲜污泥。

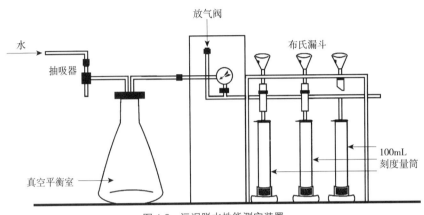

图 1.2　污泥脱水性能测定装置

5. 热值或热含量

污泥热值或热含量以挥发性固体或总有机干固体计。通常用弹式量热计来测定。

对于市政固废 / 污泥，热值与挥发性固体含量之间的统计相关性很高，公式为：

$$Q=a[100P_v-b][100-P_c]/[（100-P_c）×100] \tag{1.6}$$

式中　Q——固体 / 污泥的热值，以英国热量单位（BTUs）每磅干重计；

P_v——挥发分比例（%）；

P_c——化学品、沉淀剂或调理剂的比例（%）；

a，b——不同类型固废 / 污泥的系数。

注：对于自然沉淀的市政污水污泥（新鲜的消化污泥），$a=131$，$b=10$，对于新鲜活性污泥 $a=107$，$b=5$。

在考虑焚烧或其他燃烧过程时，污泥热含量很重要，必须进行精确的弹式量热器测试，以建立燃烧系统的热平衡。污泥的热物理特性列举在表 1.2 中。未经处理的初沉污泥热含量最高，特别是如果它包含一定数量的油脂和浮渣。根据污泥类型和挥发分含量，未处理污泥热值范围为 11~23MJ/kg 干固体。相当于一些较低等级的煤。消化污泥的热值为 6~13MJ/kg 干固体。

6. 其他物理性质

有时需要确定污泥粒度（绘制相应的粒径分布曲线）、可压缩性和黏度，这些参数对污泥泵送尤为重要。厌氧污泥颗粒的形成受到许多参数影响。比如：污水的成分和温度、反应器结构、有机负荷和流体力学条件。水的类型和固体类型也是重要的物理特性。

污泥的热物理特性　　　　　　　　　　　　　　　表1.2

污泥类型	温度传导率（$10^8 m^2/s$）	热导率[W/（m·K）]	比热[kJ/（kg·K）]
初沉和剩余污泥	—	0.4~0.6	3.5~4.7
真空过滤脱水	10.9~14.3	0.2~0.5	2.1~3.0
离心脱水	8.5~12.1	0.1~0.3	2.0~2.4
热干化	14.0~21.6	0.1~0.3	1.7~2.2

1.4.2　化学特性

相对于脱水过程而言，化学性质参数在污泥消化过程中更重要。结合污泥的最终处置方式以及从污泥中脱除的水分考虑，许多化学成分包括营养成分都很重要。最重要的化学特性列举如下。

1. pH 值

pH 值、碱度和有机酸含量的测定对于过程控制非常重要，尤其是厌氧消化。消化过程 pH 值应保持在 7 左右；如果数值在 8.5 以上或 6.0 以下将不利于消化过程的进行。

2. 总固体含量（绝干污泥）

总固体是无机（非挥发性）和有机固体（挥发）的总和。它们的比例和总量取决于污水性质，也影响污泥的体积与质量关系，从而影响脱水效果。

污泥总固体含量（绝干污泥）的测定方法是，污泥在烘箱中经过 105℃温度蒸发，并称重剩余的污泥（残渣）来确定。称量后，残渣被置于马弗炉内进行灼烧。剩余灰渣的重量代表总无机固体（干重），与灼烧前的重量之差代表总有机固体（干重）。在初沉池的新鲜生污泥中，就原水而言，总有机干固体含量在总固体含量的 60%~70%，其余为无机固体。在消化后，有机干固体在 30%~40% 之间变化，而无机干固体在 60%~70% 变化。

3. 农业或肥料值

评估污泥用作土壤改良剂的肥料值，主要基于氮（N）、磷（P）和钾（K）。磷和氮在污泥中的含量通常足够满足农业生产的要求，但钾含量并不充足。污泥农用试验表明，1t 脱水消化污泥氮含量相当于 60kg 硫酸铵，钙含量相当于 150kg 碳酸钙。

4. 消化率

通过将新鲜和消化良好的污泥 2∶1 比例混合物（干固体）放置在图 1.3 所示的装置中，可以方便地测量污泥的消化率。

发酵后，如果测量气体量是 500~700L/kg 总有机干固体，则总有机和总无机干固体之间比率是 0.40~0.50，挥发酸的量是 300~2000mg/L（以乙酸计），此区间污泥称为消化污泥，未达标则不是。（消化率也可以用产气率以外的其他方法来测量，例如挥发分降解和热量损失）。

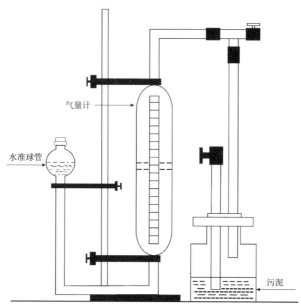

气量计

水准球管

污泥

图 1.3　污水污泥消化率测定装置

污泥中指示菌和病原体的值[a]　　　　　　　　　　　　　　表1.3

微生物	范围（个/g）[b]	平均值（个/g）
总大肠菌群	$1.1 \times 10^1 \sim 3.4 \times 10^9$	6.4×10^8
粪大肠菌群	ND~6.8×10^8	9.5×10^6
粪链球菌	$1.4 \times 10^4 \sim 4.8 \times 10^8$	2.1×10^6
沙门氏菌	ND~1.7×10^7	7.0×10^2
志贺氏杆菌	ND	ND
铜绿假单胞菌	$1.5 \times 10^1 \sim 9.4 \times 10^4$	5.7×10^3
肠病毒	$5.9 \sim 9.0 \times 10^3$	3.6×10^2
寄生虫卵/孢囊	ND~1.4×10^3	1.3×10^2

注：a. 初沉、二沉和混合污泥的值；b. 干基重量。
ND. 未检出

5. 其他化学性质

有毒物质，如铜盐、氰化物、砷或金属盐，会显著影响消化过程。大量有毒物质会抑制消化过程。大量油脂和洗涤剂会阻碍消化过程。在初沉污泥中，油脂占总固体含量的 7%~35% 是正常的。

1.4.3　生物特性

通常初沉池产生的新鲜污泥具有与污水相同的生物学和细菌学特性。致病菌、病毒、原生动物（孢囊）和蠕虫（虫卵）可以在污水处理过程中存活，并存在于污泥中。在正常消化和风干过程中，它们不会被完全杀灭。表 1.3 显示了初沉、二沉和混合污泥中指示菌、病原体的值。初次沉淀和二级生物处理是去除污水中微生物并将其转移到污泥中的有效方法。一级和二级处理可分别减少污水中 30%~70% 和 90%~99% 的微生物。

活性污泥中的大多数细菌是絮体，也有一些丝状微生物存在。活性污泥反应器中大量丝状微生物会导致污泥膨胀，从而导致污泥沉降效果较差。

1.5　污泥特性参数

研究人员已经确定了几个影响污泥处理的参数。用于污泥特性表征的主要参数有：比阻（R_c）、可压缩系数（k）、初始固相含量（F）、毛细吸水时间（t_{cs}）、污泥生存性（S_v）、污泥稳定性（S_s）、污泥体积比（SVR）和污泥体积指数（SVI）。R_c、F、t_{cs}、SVR 和 SVI 主要影响污泥的脱水 / 浓缩 / 沉降特性，S_v 和 S_s 主要影响污泥的稳定 / 消化特性。

1.5.1　比阻（SRF）

SRF 提供了污泥出水阻力的经验公式。SRF 的计算公式如下：

$$R_c = 2 \cdot b \cdot HL \cdot A^2/\mu \cdot w \qquad (1.7)$$

式中　R_c——比阻（SRF）；

　　　b——常数；

　　HL——水头损失；

　　　A——过滤面积；

　　　μ——滤液（排出水）的动力黏度；

　　　w——单位体积的过滤污泥水产生的悬浮固体的重量。

图 1.4 显示了用于测定污泥比阻的布氏漏斗实验装置。表 1.4 显示了各种生物污泥的典型 SRF 值。

1.5.2　压缩系数

滤饼可压缩性对滤饼比阻的影响由如下关系式给出：

$$R'_c = R_o \cdot H_L^k \qquad (1.8)$$

对公式（1.8）两边取对数可得：

$$\log \frac{R'_c}{R_o} = k \cdot \log H_L \qquad (1.9)$$

式中　R'_c——常数，代表 $H_L = 1$ 时的滤饼比阻，即 $1cm^3$ 滤饼的比阻；

　　　k——可压缩系数，每种滤饼的特定参数；

　　　R_o——当 $k=0$ 时的比阻，即不可压缩滤饼的 SRF（比阻与压力无关）。

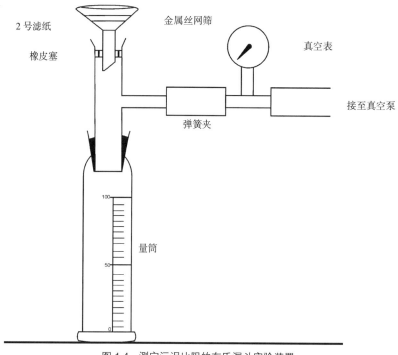

图 1.4 测定污泥比阻的布氏漏斗实验装置

各种污泥的典型比阻   表1.4

污泥类型	比阻（R_c）（m/kg）
初沉污泥	$1.5 \sim 5.0 \times 10^{14}$
活性污泥	$1 \sim 10 \times 10^{13}$
消化污泥	$1 \sim 6 \times 10^{14}$
消化和混凝污泥	$3 \sim 40 \times 0^{11}$

比阻（R_c）和压缩系数（k）是在实验室测定的，主要设备包括 Buchner 漏斗、真空泵、压力计等（见图1.4）。

1.5.3 污泥活性

微生物活性与挥发性悬浮固体（volatile suspended solids，VSS）的比率称为污泥活性。污泥活性代表 VSS 的活性部分（即构成活性细菌的 VSS 部分）。每个活细胞的三磷酸腺苷（ATP，一种微生物细胞储存能量的有机化合物）含量可在宽泛的生长速率范围内保持恒定，因此，ATP 可以作为活性污泥中活生物体数量的指示器。

Chung 和 Neethling 的研究（1990）表明，ATP 和脱氢酶活性（DHA）可以通过间接测量其他数值判断，例如产气率和 pH 值变化。厌氧污泥消化器的 VSS 测量包括进料初沉污泥中的

VSS，因此基于总 VSS 的活性表达式对于厌氧污泥消化器来说毫无意义。但该参数对厌氧污泥消化过程的控制具有重要意义。

1.5.4 污泥稳定性

好氧消化污泥的稳定性可以用 Paulsrud 和 Eikum（1975）提出的公式来定义和计算：

$$S_s = 100 \cdot a[1 - OUR_{meas}/OUR_{max}] \tag{1.10}$$

式中 S_s——污泥稳定性（%）；

　　a——常数（1.035）；

OUR_{meas}——消化污泥耗氧速率；

OUR_{max}——产生待消化污泥的活性污泥反应池的最大耗氧速率。

为了计算，使用 Paulsrud 和 Eikum（1975）所述的 Streeter–Phelps 温度敏感性系数将 OUR_{meas} 和 OUR_{max} 调整到相同的温度条件下，S_s 值越高，污泥越稳定，消化效果越好。

1.5.5 污泥体积指数（SVI）

污泥体积指数（SVI）反映了活性污泥的沉降特性。定义为 1g 活性污泥混合液固体（干重）在 1000mL 量程的量筒中沉降 30min 后所占的体积（mL）。在实际操作中，取混合液样品（取自曝气池出口）沉淀 30min 后污泥所占体积百分比（P_s），除以混合液悬浮固体浓度百分比（P_x）。

因此：

$$SVI = P_s/P_x \tag{1.11}$$

$$SVI \text{ 也可以用 } SVI = (V_{oc} \times 1000) X_{ss} \text{ 表示} \tag{1.12}$$

式中 V_{oc}——沉淀污泥所占体积（mL）；

　　X_{ss}——混合液悬浮固体浓度（MLSS）（mg/L）。

SVI 小于 50 的活性污泥具有优秀的沉降性能。污泥 SVI 值在 50~100 之间沉降性能良好，在 100~150 之间为良好到中等，超过 150 不理想，在这种情况下污泥会膨胀。

该指标值会随着混合液固体特性和浓度的不同而变化，因此，在任何一个给定的污水处理厂中观察到的值，不应该与其他污水处理厂或文献中报道的值进行比较。如果 30min 后，固体完全不沉降，而是占据了整个 1000mL 量程，则取最大指标值（在 1000~100 之间变化），即 1000mg/L 混合液固体浓度的情况下为 1000，10000mg/L 混合液固体浓度的情况下为 100。对于这种情况，除了确定极限值外计算没有任何意义。

1.5.6 污泥体积比（SVR）

污泥体积比（SVR）是重力浓缩的一个控制参数。在重力浓缩器底部有一个污泥层，以促进污泥浓缩。为了有效地进行浓缩，SVR 作为一个操作变量来控制污泥在浓缩器中的停留时间，SVR 是浓缩器内污泥层体积除以每天去除污泥的体积。通常 SVR 的值在 0.5~2d 之间，温暖的天气下，污泥沉降和腐败速度更快，SVR 值较低（即污泥排出率较高）。

1.5.7　其他参数

其他一些特征参数在污泥处理的控制和运行中也很重要。这些参数包括 pH 值、相对密度、碱度、水分类型、固体类型（如絮体、颗粒）和度日数。污泥水分的类型和性质（在 1.6 节中描述）根据固—液结合强度进行定义。不同类型水分相对比例影响固液分离所需的特定能源需求。了解以上信息是选择最具成本效益的缩减污泥体积工艺的先决条件。污泥冻融过程中应考虑度日数的影响。

1.6　污泥含水率

鉴于我们已知的，水分占污泥的一大部分，而污泥处理的主要目标之一是通过减少含水率达到减少污泥总量的目的，以便经济地对其进行处理、运输、处理和处置。污泥水分可能以不同形式存在（如自由水、结合水），其分布和比例可能影响污泥处理方法，特别是污泥的脱水过程。因此，需了解污泥中水分的特性和规律，以评估最合适的脱水机制和相关操作或过程。

1.6.1　污泥水分假说

Vesilind 和 Martel（1990）指出，水以几种容易识别的形式存在于污泥中，如自由水、间隙水、吸附水和结合水（图 1.5）如下所述。

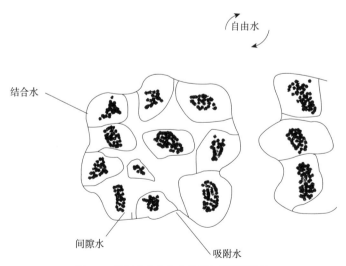

图 1.5　污泥中水分分布的概念性可视化图

1. 自由水

与污泥固体无关的水,被定义为"自由水"。游离围绕在污泥絮体周围,不随固体一起移动。自由水包括不受毛细作用力影响的空隙水。

2. 间隙水

被限制在絮体结构中并随絮体移动或被毛细作用力维持在颗粒之间的水,被定义为"间隙水"。当污泥处于悬浮状态时,絮体水分主要是间隙水,当形成污泥饼时,它就存在于毛细间隙中。可以通过机械脱水装置去除一些间隙水,如带式压滤机和离心机,絮体被压缩并将水排出。

3. 吸附水

第三种水与单个污泥颗粒有关。它通过表面力(即吸附和粘附)附着在颗粒上,被称为"吸附水"。纯机械手段不能将其去除,但可以通过化学预处理进行去除。

4. 结合水

一些水分通过化学键与颗粒结合,被称为"结合水"。

为了解释自然脱水理论,Marklund(1990)认为污泥水分可以分为三种类型:

(1)重力水:当有自由排水条件时,利用重力作用排出的水。

(2)毛细水:以内聚力形成,在固体颗粒周围和毛细空间内以薄膜形式存在的水。

(3)湿存水:水与固体紧密结合;只能通过蒸发去除。

此外,Girovich(1990)描述污泥水分有四个主要存在形式,它们或多或少类似于前文Vesilind 和 Martel(1990)所述的存在形式。

Girovich 提出的存在形式包括:

- 自由水;
- 毛细水;
- 胶体水;
- 细胞间水。

利用重力作用可以很容易地将自由水从污泥中分离出来。通常在经过化学调理后通过机械力,包括离心机、带式压滤机和真空过滤器后,毛细水和胶体水可以被去除。从污泥颗粒中去除细胞间水,只有通过热处理破坏细胞结构。

1.6.2　水分分布

供水厂污泥和污水处理厂污泥的处理处置一般需要去除大量的水,通常采用带式压滤机、板框压滤机或离心机等机械手段。根据需脱水污泥中所含水分的特性,脱水机械的性能有很大差别。Tsang 和 Vesilind(1990)尝试测量污泥中不同类型的水分含量,研究不同脱水步骤

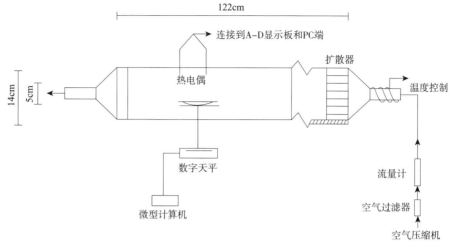

图 1.6　热控管式干化器

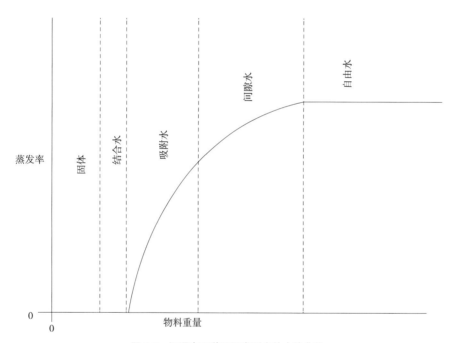

图 1.7　污泥中四种不同类型水的去除曲线

与水分分布之间的关系。

1. 含水率测量

在热控管式干化器（图 1.6）中观测薄层污泥重量随时间变化的连续读数，可以确定干化曲线中三个不同区间的定义，如图 1.7 所示。

当蒸发自由水时，干化速率是恒定的，斜率（导数）是不变的。但当自由水被去除后，间隙水开始被去除，导致干化速率逐渐降低。当间隙水完全蒸发，吸附水开始被去除时，干化速率再次降低。通过测量过渡时刻的污泥质量，可以确定三种不同类型的水含量。结合水的测量是将污泥样品放入 105℃烘箱烘干至重量不变时的重量差。

2. 水分分布和脱水工艺之间的相互关系

通常各种污泥脱水工艺会产生不同含固率的滤饼。如果水分分布确实影响到脱水性，则可以假设通过不同脱水工艺的脱水污泥中水分分布也会不同。

Tsang 和 Vesilind（1990）通过研究真空过滤、离心和砂干化床三种不同工艺得出脱水污泥中水分分布情况。这些是最常用的脱水工艺，很容易在实验室模拟。表 1.5 总结了通过这些工艺进行脱水的脱水污泥中观察到的水分分布。

不同脱水工艺处理后污泥水分分布情况　　　　　　　　　　　　　表1.5

样品序号	水分类型	脱水工艺		
		重力排水	过滤	离心
1	脱水率（%）	91.2	92.8	88.4
2	剩余水分（%）			
	（Ⅰ）自由水	5.2	3.4	4.5
	（Ⅱ）间隙水	2.9	3.1	6.4
	（Ⅲ）吸附水	0.5	0.5	0.5
	（Ⅳ）结合水	0.2	0.2	0.2
	总量	100.0	100.0	100.0

注：所有含水率以初始水分含量 % 表示。

从表 1.5 可以看出以下 3 点：

（1）这三种工艺得到的脱水泥饼中，四种水分都存在。

（2）无论采用什么工艺来进行污泥脱水，吸附水和结合水的量是恒定的。

（3）离心工艺的不良性能是由污泥中异常高的间隙水含量造成的。

1.6.3　水分对污泥干化的影响

为了研究干化特性，经典的方法是在恒定的条件下（例如温度，风速和湿度）干化一小块物料。通常研究结果被描述为干化速率曲线，并用该曲线解释干化过程。经典的瞬时干化速率如图 1.8 所示。

图中标注的 3 个含水率值：

（1）W_o = 原始含水量（g 水 /g 干固体）。

（2）W_c = 临界含水量（g 水 /g 干固体），指干化速率急剧变化时的含水量。由于临界含水量是样品的平均含水量，它的值取决于干化速率、物料厚度和其他影响水分迁移和造成固体内水分含量梯度的因素。

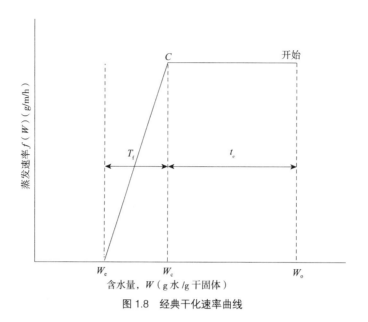

图 1.8 经典干化速率曲线

（3）W_e= 平衡含水量（g 水 /g 干固体），表示给定湿度和温度条件下的极限含水量。这很大程度上取决于固体的性质。

同样地，图中显示了两个时间段：

（1）t_c= 恒定速率周期，在此期间，蒸发速率保持在初始水平，直到达到临界含水量（C 点）。干化速率由热量传递到蒸发表面的速率控制，基本与固体性质无关。液体流动的内部机理不影响恒定速率。

（2）t_t= 下降速率周期（如 CE 线段所示），其典型特征是在整个干化周期的剩余时间内速率持续变化。内部水分运动的速率控制着干化速率。它逐渐减少，直到达到平衡含水量（E 点），不再发生进一步蒸发。

在干化阶段的任何时刻，水分都以自由水和结合水的形式存在。自由水含量等于总含水量与平衡含水量之差。

水分结合 表1.6

水分附着类型	化学		物理		机械		
结合能量	离子分子态	附着态	渗透	结构	微毛细管	大毛细管	未结合
kJ / kmol	5000	3000			> 100	< 100	0

1.6.4 补充说明

上面描述的经典理论可清晰地描述晶体材料的干化。单纯将水分分类为"游离"和"结合"，在应用于生物污泥时可能会引起误解。污泥中水分结合方式多于这两种类型。表 1.6 中列举了

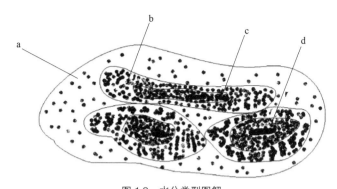

图 1.9 水分类型图解
a—自由未结合水；b—固定水；c—结合水；d—化学结合水在污泥样品中的分布

三种不同类型的水分结合及相关能量。水分可与这些类别相联系，即化学结合、物理化学结合、物理机械结合、固定化和自由未结合水。水分类型图解见图 1.9。

　　存在于污泥中不同类型的水分增加了其干化过程中内部流动机制的复杂性。Keey（1972）指出，利用真空干化可以对污泥中不同水分的含量进行定量，并且这些水分类型可以说明添加的聚合电解质对脱水过程的影响。加入聚合电解质通过释放一些固定水提高过滤速率，但同时增加了物理结合的水分含量（Logsdon & Edgerley，1971）。

　　这一规律可能是机械脱水设备在实际使用中遇到问题的原因，产生的泥饼含固率很低，令人不满意。现有的脱水参数，如污泥比阻（SRF）和毛细吸水时间（Capillary Suction Time，CST）与化学结合、物理结合和固定水分组分没有相关性。这些测试提供了关于流动水含量的信息，但没有提供关于提高结合水去除率的信息。在离心脱水中，结合水含量与最终泥饼的含水率相关性最高。

1.7　污泥的产率

　　供水厂和污水处理厂，通常会定期测量不同处理工艺产生的污泥量。污泥量的估算取决于预期的水或固体含量，及挥发性和非挥发性成分的比例和相对密度。估算污泥产量的最佳方法是根据过去类似设施的数据和预计进水浓度。一般而言，污水处理后的污泥产率在 0.2~0.3kgDS 之间。在没有历史数据的情况下，根据经验法则，污水处理厂产生污泥的近似值为污水处理量的 0.24kgDS（世界经济论坛，1998）。市政污水中固体组分的性质和特性可以描述如下。

1.7.1　初沉污泥

　　通常，初沉污泥产量对应污水量为 0.1~0.3kgDS。根据经验，初沉污泥每天的产生量为 0.05kg/ 人（0.12 磅 / 人）。预估初沉污泥产量的最常用方法是计算进入处理厂的悬浮固体量，并假定一个去除率，通常在 50%~65%。新鲜污泥包括大部分可沉淀固体和原水中约 60% 的悬浮固体。

估算的去除率通常定为 60%，前提是工业污水的影响很小，而且污泥处理装置出水不排放到初沉池的主要进水口。初沉污泥产量的每日波动通常与进入污水处理厂的固体量成比例。污泥产量的峰值可能是平均水平的几倍（Turovskiy & Mathai，2006）。

1.7.2 化学污泥

化学药剂在污水处理中被广泛用于沉淀和除磷，在某些情况下还用于提高悬浮固体的去除率。化学污泥产生的理论速率可以从化学反应中估算出来，并行反应可能使估算变困难（Turovskiy & Mathai，2006）。新鲜污泥固体包含原水中 70%~90% 的悬浮固体，具体取决于化学剂量的有效性。

例如，氯化铁分子量为 162.2，析出的沉淀为氢氧化铁，分子量为 106.9。1mg/LFeCl$_3$ 将产生 0.66mg/LFe（OH）$_3$。常规的烧杯试验有助于估算化学污泥产量。化学污泥中沉淀物量受到几个因素影响，例如 pH 值、混合是否充分和反应时间。

以下是测算污泥总产量时必须考虑的几种沉淀物类型（美国环保署，1979）：

1. 磷酸盐沉淀。包括 AlPO$_4$ 或 Al（H$_2$PO$_4$）（OH）$_2$ 与铝盐，FePO$_4$ 与铁盐，和 Ca$_3$（PO$_4$）$_2$ 与石灰。

2. 碳酸盐沉淀。与石灰有密切关系，形成碳酸钙，CaCO$_3$。

3. 氢氧化物沉淀。与铁和铝盐反应，过量的盐形成氢氧化物，如 Fe（OH）$_3$ 或 Al（OH）$_3$。与石灰反应，可以形成氢氧化镁，Mg（OH）$_2$。

4. 化学品中的惰性固体。干粉形态的化学品中可能含有大量惰性固体。如果生石灰中含有 92% 的氧化钙，剩下的 8% 可能主要是出现在污泥中的惰性固体。

5. 固体聚合物。可以用作主混凝剂或改善其他混凝剂性能。聚合物本身对总质量的贡献很小，但它们可以极大提高沉淀效率，同时增加污泥产量。

1.7.3 生物膜法污泥

污水中溶解的大多数有机物和其他许多原本不可沉降的固体，在生物滤池中，通过生物膜吸附和生物絮凝变得可沉降。生物膜经过分解后脱落并随出水流走实现更新。生物膜的破坏和损失情况随其在生物床内停留时间长短而变化。低速运行的生物滤池一般限值为 30%，而高速运行为 10%。

二沉池通常会捕获低速滤池中 50%~60% 的不可沉降悬浮固体，而高速滤池的相应值为 80%~90%。滤池腐殖污泥一般被添加到初沉固体中进行消化。消化过程中，高速滤池腐殖污泥的成分变化比低速滤池腐殖污泥大。

1.7.4　活性污泥

在新鲜剩余污泥中，通常有机质比生物滤池腐殖污泥含量更丰富，含水率更高。5%~10% 有机质在污泥絮体形成和回流过程中被矿化，这取决于回流污泥的比例和曝气时间，这两者决定了活性污泥在循环中的停留时间。在二沉池中，剩余污泥回收率为曝气后不可沉降悬浮固体负荷的 80%~90%。

剩余污泥可以与初沉污泥一起沉淀，但如果混合污泥不利于后续的反应，则应该避免这种方式。消化在成分上产生的变化与自然沉淀的初沉污泥变化大致相同，但在浓度上不同。市政污泥固体的积累取决于污水的组成、固体转化效率和处理过程中附带的固体消化程度。

一般而言，活性污泥工艺的性能受到二沉池从曝气池出水中分离和浓缩污泥的能力的限制（Magbanua & Bowers，1998）。这一限制是由活性污泥絮体的沉降性和相容性造成的。污泥的微生物组成是决定污泥沉降性的基本因素。活性污泥微生物可分为两种形态，即丝状微生物，以长丝状或细丝的形式生长和絮状或菌胶团型微生物，在形状和形态上更接近球形。

已观察到，通常沉降良好的污泥包含大而多的絮体，由粘附在丝状菌主干上的絮凝生物组成。如果丝状体过度生长，丝状体会从絮体延伸到液体中，干扰沉降和压缩。这种情况被称为丝状菌污泥膨胀，是活性污泥分离中最常见的问题，对出水水质影响最大。

另一方面，絮凝生物的一个缺点在于，可能导致微小的絮体沉降缓慢，或黏性强，或非丝状菌膨胀，此时有机物被包裹在高含水率和低密度的粘液中。污泥沉降性能好的必要条件，是丝状菌和絮凝生物之间的平衡关系。在追溯活性污泥处理法历史时，Tomlinson（1982）和 Albertson（1991）指出，在间歇式和基础型推流式长时间曝气池的活性污泥装置中，进行研究型的活性污泥实验很少遇到污泥膨胀问题。扩散式曝气引入大量空气增加了曝气池内的轴向混合和完全混合系统的使用，导致丝状菌膨胀发生率增加。显然，在间歇式、推流和隔室反应池中，底物浓度存在空间或时间梯度，有利于絮凝生物生长；而在底物浓度均匀度较低的完全混合系统中，有利于丝状菌生长。

1.7.5　市政供水厂污泥

从市政供水厂沉淀池和混凝池中进入污泥中的固体，以及从快滤池或慢滤池的冲洗水中进入污泥中的固体，随所处理水的性质、添加剂数量，类型以及处理过程中发生的作用而变化。有些水厂的污泥很容易腐败，例如来自高浊度，高色度或受污染的水。混凝池和冲洗水沉淀池中沉淀固体重量可低至浓缩前混合液重量的 0.1%，浓缩后混合液重量的 2.5%。观测值随原水的性质和所使用化学品的类型和浓度而变化。

习题

1. 污泥处理的目的。

2. 污泥处理的主要程序？解释其目的。

3. 初沉污泥和二沉污泥的区别？定义污泥有机质含量。

4. 在污泥处理设施内，影响污泥处理的主要因素？

5. 定义污泥含水率。含水率如何影响污泥的处理？

6. 生物污泥和化学污泥的区别？

7. 栅渣、粗砂及污泥的不同？

8. 在传统活性污泥法中，污泥产生的来源和处理阶段？

9. 根据污泥来源、特性和操作条件解释下列污泥类型：

（1）生污泥

（2）初沉污泥

（3）活性污泥

（4）好氧稳定污泥

（5）消化污泥

第 2 章

污泥的泵送

2.1 引言

在供水厂和污水处理厂中，从含水污泥或浮渣到浓缩污泥，都可通过泵送方式进行点对点输送。可能是间歇泵送，如将生污泥从沉淀池泵送至消化池，或连续泵送，如活性污泥回流至曝气池。通常一个泵送系统包括泵，蓄水池，相互连接的管道，和各种附件（例如，阀门、流量计和控制器）。为使一定体积的流体通过系统输送，泵必须向流体传递足够的能量，以克服系统内所有能量损失。

因此，污泥泵送的效率对于污水处理厂的正常运行非常重要。有效的污泥泵送取决于泵的选型、污泥特性和系统实际扬程要求。污泥泵送的效率依赖于可靠、满意和无故障的运行。污泥中经常含有沙子和砂砾，因此污泥泵必须耐磨损。泵的设计必须提供足够间隙，间隙紧密虽会提高效率，但也会导致频繁发生振动和过度磨损。

2.2 污泥流动特性

所有污泥和泥浆都是伪均质物质。新鲜沉淀池污泥的成分尤其复杂；消化污泥和活性污泥的成分相对简单；铝盐和铁盐等混凝剂形成的化学污泥成分最简单。因为许多污水污泥是非牛顿流体，具有塑性而不是黏性，它们的流动阻力是其浓度的函数。此外，大多数污泥是触变性的，因此其水力学特性更加复杂。

它们的塑性性质在搅拌和湍流过程中发生变化。流动过程中释放的气体或空气增加了确定其水力特性的难度。可以预料，摩擦损失随含固率增大而增加，随温度升高而降低。一般而言，达到层流或过渡流状态需要保持相对较高的流速，例如在直径 12.5~30cm 的管道中流动的浓稠污泥为 0.45~1.4m/s。在更高的湍流速率下，所有污泥都像水一样流动。

低含固率（10%）污泥可以通过管道泵送。含固率 2% 的污泥具有与水相似的水力特性。然而，对于含固率超过 2% 的污泥，其摩擦损失是水摩擦损失的 1.5~4 倍。随着温度的降低，沿程损失和局部损失均增大。流速应该保持在每秒 2 英尺以上。油脂会导致严重的堵塞，砂砾也会对流动特性产生不利影响。在设计这些类型的装置时，要考虑采用有效的清洁和大转弯半径的管道。

2.3 污泥管路

排泥管道的直径至少应为 6 英寸。对于每天处理 50 万加仑以下的污水厂，排泥管道的最小直径必须为 4 英寸；对于每天处理 100 万加仑以上的污水厂，排泥管道的最小直径为 8 英寸。短而直的管道更有利于运输，应避免急弯和形成局部高点。作为冲洗的用途，应该设置法兰盲板和阀门。

2.4 污泥管损

污泥泵送过程中产生的污泥管损主要取决于污泥类型、含固率和流速。实验观测到，随着含固率、挥发分含量的增加和温度的降低，管损增加。当挥发分的百分比乘以含固率的百分比超过 600 时，泵送污泥可能会遇到困难。

泵送未浓缩污泥、活性污泥和生物滤池污泥时的管损可能比泵送水时的管损多 10%~25%。初沉、消化和浓缩污泥在低速时可能会出现塑性流动现象，在这种现象中需要一定压力来克服阻力并开始流动。在层流范围内，阻力与流速呈现近似的线性关系，达到 1.1m/s 左右，即所谓的低临界速率。

高于 1.4m/s 左右的较高临界速率，可认为是湍流。在湍流范围内，经过良好消化的污泥管损可能是以水为传输介质的管损的 2~3 倍。对于初沉和浓稠的浓缩污泥，管损可能还要大得多。

2.5 能量需求

为了确定离心泵处理污泥的运行转速和功率要求，需要计算和绘制出三种系统曲线，分别是：（1）预计需泵送的最浓稠污泥；（2）泵送一般情况的污泥；（3）泵送水。上述系统曲线被绘制在一个可用流速范围的泵曲线的图表上（图 2.1）。某一特定泵的最大和最小转速要求数值是由泵的流量－扬程曲线和在预期流量下的系统曲线交点得到的。

最大转速下的水泵流量—扬程曲线和以水为传输介质的系统曲线的交点决定了所需功率。在构建传输介质为污泥的系统曲线时，建议对于 0~1.1m/s 的流速，将扬程恒定在 1.1m/s 的计算值上。正常工况下，泵曲线与系统曲线的交点可用于估计运行时间、平均转速和动力成本。

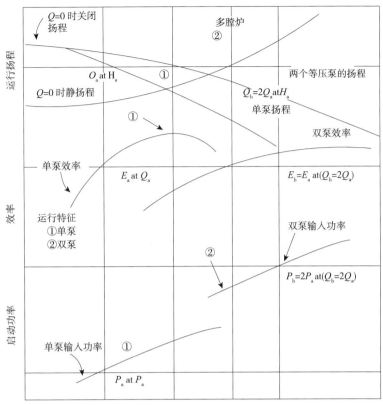

图 2.1　恒转速单、双离心泵性能特性曲线

2.6　污泥泵

污泥泵可分为柱塞泵（往复式）、螺杆泵、旋流式或开放螺旋桨式离心泵。初沉污泥一般采用柱塞泵和螺杆泵泵送，二沉污泥更适宜采用离心泵泵送。大多数情况下，消化污泥通过离心泵和旋流泵泵送，但是，当涉及吸升时，则使用柱塞泵和螺杆泵。柱塞泵适用于污泥淘洗。泵送初沉和二沉污泥，以及污泥淘洗时应考虑备用水泵。

2.6.1　柱塞泵

有单缸、双缸或三缸的柱塞泵，每个柱塞的容积可达 150~250L/min。柱塞泵有自吸功能，吸程最大可达 3m。泵的转速应该在 4~50rpm 之间。在设计柱塞泵时，考虑的最小扬程为 25m，因为随着使用，污泥管道中油脂的积累可能会导致扬程的持续增加。

柱塞泵的优点如下：

● 脉冲作用会使料斗中的污泥浓缩；

● 可以自吸，吸程可达 10 英尺；

29

- 低泵速可适用于更大的敞口；
- 除非某些物体阻碍球形止回阀密封，否则提供正向输送；
- 无论泵扬程变化多大，它们都具有恒定但可调的流量；
- 可以提供较大的出口压力；
- 固体浓度大的介质可能更容易泵送；
- 堵塞很容易疏通。

2.6.2 离心泵

离心泵需要配备变速驱动器，以适应变化的流量，因为在恒定的驱动下通过节流增大阻力以减少流量会导致频繁停机。设计还应考虑泵送污泥固体的抗堵塞性，同时避免泵送大量浮渣的污水／废水。目前，市面上有各种改装的离心泵。

带有无堵塞叶轮的离心泵一般仅用于较大型号。Screwpeller 型水泵是螺旋桨式叶轮泵的改进型，特别适用于污泥的泵送。较之普通的离心泵，它更不容易堵塞，且消除了往复式泵固有的一些缺陷。

2.6.3 旋流泵

由于旋流泵采用全凹式叶轮，输送污泥方面效率很高。根据吸入或排出阀的直径，可以处理限定尺寸的颗粒。旋转的叶轮在污泥中形成涡流，使液体本身成为主要推动力。

2.6.4 螺杆泵

螺杆泵已经被广泛的成功应用，主要用于浓缩污泥的泵送。泵的主要部件是一个单螺纹转子，它使用双螺纹螺旋橡胶以最小间隙运行，流量可达 1325L/min，吸程可达 8.5m。此外，它可以通过的固体直径达 2.9cm。

2.7 适用不同污泥类型的泵

需要泵送的不同类型污泥有初沉污泥、化学污泥、生物滤池污泥和活性污泥、回流污泥、淘洗污泥和浓缩污泥。此外，浮渣也需要泵送。通常，未经处理的初沉污泥浓度在泵送过程中会发生变化。这是因为，一开始泵送的是浓度最高的污泥，随着时间的推移，当大部分污泥固体被泵送后，泵送的流体就是较稀的污泥，这部分污泥和水具有类似的水力学特性。

污泥浓度等特性的变化会导致离心泵的工况点偏离。泵电机规格的选型应考虑这部分附加荷载，在此种情况下应提供变速驱动器以便于减少流量。当以最高转速泵送时，如果泵电机的规格不能满足此时的可能最大荷载，则会造成过载，如果过载保护装置不起作用或设置过高，则可能会损坏泵电机。

泵在不同类型污泥上的应用可归纳如下：

2.7.1　初沉污泥泵

柱塞泵可用于泵送初沉污泥。螺旋进料式和无叶片式离心泵，以及旋流泵也可用于泵送初沉污泥。由于初沉污泥的特性，决定了传统的无堵塞泵使用效果难以令人满意。

2.7.2　化学污泥泵

通常化学沉淀法产生的污泥可以用与初沉污泥相同的方式处理。

2.7.3　二沉污泥泵

对于二沉污泥，无堵塞离心泵、柱塞泵、气动提升机和喷射器都是适用的。离心泵是首选，因为它更高效，具有处理低含固率污泥的能力，污泥输送均匀平稳，混合泵送物质可提高均质性，比柱塞泵噪声更小也更清洁，连续运行的维护成本更低等优点。

2.7.4　污泥循环泵

泵类型的选择很大程度上取决于它的使用位置。当正压启动且无吸程时，配置变速驱动器的大流量离心泵是一个很好的选择。泵送的污泥含固率与初沉污泥相似或略低，水泵吸入口的液位较低，离心泵可以取得优异的效果。如需自吸启动，则可选择柱塞泵。通常，通过适当的单元布置，可将吸升与初沉或二沉污泥泵送结合起来。当有必要对消化池中的全部污泥进行脱水时，可以使用柱塞泵。

2.7.5　生物滤池污泥泵

柱塞泵、螺杆泵、无堵塞离心泵、旋流泵最为适用。通常污泥都是均匀的，很容易泵送。

2.7.6　活性污泥泵

无堵塞离心泵或混流离心泵在这种情况下是最适用的。污泥含固率较低，只含有细小的固体，可以很容易地用这种泵进行泵送。因为扬程低，并且需要保持污泥的絮体，因此此种泵以低速运行。

2.7.7　消化污泥泵

消化良好的污泥是均匀的，含有 5%~8% 的固体和一些气泡，含固率可能高达 12%。消化不良的污泥可能难以处理。至少要配置一台容积泵。对消化污泥的泵送可采用柱塞泵、旋流离心泵、容积泵和螺杆泵。

2.7.8　淘洗污泥泵

适用于初沉污泥的泵也可用于淘洗污泥。在小型污水厂，柱塞泵是首选，因为通常他们与初沉污泥泵安装在一起。通常它们配备流量计，以测量泵送的污泥量。在大型污水厂，选择离心泵，因为它能够更平稳、噪声更小和更清洁地运行，以及输送更大量的淘洗污泥。

如果用离心泵泵送淘洗污泥，可选择合适的污泥流量计测量泵送的污泥量。可以通过变速驱动来调节洗涤比例，并根据不同脱水速率改变真空过滤器的输送速率。

2.7.9　浓缩污泥泵

柱塞泵能更好地实现这一目的，它能完美地适应泵排放管路的高扬程损失。容积泵和螺杆泵也能成功地应用于泵送含固率高达 20% 的浓稠污泥。因为容积泵和螺杆泵的间隙有限，所以必须减小固体尺寸。

2.7.10　浮渣泵送

容积泵或螺杆泵，柱塞泵或隔膜泵，气动喷射器，离心泵（螺旋进料，无叶片，或旋流式）可用于浮渣泵送。通常浮渣泵送可直接采用污泥泵，通过在污泥和浮渣的输送管路上安装阀门进行调配以实现此功能。较大型污水厂，使用单独的浮渣泵。

2.8　泵的控制

污泥泵送的实际流量一般低于水泵的设计流量。小型的污水处理厂，设计工程师将使用计时器，以使操作员可以对泵进行开 / 关操作的编程。然而，对于大型处理厂应该研究变速控制的使用（Guyer，2011）。

习题

1. 影响污泥泵送的主要因素是什么？

2. 为什么泵送污泥的管损大于泵送水的管损？

3. 定义泵的类型及其工作原理。

4. 初沉污泥，二沉污泥，化学污泥，浓缩污泥，消化污泥和浮渣适于什么类型的泵？

第 3 章

污泥处理

3.1 引言

污泥一般由 92%~98% 的水分及易腐败有机质组成。由于污泥有机质含量高，在最终处置前需要进一步处理。

污水处理中采用的单元顺序一般可以用初级处理和二级处理表示，初级处理包括：初筛、沉淀、化学混凝或化学沉淀等操作。后续操作，特别是与生物滤池和活性污泥处理相关的操作，构成"二级处理"。

污泥处理可包括以下全部单元操作或部分单元的组合：浓缩、消化、调理、脱水和焚烧。浓缩是为了减少污泥的含水率。消化是一种生物处理方法，旨在减少污泥的有机质含量。调理改善了消化污泥的脱水性能，因此可在砂干化床中风干或通过机械方式而轻易完成脱水。

脱水污泥和脱水污泥焚烧后的灰渣可在陆地或者海洋进行最终处置。污泥处理所采用单元操作的特定组合取决于污泥量和特性。

如图 3.1 所示，在污泥浓缩和稳定化方面，常见的单元操作组合有：

1. 自然沉淀污泥进行消化然后风干。

2. 在真空过滤之前对活性污泥进行浓缩和化学调理。

3. 在消化、淘洗、化学调理和真空过滤后对滤池腐殖质和自然沉淀污泥的混合物进行焚烧。

通常污水污泥所产生的废液易腐败，且含固率高。在排放前，可能需要对去除的絮体进行混凝土浓缩。

3.2 定义

污泥的浓缩和稳定化是供水厂和污水处理厂在污泥处置前实施的关键过程。操作和流程包括：

浓缩：通过长时间的搅拌使污泥浓缩，使其形成尺寸更大、含水率更低、沉降更快的聚集体。例如，8~12h 的搅拌过程中，活性污泥浓缩使含固率增加 3~6 倍，如有必要，还可添加氯来阻

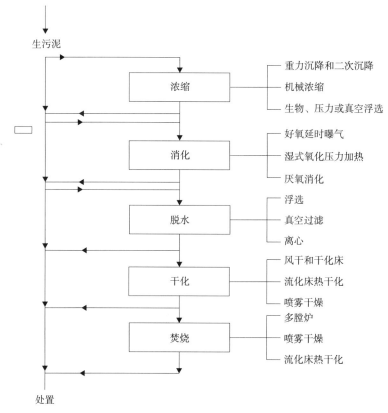

图 3.1 污泥处理流程图（箭头表示可能的流向）

止分解。副产物是排出的污泥液。

离心：该操作间歇或连续地将污泥进料到离心机中进行浓缩，从污泥悬浮液中分离出固体，悬浮液是其副产物。

化学调理：使污泥絮凝，改善其脱水特性。例如，在采用真空过滤器脱水的污泥中添加氯化铁。

淘洗：淘洗除去物理上干扰化学调理和真空过滤的污泥物质，并提高经济性。例如，淘洗使消化污泥碱度有所降低，这使得过滤之前需要添加的化学药剂量减少。其副产物是淘洗水。

生物浮选：在该操作中，污泥固体通过被分解产生的气体提升到表面使污泥浓缩。例如，在 35℃ 条件下，5d 内可完成初沉污泥的浮选和副产物下清液的提取。

溶气浮选：除采用压缩空气进行浮选外，其他与生物浮选相似。溶气浮选装置是浓缩"轻质"污泥（如剩余活性污泥）更好的选择。

真空过滤：通过多孔介质（如螺旋线圈或滤布）支撑要脱水的污泥，用吸力从层状污泥中抽走水分。例如，化学调理后的活性污泥在连续、旋转的真空转鼓过滤器中的脱水，产生糊状污泥或泥饼。除去的污泥液是副产物。

风干：风干除去了附着在砂床或其他颗粒物质上污泥中的水分。水分在空气中蒸发，并在干化床中流失。例如，在砂床上对消化良好的污泥进行风干，产生可布散的、易碎的污泥饼。副产物是进入地下排水系统的液体。

热干化：通过加热去除污泥中的水分，可将含水率降低到很低的程度。例如，真空过滤活性污泥在连续闪蒸干燥机中干燥。如果是可出售的污泥产品，其含水率一般必须降低到10%以下。

污泥稳定化：将生污泥转化为一种危害性较小的形式，大大减少了病原体和无机固体的含量，更适于安全处置。传统上，污泥通过好氧或厌氧消化过程进行生物稳定化。然而，也有非生物的方法来稳定污泥。

污泥消化：污泥的好氧/厌氧分解。消化过程伴随着气化、液化、稳定化、胶体结构的破坏，水分的浓缩、固结或释放。产生的气体除了二氧化碳外，一般还包括可燃甲烷，以及少量的氢气。

污泥消化是用来稳定污泥的处理方式之一。例如：1. 在内源呼吸条件下，曝气池中污泥的好氧消化；2. 在化粪池中沉淀固体的消化（厌氧消化过程）。

好氧工艺：好氧工艺是在有氧气的情况下发生的生物处理工艺。某些细菌只能在溶解氧存在的情况下生存，被称为专性（即仅限于特定存活条件）好氧菌。

厌氧工艺：无氧气情况下发生的生物处理过程。只有在没有溶解氧的情况下才能生存的细菌被称为专性厌氧菌。

反硝化：硝酸盐转化为氮气和其他气态最终产物的生物过程。

缺氧反硝化：硝态氮在无氧气的情况下生物转化为氮气的过程。

缺氧污泥消化：这是一个只用于稳定污泥的缺氧反硝化过程。当使用硝酸盐而不是氧气时，缺氧生物质稳定过程类似于好氧消化过程。

干化燃烧或焚烧：这种方法指热干化污泥在高温下单独或添加助燃剂进行点火焚烧。例如：1. 热干化污泥的焚烧；2. 在多膛炉的下部炉床上焚烧热干化污泥，而在上部炉床上烘干待焚烧污泥。焚烧的最终产物是一种无机灰分，副产物是烟气。

湿式燃烧：在540华氏度（282℃）和1200~1800psig空气压力下氧化湿污泥。副产物是悬浮液和废气。

其他方法：污泥处理的其他方法包括通过加热、冷冻或物理浮选进行调理，以及压滤脱水等。

3.3　污泥处理方法

表3.1列出了污泥处理和处置的主要方法。污泥水分通过浓缩、调理、脱水、干化等方式去除，好氧消化、厌氧消化、焚烧、湿式氧化等方式用于稳定污泥中的有机质。

污泥处理处置方法　　　　　　　　　　表3.1

单元操作或处理方法	功能
1. 预处理	
污泥研磨	减小粒径
污泥除砂	除砂
污泥混合	混合
污泥储存	储存
2. 浓缩	
重力浓缩	体积减少
气浮浓缩	体积减少
离心浓缩	体积减少
3. 稳定化	
氯氧化	稳定化
石灰稳定化	稳定化
热处理	稳定化
厌氧消化	稳定化，减量
好氧消化	稳定化，减量
4. 调理	
化学调理	污泥调理
淘洗	浸出
热处理	污泥调理
5. 消毒	
巴氏消毒	消毒
碱化处理	消毒
长期储存	消毒
氯消毒	消毒
放射法	消毒
6. 脱水	
真空过滤	体积减少
板框压滤	体积减少
水平带式压滤	体积减少
离心	体积减少
干化床	体积减少

续表

单元操作或处理方法	功能
干化塘	储存，体积减少
7. 干化	
闪蒸干燥	重量减少，体积减少
喷雾干燥	重量减少，体积减少
旋转干燥	重量减少，体积减少
多膛炉干燥	重量减少，体积减少
油浸脱水	重量减少，体积减少
8. 堆肥	
堆肥（仅污泥）	体积减少，资源回收
与固体废弃物混合堆肥	产品回收，体积减少
9. 热减量化	
多膛炉焚烧	体积减少，资源回收
流化床焚烧	体积减少
快速焚烧	体积减少
与固体废弃物协同焚烧	体积减少，资源回收
与固体废弃物混合热解	体积减少，资源回收
湿式氧化	体积减少
10. 最终处置	
填埋	最终处置
土地利用	最终处置
再利用	最终处置，土地复垦
重复利用	最终处置，资源回收

3.4 污泥处理工艺流程

在图 3.2 和 3.3 中展示了包含单元操作和污泥处理过程的通用流程图。在实践中，根据是否涉及生物处理，可将最常用的污泥处理工艺分为两大类。

图 3.4 展示了包含生物处理的典型流程。根据污泥来源，使用重力或气浮浓缩污泥。某些情况下，这两种方法可以在同一污水处理厂使用。在生物消化后，以下三种方法（即真空过滤、离心、干化床）中的任何一种都可以用于污泥脱水，具体选择取决于当地条件。

由于工业废弃物和其他有毒废弃物存在影响生物消化池的运行，因此许多处理厂设计了其他处理污泥的方法。图 3.5 显示了三种典型不含生物处理的工艺流程。

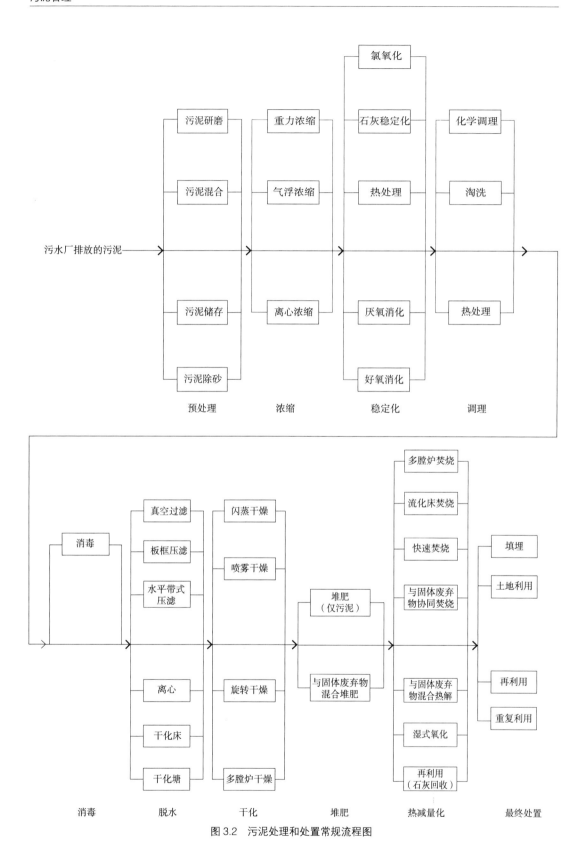

图 3.2 污泥处理和处置常规流程图

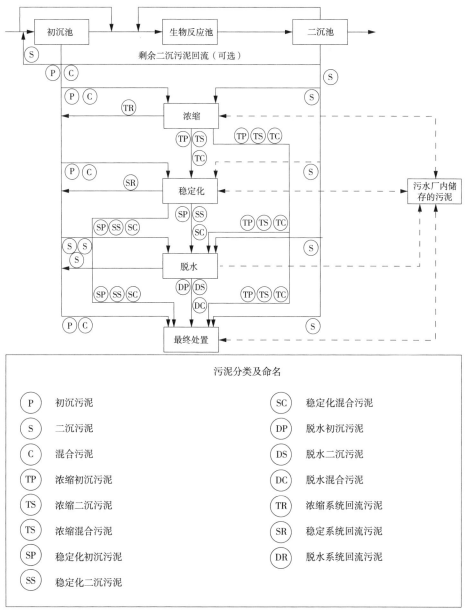

图 3.3 污泥处理系统总体示意图

3.5 预处理

污泥的预处理包括污泥的研磨、除砂、混合和储存，有助于向污泥处理设施提供均匀的进料。污泥的混合和储存既可以在独立单元装置中一起完成，也可以分别在污水处理厂内其他设施中单独完成。

重要的预处理操作可简要描述如下：

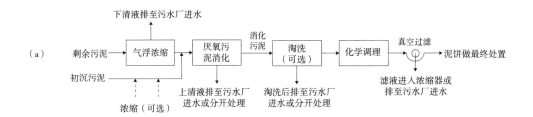

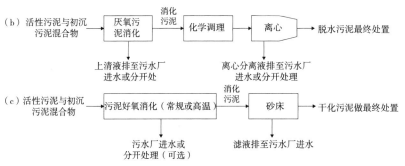

图 3.4　包含生物消化和三种不同污泥脱水工艺的典型污泥处理流程
（a）真空过滤；（b）离心；（c）干化床

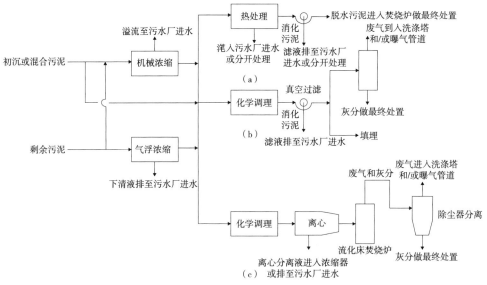

图 3.5　典型的非生物污泥处理流程图
（a）真空过滤脱水后热处理；（b）多膛炉焚烧；（c）流化床焚烧

3.5.1　污泥研磨

污泥研磨是将污泥中含有的大体积的物质切割或破碎成小颗粒的过程。污泥研磨机常使用两种技术：锤磨机研磨或切割。这类装置通常取决于以下所述的具体应用：

1. 在对污泥进行热处理前需要进行污泥研磨，以防止高压泵和热交换器堵塞。

2. 喷嘴圆盘离心机和卧螺离心机需要先进行污泥研磨预处理，以防止喷嘴和圆盘之间发生堵塞。喷嘴圆盘离心机之前可能需要设置细格栅。

3. 氯氧化前最好先将污泥磨碎，以增强氧化剂与污泥颗粒的接触面积。

4. 在使用螺杆泵泵送"之前，需要进行污泥研磨，这样可以减少管损并防止淤塞。

3.5.2 污泥除砂

有些污水处理厂在初沉池前未设置单独的除砂设施，或除砂设施无法满足峰值流量和峰值含砂量。在对污泥进一步处理前，需要先除砂。当期望对初沉污泥进一步浓缩时，可以考虑对初沉污泥进行除砂。通过在流动体系中应用离心力来实现有机污泥中砂砾颗粒的分离，是污泥除砂最有效的方法。可以通过使用不含移动部件的水力旋流器来实现分离。

污泥被切向地喷射到一个圆锥形的进料段，从而产生一个离心力。较重的砂砾移动到锥体外侧，并通过锥形的进料部分排出。有机污泥通过一个单独的出口排出。水力旋流器的效率受压力和污泥中有机质浓度的影响。污泥浓度应较低，以获得有效的砂砾分离。随着污泥浓度的增加，可去除颗粒的尺寸随之减小。

3.5.3 污泥混合

混合污泥是必要的，以产生一种均匀的污泥混合物。在污泥稳定化、脱水和焚烧之前，均匀混合是特别重要的。初沉污泥、二沉污泥和深度处理污泥可以以多种方式混合，即：

1. 在初沉池中：二级处理段或深度处理段的污泥转移到初沉池，在初沉池中沉降并与初沉污泥混合。

2. 在管道中：需要仔细控制污泥来源和进料率，以确保适当的混合。

3. 污泥在停留时间长的处理设施中：进料污泥可以在好氧消化池和厌氧消化池中均匀混合（连续流搅拌类型）。

4. 在单独的混合池：通过这种做法可以有效地控制混合污泥的泥质。

小型处理厂（162m³/h），通常在初沉池中进行混合。在大型处理厂中，可通过在混合前对污泥进行浓缩和搅拌达到最佳效率。带搅拌设施的典型混合池如图 3.6 所示。

3.5.4 污泥储存

污泥储存可以消除污泥产量波动带来的不利影响，并使污泥在后续污泥处理设施不运行期间（即夜班、周末和设备计划外停机期间）累积起来。在以下过程之前，污泥储存以提供均匀的进料速率尤为重要：

a. 氯氧化

b. 石灰稳定化

c. 热处理

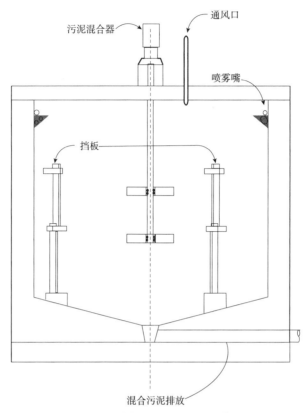

图 3.6　结合污泥储存功能的典型污泥搅拌和混合池

d. 机械脱水

e. 干化

f. 热减量化

短期污泥储存可在污水沉淀池或污泥浓缩池中完成。污泥的长期储存可通过长时间的稳定化处理(即好氧和厌氧消化)完成,或在专门设计的单独储罐中完成。在小型污水处理厂中,通常污泥储存在沉淀池和消化池中。在不使用好氧和厌氧消化的大型污水处理厂中,通常污泥储存在单独的混合池和储存池中,可以容纳数小时到数天时间的污泥。通常污泥进行曝气以防止腐败和促进混合。机械搅拌是必要的,以确保污泥的完全混合。氯和过氧化氢常用来抑制腐败、抑制污泥储存及混合池中臭气的产生。

习题

1. 为什么在污泥排放到环境中或重复使用前必须进行稳定化处理?

2. 污泥减量最常用的方法是什么?

3. 污泥脱水、污泥调理和污泥浓缩的区别是什么?列出用于上述目的的不同方法。

第 4 章

污泥浓缩

4.1 引言

污泥浓缩是通过分离和去除污泥中的部分液体，提高污泥含固率的过程。举例来说，如果从二沉池排放的剩余污泥含固率为 0.8%，浓缩到含固率为 4% 时，污泥体积就可减少为原来的 1/5。浓缩一般通过物理方法完成，包括重力沉降、气浮和离心。

鉴于上述情况，采用浓缩法从污泥中分离出的水比在沉淀池中所分离的水更多。与未进行浓缩的污泥消化和脱水过程相比，浓缩也可节省总成本（Pergamon PATSEARCHER）。

常用的浓缩方法有 3 种，即：

1. 重力浓缩；

2. 气浮浓缩；

3. 离心浓缩。

它们分别是基于重力、气浮（即浮力或负引力）和离心（即机械增强引力）原理。

4.2 操作原理

本节讨论了各种浓缩过程的操作原理。

4.2.1 重力沉降

由于地球重力场产生的下向力（拉力），重力浓缩基于悬浮或絮凝颗粒（比水重）的沉降而实现。根据颗粒的浓度和特性，重力沉降分四种类型：离散型、絮凝型、受阻型（或区域型）和压缩型。对于污泥团块，污泥呈现一定程度的均匀分散，颗粒间通过充分浓缩使作用力增强，并足以阻碍相邻颗粒的沉降。

因此，在沉降过程中，液体往往会通过接触颗粒或邻近颗粒的间隙（狭窄的管状空间）向上移动。因此，接触颗粒往往沉降为"毯状"区域，彼此保持相同的相对位置。这种现象称为受阻沉降，在重力浓缩的初始阶段起主导作用。

随着沉降的继续，沉淀池底表面形成了颗粒多孔结构。进一步的沉降只能通过对结构的压实（即由于挤压出水分而使孔隙体积减小）实现。底部颗粒结构的压实是由于上部沉积颗粒重量的持续增加而产生的。这种"压缩沉降"是通过重力使污泥浓缩的主要原因。

4.2.2 气浮

气浮是通过人为地创造一个向上的引力场或系统，即浮力，使系统内的颗粒（甚至比液体更重）能够漂浮（即向上移动）而不是下沉。因此，气浮被用于从液相中分离固体或液体颗粒（Kondoh & Hiraoka，1990）。在气浮中，固液分离一般通过在液相中引入细小的气泡（通常是空气）来实现。气泡附着在颗粒物质上，使单位复合质量的复合体积（颗粒和气泡）显著增大。

微气泡的作用产生了足够的浮力，并使液面上移，颗粒在浮力的作用下上升到液体表面，并在表面被机械撇除。在这个过程中，密度比液体大的无机和有机颗粒会沉降到浓缩池底部被收集起来，并被机械刮入到一个中央料斗中。因此，气浮形成了一种独特的双向固液分离操作。

适当的化学添加剂可以增强气浮效果。利用 Stokes 沉降定律可以解释气浮机理，只需将气浮视为反沉降。气浮相对于重力沉降的主要优点是，在前期操作中，非常小或轻、沉降缓慢的悬浮颗粒可以被更有效地去除（即去除更彻底和所需时间更短）。因此，气浮浓缩池可以比重力浓缩池负荷更高。

4.2.3 离心

离心浓缩是在离心力作用下污泥颗粒的沉降或去除。

离心通过增加离心力或人工重力加快沉降速率。

离心产生的重力场增加的倍数与旋转速率及转筒半径或直径直接相关（Brechtel & Eipper，1990）。

理论上

$$G = w^2 \cdot r/g \qquad (4.1)$$

式中　G——重力场的倍数（MLT）；

　　　w——旋转速率（L/T）；

　　　r——旋转半径；

　　　g——重力加速度。

因此，如果重力浓缩时污泥沉降速率为 V_g，则离心浓缩时污泥沉降或分离速率可用 V_c 表示，其中

$$V_c = V_g \cdot G \qquad (4.2)$$

值得注意的是，通过 Stokes 定律公式即 $V_g = (g/18) \cdot (P_s - P_1) \cdot (d^2/\mu \cdot u)$ 可确定 V_g，并

引入 G（即重力场的倍数）以计算 V_c。

4.2.4　重力带式浓缩

重力带式浓缩的工作原理是通过污泥混凝—絮凝实现固液分离，通过移动的滤带将泥浆中的自由水排出。浓缩效果取决于污泥调理，通常用阳离子聚合物中和污泥的负电荷（Turovskiy & Mathai，2006）。

4.2.5　转鼓浓缩

转鼓浓缩池中的固液分离是将混凝、污泥絮凝和通过旋转多孔介质排放自由水来实现的。多孔介质可以是带有楔形丝、穿孔、不锈钢织物、聚酯纤维，或不锈钢和聚酯纤维组合的转鼓。浓缩依赖于污泥调理，通常使用阳离子聚合物（Turovskiy & Mathai，2006b）。

4.3　说明

不同类型的浓缩过程描述如下：

4.3.1　重力浓缩

重力浓缩是污泥浓缩最常见的做法。这种方法适用于初沉污泥，也适用于初沉污泥与活性污泥的混合物，但在活性污泥单独处理中效果不好。这是因为活性污泥中的水分以毛细水、胶体和细胞间水的形式存在，受重力影响较小。此外，当活性污泥量超过总污泥量 40% 时，混合污泥的重力浓缩效果不佳，必须考虑采用其他活性污泥浓缩方法。

重力浓缩对未经处理的初沉污泥最有效。重力浓缩池可为连续流或充填式，可添加或不添加化学药剂，以及包含或不包含机械搅拌。但缓慢搅拌可提高浓缩效率。通常采用连续流机械搅拌型重力浓缩池。

连续流重力浓缩池是中心进料和外围溢流的深圆形池体。稀释污泥从中心进料，然后进行沉降和压实，浓缩的污泥从池底被排出。常规污泥收集机制是通过深桁架或垂直栅栏轻轻搅动污泥使水逸出，从而进行浓缩。

由此产生的连续流上清液回流至初沉池。池体底部收集的浓缩污泥按需被泵送到消化池或脱水设备。连续流浓缩池多为圆形，直径不超过 20m，侧水深度 3~4m。这些沉淀池底部坡度一般在 1 ：4 到 1 ：6 之间，比常规沉淀池坡度大。坡度大的目的是便于污泥收集，防止污泥在池内停留时间过长，以避免由于厌氧产生的产气和上浮问题。

底层污泥的浓度取决于泥层厚度，最深可达 1m，超过该深度时，泥层厚度的影响很小。随着污泥停留时间的延长，底层污泥浓度会增加，达到最大压实效果需 24h。污泥层厚度可随污泥产量的波动变化，以达到良好的压实效果。在高峰情况下，必须缩短停留时间，以保持淤积层深度在溢流堰以下，防止过量污泥溢流。

1. 重力浓缩池面积和效率

浓缩池所需的横截面积可通过在不同污泥浓度下进行一系列柱沉降实验来确定（表4.1），绘制出重力引起的固体通量（SF_g）与污泥浓度（C）的函数曲线（图4.1）。通过预期的底层浓度 C_u，在曲线上（图4.2）确定对应的极限固体通量（SFL），所需面积（A）由以下公式计算（由物料平衡求得）：

$$A=(Q+Q_u)(C_i/SFL) \tag{4.3}$$

式中　Q_u——排泥量或循环流量（m^3/h）；

$Q+Q_u$——至沉淀池的总体积流量（m^3/h）；

C_i——进水污泥浓度（kg/m^3）；

SFL——极限固体通量（$kg/m^3 \cdot h$）。

重力浓缩池设计准则　　　　　　　　　　　　　　　　　　　表4.1

污泥类型	出料含固率（%）	浓缩时间（h）	浓缩后含固率（%）	干固体负荷	
				$kg/m^2 \cdot d$	Lb/ft^2-d
初沉污泥（PS）	3~6	5~8	4~8	100~200	20~40
滤池污泥（TF）	1~4	8~16	3~6	40~50	8~10
生物转盘污泥（RBC）	1.0~3.5	8~16	2~5	35~50	7~10
WAS	0.4~1.0	5~15	2.0~3.5	25~80	5~16
PS+TF	2~6	5~10	5~9	60~100	12~20
PS+RBC	26	5~12	5~9	60~100	12~20
PS+WAS	0.6~4.0	5~15	3~7	25~200	5~40
好氧消化 WAS	0.5~1.0	1.5~12.0	2~5	50~200	10~40
厌氧消化 PS	4~7	20~1440	6~13	—	—
厌氧消化 PS+WAS	2~4	20~1440	8~11	—	—

数据来源：美国环保署，1979。

图 4.1 和 4.2 可用于直观地确定 SFL 的值。参见图 4.2 和公式（4.3），若需要较高的排泥浓度，则必须减小排泥通量线（U_b）的斜率。反过来，这将降低极限通量值（即极限污泥负荷），并增加所需沉降面积。在这种情况下，如果没有所需沉降区，那么要么效率会降低，要么浓缩效果较差。

另一方面，如果沉淀池进料污泥量（即污泥负荷）大于极限固体通量值，污泥将在沉淀池积累。如果不提供足够的储存空间，污泥最终将在顶部溢流和产生较差的浓缩效果。极限

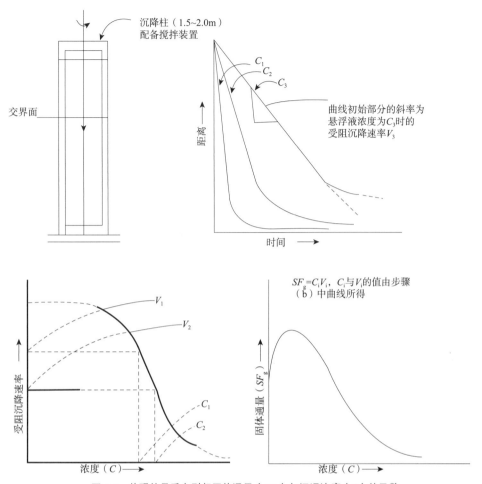

图 4.1　体现的是重力引起固体通量（SF_g）与污泥浓度（C）的函数

（a）由不同浓度（C_1）悬浮液柱沉降测试所得受阻沉降速率（V_1），（b）步骤（a）所得受阻沉降速率（V_1）与相应浓度（C_1）的关系图，（c）固体通量（SF_g）计算值与相应浓度（C）的关系图

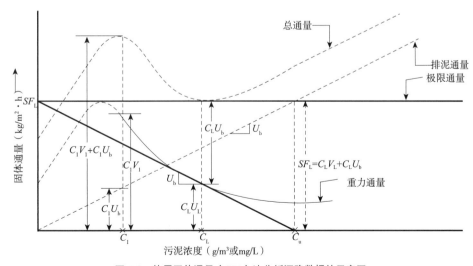

图 4.2　使用固体通量（SFL）法分析沉降数据的示意图

固体通量（*SFL*）主要决定污泥负荷和浓缩池的容量，而排泥浓度（C_u）决定浓缩池的横截面积和污泥浓缩量。其中，*SFL* 和 C_u 虽然相互关联、相互影响，但排泥浓度易于调节，因此通常采用排泥浓度作为控制浓缩过程的参数。

必要确保下列指标：

- 调节所需稀释水量；
- 足够的污泥泵送能力，保持任何所需的污泥浓度，连续进料和排泥泵送；
- 扭矩过载保护；
- 污泥层检测。

2. 重力浓缩效果评估

优势

- 操作技能要求最低；
- 运营成本低；
- 能耗最小；
- 适用于小型处理厂；
- 适用于快速沉降污泥中的漂浮颗粒，如初沉污泥和化学污泥；
- 一般不需要污泥调理剂。

缺点

- 占地面积大；
- 可能产生臭味；
- 对于剩余活性污泥，出泥含固率不稳定且较低（2%~3%）。

4.3.2 气浮浓缩

目前用于污泥浓缩的气浮实践仅限于使用空气作为气浮介质。

通过以下方法之一添加或形成气泡以进行气浮浓缩：

- 在液体处于压力下时注入空气，即使液体中的空气过饱和，然后释放压力（溶气气浮）；
- 常压曝气（分散气浮或曝气气浮）；
- 在常压下用空气达到饱和状态，然后对液体施加真空（真空气浮）。

此外，在所有这些体系中，都可通过使用各种化学药剂提高去除效率。气浮浓缩可最有效地应用于悬浮态生物处理过程中产生的剩余污泥，如活性污泥工艺或悬浮态硝化工艺。

1. 溶气气浮（dissolved–air flotation，DAF）装置

工艺机制：溶气气浮装置最常用来浓缩"轻质"污泥,如剩余污泥（WAS）。在这个过程中，压缩空气被引入加压罐，在此被溶解到溶气气浮下清液或污水处理厂出水中，之后与流入的剩余污泥混合（图 4.3）。

靠近中心柱底部的阀门保持恒定的背压。当混合物进入 DAF 罐时减压，溶气以微气泡形式释放出来，将污泥固体带到液体表面进行去除。表面的撇渣器将漂浮的污泥层移动到搁板并进入收集箱中。所有的沉淀物均由底部刮刀移动到中心料斗。根据 Martin 和 Bhattarai（1991）的研究，不添加聚合物的 DAF 可以产生含固率高达 3% 的浓缩污泥。

过程控制：许多教科书讨论了使用气固比（空气与固体重量之比）作为 DAF 浓缩池的控制因素，以达到给定的浓缩程度，但很少提及收集器装置边缘速度。然而，实际上，当气固比恒定，以边缘速度作为控制变量时，就可以达到理想浓缩范围。

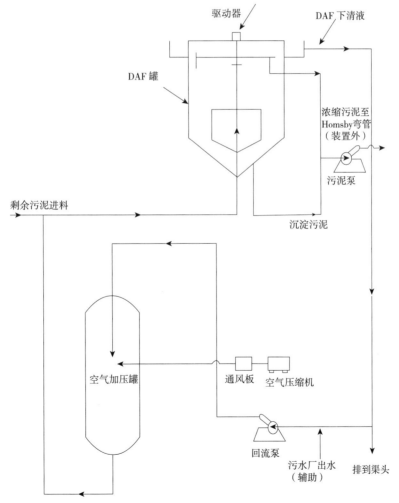

图 4.3　DAF 工艺流程

在收集装置上增加变速驱动器，操作人员可通过减慢撇渣器的速率获得较厚的污泥层，或者提高撇渣器的速率获得较薄的污泥层。一般来说，较薄的污泥层（厚度小于 0.3m）会导致浓缩 / 脱水效果较差。还发现，污泥可达到的浓缩程度取决于其初始浓度。当使用较稀的污泥时，浓缩后最终浓度会更高。此外，浓缩剩余污泥的性能将取决于污水处理厂运行时的单元平均停留时间。

2. 曝气气浮（Diff.－ AF）装置

在气浮系统中，气体通过旋转的叶轮或扩散器直接进入液相形成气泡。仅在短时间内进行曝气并不能特别有效地使污泥气浮。因此，添加明矾和聚合电解质等化学物质可提高曝气的气浮效率。聚合电解质的添加不会增大含固率，但可将固体捕集率从 90% 提高到 98%。

3. 真空气浮

真空气浮首先在常压下使污泥中的空气达到饱和，可通过直接在曝气池中或使在污泥泵的侧段开口引入空气实现。然后施加部分真空，使溶解的空气以微小气泡的形式从溶液中逸出。气泡和附着的固体颗粒上升到液体表面形成一个浮渣层，被撇渣器撇去。

收集到中央污泥池中沉到底部的砂砾和其他重固体被清除。如果该装置用于去除待消化污泥中的粗砂，则必须在粒度分级机中将粗砂与污泥分离，然后将污泥泵入消化池。该装置由一个有盖的圆柱形容器组成，在该容器中保持部分真空，并装有浮渣和污泥清除装置。

浮渣被连续撇向罐体周边，自动排入浮渣槽内，并在部分真空状态下进入到泵中。辅助设备包括：用空气使污泥饱和的曝气池、用于去除大气泡的短期停留池、真空泵、污泥泵和浮渣泵。

4. 化学药剂

通常化学药剂用于辅助气浮过程。投加化学药剂对 DAF 浓缩池的性能有显著影响。由于进料污泥的颗粒粒径小，不利于气泡附着，因此可能不适合直接进行气浮。此外，污泥颗粒的表面带有电荷，使颗粒在液相中保持稳定。为了实现有效的气浮，需改变颗粒的表面性质。

加入的化学药剂可以中和带电层，使颗粒不稳定，最终导致多个颗粒凝聚，使颗粒粒径增大，这样气泡就可以附着在颗粒上进行有效气浮。铝、铁的金属盐和活化二氧化硅可以作为有效的混凝剂，使颗粒团聚形成絮体，从而容易使气泡附着。一些有机化学药剂也可以用来改变气—液或固—液界面的性质，或两者同时改变（Turovskiy & Mathai，2006）。

5. 气浮浓缩的评价

气浮浓缩有以下优点和缺点。

优点：

- 比重力浓缩池所需空间小；
- 相比于重力浓缩，提高了剩余污泥含固率（3.5%~5%）；
- 无需化学药剂或低剂量化学药剂即可运行；
- 无需复杂的设备。

缺点：

● 运行成本高于重力浓缩池；

● 高能耗；

● 需熟练操作人员；

● 臭味问题；

● 比其他机械方法要求更多；

● 与重力浓缩池相比，储存容量小；

● 对于初沉污泥浓缩效果较差；

● 聚合物调理需更高含固率。

备注：气浮装置需要额外的设备、更高的运行成本、能耗较大、更熟练的维护和操作。然而，在去除油脂／油、固体、粗砂和其他物质，以及臭味控制方面有明显的优势。

4.3.3　离心浓缩

离心浓缩，是利用离心力提高沉淀效率的过程。在重力浓缩池中，污泥通过重力作用进行沉淀。在离心机中，可以提供 500~3000 倍的重力作用，因此离心机可作为一个高效的重力浓缩器。离心机进行浓缩的应是剩余污泥而不是初沉污泥，因为初沉污泥含有磨损性物质，会对离心机造成损害（Turovskiy & Mathai，2006）。

用于处理污泥的离心机主要有 3 种类型：喷嘴转盘式、卧螺式和封闭（没有设置常规出口）篮式离心机。第一种类型更常用于污泥浓缩，而另外两种类型在污泥脱水方面更为常见。喷嘴转盘式离心机由一个立式装置组成，该装置包含许多堆叠的锥形转盘。每个转盘作为一个单独的低容量离心机。液体在转盘之间向上流向中心轴，其中所含的物质被逐渐分级。

固体集中在转鼓的边缘，并通过喷嘴排出。由于喷嘴开口很小，这些单元必须在前面安装污泥研磨和筛分设备，以防止堵塞。喷嘴转盘离心机需要对进料污泥进行充分的预筛和除砂，因为其一般仅适用于颗粒尺寸不大于 $400\mu m$ 的污泥。封闭篮式离心机只适合序批式操作，不适合连续进料和出料。

喷嘴转盘式和封闭篮式离心机需承受高强度轴承磨损，因此维护量大。在这方面，卧螺离心机比喷嘴转盘式和封闭篮式离心机更好（Turovskiy & Mathai，2006）。卧螺离心机（也称连续卧螺机或螺旋输送离心机）有两种基本设计：逆流式和并行式。两者在配置上的关键区别是输送机（转动）上排水口的位置，以及污泥排放口的位置。

污泥通过离心机一端的同心管进入转鼓中。离心机中液体的深度是由溢流堰相对于转鼓壁的高度决定。通常堰的高度是可调的。当污泥颗粒进入重力场时，它们开始在旋转转鼓的内表面沉降。较轻的液体（离心滤液）在污泥层上方聚集，并流向位于机器较大末端的滤液出口。

在转鼓内表面的沉淀污泥颗粒由螺旋输送机(卧螺机)输送到转鼓的另一端(圆锥形部分)。浓缩离心机与脱水离心机的主要区别在于输送机的结构和转鼓的锥形部分。在浓缩离心机中,圆锥部分的斜率较小。图4.4为包含两台离心机的离心浓缩系统的基本设备和辅助设备流程图。辅助设备包括:

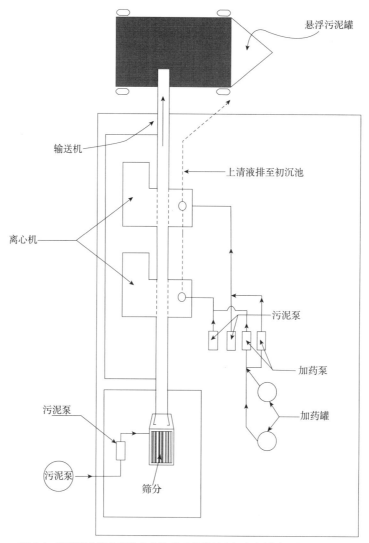

图 4.4 带有两台离心机的离心浓缩系统的基本设备和辅助设备的流程图

污泥池、污泥泵(I)、筛分滤网、污泥泵(II)、加药泵、加药输送机、离心式水箱以及收集离心滤液或离心机洗涤出水的通道。离心机的性能通过浓缩污泥的浓度和固体回收率或固体捕集率进行评估。回收率的计算是,浓缩的干污泥在进料干污泥中的百分比。通常利用测量的污泥浓度,回收率(捕集率)通过以下公式计算(国际水环境联盟 WEF, 1998 年):

$$R = C_k(C_s - T_c) C_s(C_k - T_c) \times 100 \tag{4.4}$$

式中　　R——回收率，%；

　　　　C_k——浓缩（脱水）污泥含固率，% 干固体；

　　　　C_s——进料污泥含固率，% 干固体；

　　　　T_c——离心滤液含固率，% 干固体。

1. 影响浓缩的操作变量包括：

- 进料流量；
- 进料污泥特性，如粒径和形状、颗粒密度、温度和污泥体积指数；
- 转鼓的旋转速率；
- 输送机相对于转鼓的速率差；
- 转鼓中液位；
- 聚合物调理效果。

离心机最关键的操作因素之一是分离系数 F，通过以下方程可以看出离心力如何比沉降力更有效：

$$F = a/g,\ a = wr,\ 或者\ F = rn/g \tag{4.5}$$

式中　　F——分离系数；

　　　　a——离心力的速率，m/s^2；

　　　　g——沉降速率，m/s^2；

　　　　w——转鼓（转子）角速度，min^{-1}；

　　　　r——转鼓内径，m；

　　　　n——转鼓（转子）旋转速率，min^{-1}。

通过增加转鼓（转子）的旋转速率，可提高分离系数。但转鼓的高转速会减小颗粒尺寸，从而增加聚合物用量，降低絮凝效率。因此，通常离心机转速维持在 1500~2500rpm 之间，分离系数在 600~1600 之间。另一方面，分离系数越低，浓缩污泥浓度和固体回收率越低。

卧螺离心机的主要用途是浓缩剩余污泥，尤其是有效地浓缩好氧消化和厌氧消化后的污泥。进料污泥中颗粒的大小和分布对浓缩性能有很大影响。在较高剪切离心力作用下，絮凝良好的污泥固体不能结合在一起。因此，为了维持絮体的较大尺寸和高密度，需加入聚合物，从而使固体捕集率提高到 90% 以上。

2. 离心浓缩的评测

离心机可能会降低整体的运行和维护成本，并且性能会超越传统的带式压滤机。离心机单位处理量所需的占地面积较小。运行稳定时，离心机所需的操作很少，自动化程度较高。离心机减少了操作人员接触到病原体、气溶胶、硫化氢或其他臭味的风险。离心机可处理比设计负荷更高的负荷量，并且可通过加入更多的聚合物来维持固体回收率。它们特别适用于由大量废弃物或高水力流量而产生大量活性污泥的污水处理厂，可有效将剩余污泥含固率浓缩至 4%~6%。

离心机虽有上述优点，但投资成本高，能耗大，噪声大，需要丰富的操作经验才能优化设备性能，且必须考虑到特殊的结构因素，与任何高速旋转设备一样，由于动态荷载，底座必须静止和保持水平。备件价格昂贵，内部零件易磨损。

4.3.4 带式重力浓缩

带式重力浓缩是一种改进的带式压滤系统（图 4.5）。带式重力浓缩用于浓缩市政污泥（剩余污泥、好氧和厌氧消化污泥）以及工业污泥。

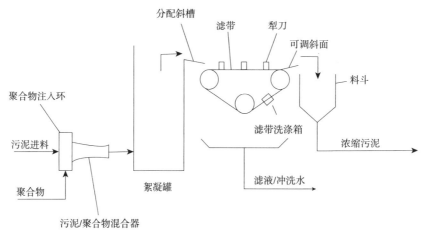

图 4.5 带式重力浓缩过程示意图（Turovskiy & Mathai, 2006）

为了实现高效浓缩，污泥中需添加有助于形成更大絮体的聚合物。将絮凝污泥（泥浆）布料应用于滤带上，污泥和水发生物理分离，水被收集在排水容器中，并转移到集水井中。污泥在滤带上向前移动，并由置于滤带上方的犁刀翻转。污泥刮刀用于清除滤带上的浓缩污泥。滤带移动到清洗箱后，清洗滤带以去除残留的污泥。典型的水力负荷为每米有效滤带宽度 380~900L/min（100~250gal/min）。带式重力浓缩机的有效带宽一般为 0.5m、1.0m、1.5m、2.0m 和 3.0m。

带式重力浓缩的评测

带式重力浓缩可使原始污泥含固率增至 0.4%，固体捕集率高于 95%。该工艺的投资成本相对适中，耗电量较低。但依赖于聚合物投加的程度，以干重计，需要添加 1.5~6g/kg 的聚合物。此外，在优化聚合物使用量和带速时需考虑臭味问题和对半熟练操作人员的技术要求。

4.3.5　转鼓浓缩

转鼓浓缩通过一个内部进料的转鼓实现，该转鼓内部有一个集成式内置螺旋装置，有助于将浓缩后的污泥移出转鼓（图 4.6）。转鼓在耳轴轮上旋转，可由变速传动装置驱动。聚合物和污泥混合后通过进料管进入转鼓。多余的水通过转鼓的穿孔进入收集槽。设置不锈钢盖板可控制臭气和进行简易的维护。转鼓浓缩机可对工业污泥、剩余污泥和生物消化污泥进行浓缩。主要用于中小型污水处理厂，处理量可达 1.420m³/min（0.4kg/m）。

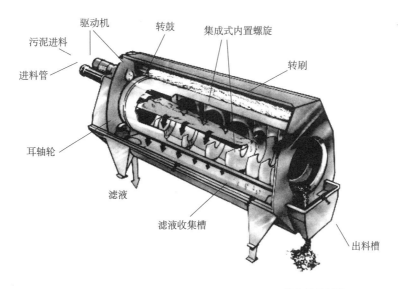

筛分/浓缩污泥

图 4.6　转鼓浓缩机的组件说明（来自佛罗里达州劳德代尔堡的百盛公司）

转鼓浓缩的评测

转鼓浓缩可将初沉污泥浓缩至含固率 0.5%，并具有优异的固体捕集率。其主要优点是能耗和空间要求低，投资成本也相对较低。产生的臭味问题，可在机组周围适当添加密封罩进行控制，这也可以确保在极端天气下转鼓的平稳连续运行。

4.3.6　其他浓缩方法

1. 初沉池

初次沉淀池可用于浓缩混合污泥，即初沉污泥和二沉污泥的混合物。沉淀池的底坡设计得更陡，坡度可达 2.75 ：12，以减小污泥层覆盖在排泥口上的厚度。由于生物活性的影响，较厚的污泥层在较长停留时间内会导致腐败和产气。

2. 稳定塘

兼性污泥稳定塘可用于进一步浓缩厌氧消化污泥。此外，稳定塘有助于污泥的长期储存和维持厌氧污泥的稳定。稳定塘的主要优势是能源需求低，不需要化学药剂调理，当土地容易获得时投资成本低，并且不需要熟练人工操作。但占地面积大、蚊虫和臭味问题、产生富氮（0.3~0.6g/L）上清液是稳定塘技术的主要缺点。

通过保持兼性塘表面无浮渣或者生物膜，可以维持良好的好氧条件。表面搅拌器的设置是为了提供表层的混合。一般表层深度为30~90cm且富含藻类。表层溶解氧供给的来源有藻类光合作用、直接表层混合和表层搅拌。好氧菌利用氧气分解污泥中的有机物；沉淀到底部的固体通过厌氧分解进行稳定。最佳有机负荷为1000kg挥发性固体/hm²/d。稳定塘产生的上清液返回到污水处理厂的进水段。

4.3.7　新兴技术

1. 往复浓缩

在该工艺中，消化污泥经过厌氧消化过程后被送入浓缩段，浓缩后的污泥再返回到厌氧消化过程。对25%的消化污泥进行往复浓缩，可使厌氧消化池中的污泥停留时间从15.7d增加到24.0d。挥发性固体的去除率从50%增加到64%。此外，往复浓缩对出水水质没有影响。该技术只需使用传统的污泥工艺设备，无需额外研发创新型设备。

根据2000年9月至2001年5月在华盛顿州斯波坎市的污水深度处理厂进行的一项工程实验，结果表明该工艺有以下优点：（1）利用现有的溶气气浮设备，基本无需新增投资；（2）与剩余污泥一起浓缩，无需增加浓缩的人工或电力成本。浓缩段所需聚合物增加，但脱水段所需聚合物减少。

2. 膜浓缩

膜浓缩是一种主要用于处理剩余活性污泥的先进技术。有悬浮生物质反应器和为固液分离提供屏障的膜系统。膜可在好氧环境下使用，实现生物质和液体的分离。在厌氧环境中，膜会很快被堵塞。因此，提供的好氧环境需要氧气的充分混合。文献报告称膜浓缩可使污泥含固率提高至4%以上，膜通量降低至活性污泥池中初始膜通量的一半。

膜工艺一般采用模块化设计，有以下不同类型：管式膜，中空纤维膜，螺旋缠绕式膜，平板膜，板框式和褶式滤筒过滤器。类似于污水处理中的膜生物反应池（membrane bioreactor, MBR），用于浓缩的膜比许多成熟的浓缩技术所需占地面积更小（Metcalf & Eddy, 2003）。膜浓缩器在美国的邓迪、密歇根、富尔顿县和佐治亚州等一些地方都在使用。

3. 金属滤网浓缩

该方法可用于对单个池体的污泥进行调理和浓缩。它在混合池中采用一组开口为1mm的狭缝筛。污泥通过滤网错流过滤进行浓缩。该系统的设计要点是防止通过浸入式滤网的低压差造成的堵塞（在大气压下简单过滤经常发生堵塞）。初步结果显示，污泥处理率约为200kg固体/h。

4.4　小型污水处理厂污泥浓缩

小型处理设施的剩余污泥一般运往大型处理厂或稳定塘进行脱水和稳定化。在这种情况下，优化每个污水处理厂的污泥浓缩过程是很有必要的。在大多数小型污水处理厂中，污泥浓缩与储存相结合，并在储罐中采用粗气泡扩散器进行曝气。通过停止曝气一段时间（2~4h），用滗析装置排出污泥液来实现污泥浓缩。

通过添加聚合物来提高污泥浓缩率已成为许多小型污水处理厂的普遍做法。当污泥储罐被填满而无法进一步浓缩时，向储罐中添加聚合物可大幅减少污泥体积。通常聚合物（类型和用量由实验室试验决定）以干粉形式手动添加，并在储罐中进行强烈空气混合，然后静态沉降并去除污泥上清液。这个系统为操作人员排空储罐提供了时间的灵活性，也降低了污泥运输和处理的成本。对于采用活性污泥法的处理厂，如果设有曝气系统，则最好采用此系统。而对于其他类型的处理厂，如果曝气设施费用昂贵，则首选重力浓缩。

4.5　污泥浓缩的好处

通过污泥浓缩减少污泥体积有利于后续的处理过程，如消化、脱水和焚烧，例如：

- 增加污泥消化池的负荷；
- 增大真空过滤器的进料固体浓度；
- 污泥调理所需的化学药剂量显著减少；
- 节省运输成本；
- 节省消化池所需的热量；
- 节省辅助燃料，例如进行污泥焚烧时；
- 当消化污泥须运输到处置场时，它将土地需求和处理成本降到最低。

大型项目中，当污泥运输距离很长，例如运输到某一污泥厂进行集中处理时，管道尺寸和泵送成本会随污泥体积的减少而减少。但是在小型工程中，考虑到最小可行管道尺寸和最小流速的限制，可能需要泵送除污泥外的大量污水以满足管径和流速的要求，这就降低了污泥减量的价值。当液体污泥通过罐车运输，作为固体调理剂直接用于陆地土壤改良时，污泥减量是非常必要的。

所有的污水处理厂中都以某种方式进行污泥浓缩，即在初沉池中，在污泥消化池中，或在专门设计的分离装置中。如果使用单独单元，通常回收的浓缩液回流到污水处理设施。在小型污水处理厂（小于 162m³/h 或 1Mgal/d）中，很少采用单独的污泥浓缩，一般采用重力浓缩，即在初沉池或污泥消化池中完成，或两者都有。在较大型污水处理厂，因需对浓缩过程进行改进控制从而达到更好的浓缩效果，故单独污泥浓缩造成的额外成本是合理的。

对于使用活性污泥法的污水处理厂而言，设置不同污泥浓度的处理单元对于污水处理厂的运行非常有利，因为可以直接从曝气池的混合液中排出一部分作为剩余污泥（更常见的做法是将浓度较高的回流污泥作为剩余污泥）。通过每天排出一定量的混合液进行浓缩和处置，可维持活性污泥工艺的效率和操作特性所依赖的污泥龄或污泥停留时间。但值得注意的是，当使用这种方法时，所需的污泥浓缩设施规模将大于设计规模，因为需要从回流污泥中直接分配一部分进入浓缩段，因此，这种方法并不广泛采用。

习题

1.污泥浓缩的目的是什么？请说明污泥浓缩的类型。

2.写出三种常用的污泥浓缩方法。

3.哪种污泥浓缩方法所得污泥含固率最高，可达多少？

4.说明小型污水处理厂污泥浓缩的概况？

5.污泥浓缩的好处是什么？

6.写出两种新兴污泥浓缩方法？

7.哪种污泥表现出较好的浓缩性能，初沉污泥还是二沉污泥，为什么？

8.溶气气浮、离心和带式重力浓缩池在污泥浓缩方面的优缺点分别是什么？

第 5 章

污泥调理

5.1 引言

污泥调理是对污泥进行化学处理或其他方法处理，以改善其脱水性能的过程。污泥调理一般用于机械脱水之前，如真空过滤、压滤或离心。如果是自然脱水方法，如干化床、污泥干化塘或陆地喷洒则不需要污泥调理。

调理可通过化学方法（使用有机或无机絮凝剂）或物理方法（使用加热和冷冻来改变污泥的特性）来完成。淘洗法，一种处理消化污泥的物理方法，在过去被广泛使用，但现在已几乎完全被摒弃。淘洗是一种将固液混合物与液体充分混合，将某些成分转移到液体中的操作。这个物理洗涤操作，将减少对化学调理剂的需求。一个典型的例子是在化学调理前对消化的污水污泥进行清洗，去除某些会消耗大量化学药剂的可溶性有机和无机成分。

冷冻和辐照也被作为污泥的调理方法进行研究。实验室研究表明，在提高污泥的过滤性能方面，污泥冷冻处理比化学调理更有效。但在有效应用此方法前，仍有许多工作要做。虽然辐照已被证明可有效改善污泥过滤性能，但与其他可用方法相比，高成本使其适用性受到阻碍。

5.2 化学调理

化学调理使污泥可用真空过滤器或离心机进行更好、更经济的处理。一些化学物质已被用作调理剂，如硫酸、明矾、氯化绿矾、硫酸亚铁和氯化铁（含或不含石灰）。

5.2.1 概述

化学调理的主要目的是利用无机混凝剂和有机聚合物在混凝—絮凝过程中对胶体粒子进行电中和反应。污泥粒径对污泥脱水性能有重要影响，化学药剂的加入增大了污泥粒径，减少了污泥中的结合水。污泥脱水前使用化学药剂进行调理是经济的，可提高处理量和灵活性。化学调理常在真空过滤和离心之前进行。液体形式的化学品最容易使用和计量，添加的剂量可通过实验方式确定。

基于不同污泥的特性，化学调理可将污泥含水率从 90%~96% 减少到 65%~80%。通常将无机铁盐 [例如 $FeCl_3$、$Fe_2(SO_4)_3$] 与石灰、亚铁盐或各种铝盐 [例如硫酸铝，即 $Al_2(SO_4)_3 \cdot 18H_2O$] 结合使用。碱度是影响无机调理剂性能的重要污泥特性。在有机化学药剂中，聚合电解质（即有机聚合物）可作为长链高分子聚合有机混凝剂。

铁盐是最常用的混凝剂，用于调理污泥，使其通过真空过滤脱水（Andrews，1975）。这些盐类常与石灰一起使用达到最佳效果。通常石灰和氯化铁最佳剂量比是 3：1 或 4：1。亚铁盐也可用于污泥调理，但使用并不广泛。至于石灰和熟石灰，高钙石和白云石类型均可单独与金属盐一起用于污泥调理。

在某些情况下，当污泥难以脱水时，仅用高剂量的石灰调理就可解决过滤问题。铝盐，如氯化铝（$AlCl_3$）和硫酸铝 [$Al_2(SO_4)_3 \cdot 18H_2O$]，是很好的混凝剂，并在英国得到广泛应用，主要是因为成本低于铁盐。在聚合物方面，阳离子聚合物最适用于污泥脱水。

5.2.2　调理剂量

污泥的液体部分需要满足一定的条件，混凝剂才能与污泥固体组分有效结合。这主要指碱度或碳酸氢盐。消化污泥的碱度相当高，在某些情况下可达到新鲜污泥的 100 倍。作为碳酸氢盐的沉淀剂，石灰可代替混凝剂中与液体组分结合的部分。应该注意石灰与此部分不形成絮体，只是沉淀。

氯化铁（$FeCl_3$）处理的最佳 pH 范围是 6.0~6.5，添加 $FeCl_3$ 可以进一步将 pH 值降低到 4.5。与 $FeCl_3$ 相比，明矾和硫酸亚铁的使用剂量一般更高。污泥脱水化学药剂的用量取决于污泥的比阻。比阻越高，所需药剂量越高（Turobskiy & Mathai，2006）。

混凝剂或调理剂的需要量通常表示为，纯化学药剂与干基中固体组分重量的百分比。组成部分是：（1）液体组分需求，近似于理想化学反应的化学剂量；（2）固体组分需求是一个经验问题。可通过下列等式计算氯化铁的用量。

$$P_c=[1.08 \times 10-4A \cdot P/（1-P）]+1.6P_v/P_f \qquad （5.1）$$

其中，A 为污泥水分的碱度（以 $CaCO_3$ 计，mg/L），P_c、P、P_v、P_f 分别为污泥干基中化学物质（$FeCl_3$）、水分、挥发分、非挥发分的百分比。固体组分需求（$1.6 P_v/P_f$）是由氯化铁处理的污水真空过滤运行结果所得出的。这一项是污泥挥发分含量的函数，在对污泥进行脱水混凝之前，可通过污泥消化来降低对混凝剂的要求。相比之下，液体组分需求 $[1.08 \times 10-4A \cdot P/（1-P）]$ 在消化过程中被很大程度放大。可通过加入石灰作为沉淀剂或用低碱度的水洗去一部分碱度来降低（即通过淘洗）。

在用于污泥调理的化学药剂中，石灰能有效地对由 $FeCl_3$ 和明矾降低的 pH 值进行提高，通过将硫化物转化为硫酸氢盐，提高污泥孔隙率，减少气味问题。此外，石灰的施用也能促进污泥稳定化，化学调理存在缺点。有些化学物质，如石灰和 $FeCl_3$，本质上是具有腐蚀性的。

此外，化学调理增大了污泥量。

5.2.3　污泥混合与混凝剂

污泥与混凝剂的充分混合对调理至关重要。混合一定不能打破已经形成的絮体，并保持停留时间最短，以便调理后的污泥可尽快进行过滤。小型污水处理厂的混合罐一般是立式的，而大型污水处理厂是卧式的。通常它们由焊接钢材制成，内衬橡胶或其他耐酸涂层。典型的混合或调理罐组成包含一个变速电机驱动的卧式搅拌器，提供 4~10rpm 的轴转速。水箱可通过调节溢流，改变停留时间。其他形态还包括带有螺旋桨混合器的立式圆柱形罐。

5.2.4　当前进展

近年来，聚合电解质在污泥调理方面的应用有所增加，甚至在传统上以无机化学调理剂为主的压滤领域应用也有所增加。

与无机化学品相比，有机聚合电解质的主要优点是易于操作，对进料系统的空间要求更小，对剂量的要求更低，可达到与无机药剂类似的比阻降低程度，从而降低污泥调理的成本。污泥的聚合物调理是通过对小颗粒进行脱稳，并通过絮凝来增大它们的粒径。通常采用离心机和带式压滤机进行污泥浓缩或脱水。

用以下设备制备聚合物溶液；干产品计量器，絮凝剂分配器，聚合物溶解罐，储存或日常供应罐，低速混合器，溶液计量泵。聚合物的用量取决于污泥的类型和脱水性能，从 1~10g/kg 干固体不等（Turobskiy & Mathai，2006）。一般通过实验室试验来评估最佳的调理剂量，它们包括达到明确确定的值或观察特定特征的明确行为参数。

5.3　热调理

热调理通过释放结合在污泥絮体结构内的水分，从而改善污泥的脱水和浓缩性能。

5.3.1　概述

污泥热处理是指通过在加压下短时间加热，对污泥进行稳定化和调理的过程。热处理的目的是降低污泥的过滤比阻。有已知的两种热调理和稳定化系统：（1）氧化（湿式氧化或低氧化或 Zimpro 工艺）和（2）非氧化（热处理或 Porteous 工艺）。氧化工艺（在过程中通入空气）显然具有一定的优势，但最终的结果并不比非氧化工艺好。

5.3.2　Zimpro 型（低氧化）热调理工艺

图 5.1 显示了低氧化热调理过程（Zimpro 型）的流程图。将未消化的污泥单独或与初沉、

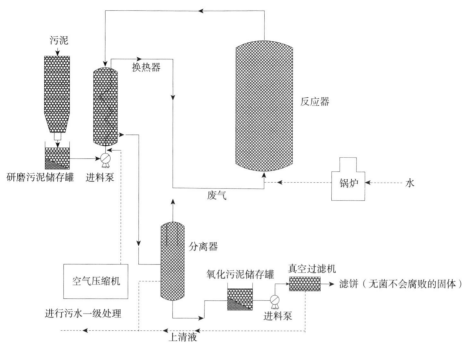

图 5.1 低氧化热调理工艺流程图（"Zimpro"型）

二沉污泥混合后输送至研磨机，然后输送至储存罐，高压泵（20个大气压）将其泵入换热器的盘管中。进入换热器的污泥与高压（8.4~12.6MPa）压缩空气管相连。热交换器盘管中的污泥被来自反应器的热污泥加热。根据污泥的特性、温度和所需的水解程度，污泥在反应器中加热20~60min。

反应器中的污泥由锅炉产生的蒸汽加热。反应器内的混合物温度在150~350℃之间。温度在150~250℃，混合物在反应器中的停留时间为30~60min，有机物氧化率可达10%~30%。此外，在温度高于250℃的情况下，相同反应时间内有机物氧化率可达90%。污泥从反应器进入换热器内部，换热器出口污泥温度约为60℃。从换热器流出的污泥，通过一个带盖的并设有排气和除臭装置的分离器或浓缩罐。

浓缩罐中，污泥恢复到大气压强下，温度下降到25℃左右。污泥从浓缩罐进入氧化污泥储存罐。污泥释放出气体，含有高浓度BOD的上清液回流至污水处理厂进行一级处理。污泥在真空过滤器中处理，无菌、不易腐败且利于运输和储存。氧化污泥的比阻仅为未经过氧化的消化污泥的3%。污泥通过真空过滤后，含水率为60%~65%。

5.3.3 Porteous型（非氧化）热调理工艺

Porteous型工艺流程图如图5.2所示。未消化的初沉、二沉污泥或混合污泥，从整个污水处理厂的不同处理阶段被收集，然后进入装有外部驱动搅拌装置的生污泥池，使污泥保持浓度均匀。

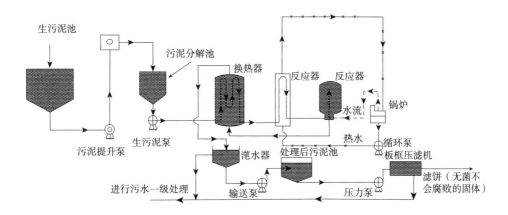

图 5.2 非氧化热调理工艺流程图（"Porteous"型）

安装一个合适的泵，从生污泥池中提取污泥，并通过在线粉碎机将其输送至污泥分解池。

高压原料泵将分解后的污泥直接泵入同心管式换热器中。在热交换器中，污泥从反应器排出的经过热处理后的污泥中回收热量。污泥换热后进入增压段，增压段也是同心管设计。高压热水通过增压换热器管内的环流循环，将进料污泥的温度提高到工艺温度。

污泥从增压换热器进入反应器，并逐渐到达反应器底部，期间的时间为其停留时间。在设备预热过程中，污泥通过蒸汽喷射循环器传递到反应器，蒸汽直接从高压锅炉注入，使设备迅速达到工艺温度。

当设备达到工艺温度后转为使用高压热水。该系统通过离心泵将高压热水通过增压换热器进行循环，并通过高压锅炉进行加热。消除了在正常运行期间对蒸汽的需求，从而实现了节省总体燃料成本的目的。无论采用哪种加热方式，污泥都会在反应器中停留大约 45min。之后离开反应器进入换热器，再一次将热量传递给进入系统的生污泥。经过换热器处理后的污泥经主控阀和减压设备排至滗水器内。

在沉淀池中，处理后的污泥在外围驱动滗水设备的辅助下沉淀。通过滗水槽顶部的溢流堰把滗出液排出，并返回到污水处理厂进行一级处理。低压原料泵将含水率约为 90% 的处理后的污泥输送到贮泥池中。处理后的污泥由专门为板框压滤机保持恒定压力而设计的液压流量控制泵从贮泥池中抽出。系统中的板框压滤机可降低滤饼含水率，通过压力将污泥泵入压滤室来实现。经过大约 4h 的压滤循环后，滤饼排到罐中，并在邻近的垃圾填埋场进行填埋处置。滤饼含水率为 50%~55%，其体积约为处理后的污泥体积的 8%。

5.3.4 优缺点对比

氧化法（Zimpro）与非氧化法（Porteous）的区别在于前者使用空气进行污泥处理。在一定的反应时间和温度下，向氧化系统中通入空气可产生较高程度的污泥增溶作用。这导致部分有机物被氧化成二氧化碳和水。氧化水平取决于所通入的空气量、时间和温度。

在过程中通入空气的好处，可释放由碳和氢的氧化反应产生的热量。热量的释放支撑了污泥处理过程，减少了辅助燃料的需求。虽然有可能氧化足够的有机物使过程自持，但这种情况在热调理中并不常见。一般来说，在加热条件下的氧化可以减少 25%~45% 辅助燃料需求。

氧化过程的另一个优点，可能减少纤维重组引起的管道堵塞问题。然而，管道中氧气的存在使腐蚀加速，其最终产物二氧化碳可能大大增加化学结垢的产生率。

5.4 冻融调理

冻融调理是冰晶形成过程中分离固体和液体实现的。

5.4.1 概述

污泥的冷冻处理是一种很少使用的方法。假定当水变成冰晶时，几乎所有悬浮和可溶的杂质都会被排除，因为只有纯水才会形成冰晶。通过这种方式，污泥和其他杂质被汇集到相邻冷冻水层之间的冷冻层中。这个过程基本上不可逆，在融化/解冻操作中，水从污泥中自由地排出。冻融调理的真正原理到目前为止还未完全明确。

研究者们认为，污泥的缓慢冰冻（从外到内）会产生巨大的压力，迫使固体迁移到非冰冻区域，从而导致化学或生物吸附的污泥水分被挤出。可能是由于固体周围有一层清澈的冷冻水以及缓慢冷冻效果良好，在这个过程中压力会持续增加。最终产物是一种易失水的颗粒状物质。该过程中主要的考虑因素是电力成本。

根据 Doe 等（1965）的研究，污泥冷冻破坏污泥结合水的能力已被用于供水厂污泥的处理，而不是污水污泥，但其最初开发目的是用于污水污泥。近年来，研究者对污泥冻融进行污泥调理的作用机理进行了广泛的研究。以下几个小节阐述了一些发现。

5.4.2 工艺机制

冻融改变高浓度固体悬浮物（如供水和污水污泥）脱水性能的机理尚不清楚。但是，Vesilind 和 Martel（1990）提出了一个关于污泥冷冻的概念模型（见后文），该模型有助于解释为何冻融可以提高污泥脱水性能。

当供水或污水污泥冷冻时，污泥中的水冻结在固体颗粒周围。当水从表面向内部结冰时，冰晶向内形成。如果水中没有杂质，冰面会保持相当平滑，单个的水分子嵌入冰晶中，就像砖块加到砖墙中一样。如果水中含有溶解的杂质，冰面会有序地向前推进，排除杂质并将其推入更浓的区间，就像盐水结冰时发生的情况一样。

软冰表面吸附水的量相当少。Tsang 和 Vesilind（1990）研究表明，表面吸附水占所有污泥水分比例虽然不到 1%，但是表面吸附水在晶体表面冻结却对污泥脱水性能有显著影响，它可防止水中许多较小的粒子（所定义的超胶体颗粒）互相接触和粘附。

无机污泥的冻融调理效果最显著，如明矾处理的污泥。这种效果是不可逆转的，经过冻融的明矾污泥会变成一种类似咖啡渣的物质，脱水时几乎没有阻力，并产生一种完全透明的滤液。

部分研究者一致认为，冻融对较小的颗粒效果更好，而某些污泥（如生初沉污泥）则不会像剩余明矾污泥或剩余活性污泥那样得到有效的处理。冻融工艺也不适用于含有大量大颗粒的初沉污泥。Cheng 等（1970）表明，缓慢、彻底的冷冻对于冻融调理十分必要，可有利于脱水。此外，较长的储存时间、较低的冷冻温度和较为新鲜的污泥都能提高脱水性能。Katz 和 Mason（1970）曾经试图利用快速冷冻来处理污泥，结果发现只有慢速冷冻才有效。

5.4.3　假设模型

Vesilind 和 Martel（1990）通过实验观察发现，当高悬浮固体浓度的污泥结冰时，不规则的冰针会向水下延伸。冰针绕过污泥固体，向内部投射到污泥中，寻找可用的自由水分子来生长。当冰针接触到污泥时，它们会将固体挤到一边，寻找更多的自由水分子以继续生长。

从图 5.3 可以看出，随着污泥等浓缩悬浮液中的水开始结冰（a），上层形成冰薄层，冰针向污泥内部生长（b）。随着冰的持续生长，一些污泥固体无法被推到冰的表面，而被困在了冻结的物质中（c 和 d）。随着时间的推移，冰晶使捕获的污泥絮体脱水（e），推动粒子形成更致密的聚集体。最后，如果温度足够低，表面吸附水也会冻结，将单个颗粒压实成紧密的大固体（f）。如果水结冰的速度太快，冰晶就会扎入污泥中，把颗粒困住，而不会把它们移到更集中的地方而形成更大的聚集体。

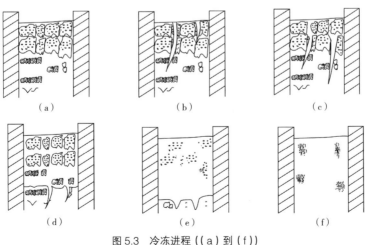

图 5.3　冷冻进程（（a）到（f））

在高冷冻速率下，间隙水在絮体内部或颗粒之间冻结，不会被提取出来，各个颗粒也不会被移到一起。通过概念模型得出可以通过以下方法提高污泥的脱水性能：

（1）较慢的冷冻速率而不是快速冷冻。

（2）更低的最终温度，这会让表面吸附水结冰。

（3）在冷冻的条件下停留更长时间，这同样会让表面吸附水结冰。

5.4.4 工艺控制计算

污泥冷冻既可在露天干化床上进行自然冷冻（在天气和季节条件允许的情况下），也可使用制冷设备。污泥的自然冻结速率可通过估算湖泊冰层厚度的方法进行计算和控制。

冰层厚度可以表示为：

$$h = k/s \tag{5.2}$$

式中　h——冰层厚度（cm）；

　　　k——度日系数；

　　　s——霜冻天数累计（℃天）。

此外，冷冻污泥的融化可表示为：

$$z = k^{-1}/v \tag{5.3}$$

式中　z——实际融化深度（cm）；

　　　k^{-1}——度日系数；

　　　v——累计天数（℃天），当温度高于0℃时。

因子v是非冻结天数乘以日平均温度。为保证污泥床没有积雪，并加快冻结速率，污泥应分层冻结，每一层约100mm。

5.5　调理过程优化

5.5.1　概述

近年来，对现有污水处理厂进行升级改造已经越来越普遍。虽然可采取多种形式升级，但优化现有设备和结构的性能是最经济的方式之一。在污泥脱水领域，这也是一个越来越重要的话题。过去，污泥脱水前的调理过程控制很少受到关注。

有机聚合物已成为污泥脱水的首选调理剂。到目前为止，还没有一种简单的技术可自动控制污泥中聚合物的投加量，可使脱水机的性能达到最佳。过去市场上曾出现过几款设备，但迄今为止没有一款能最终解决这个问题（Campbell & Crescuolo，1989）。

一些依靠分析滤液水质来间接测量污泥调理程度的设备，仍会受到严重的固体污垢的影响。另一种是劳动强度较大的手动测量污泥的调理状态，但不提供聚合物进料泵闭环反馈控制。还有一些只适用于某些特定带式工艺。Zenon 水系统公司与加拿大伯灵顿的污水技术中心合作，通过开发新的污泥调理控制器（sludge conditioning controller，SCC）克服了所有这些缺陷（Crawford，1990）。

5.5.2　污泥调理控制器

Zenon SCC 采用专有工艺技术，结合 Zenon 自己先进的微处理器控制技术。SCC 通过测量已调理污泥和未处理污泥的固有流变特性来直接确定污泥调理状态。流变学是研究流体的剪应力和切变行为的科学。大多数均质材料产生的剪应力与施加在其上的流量或剪应力成正比。具有这种行为的流体被称为牛顿流体。当固体颗粒加入到流体中，就像污水污泥一样，其行为是不同的。流体的流动被固体颗粒抑制，直到施加某个最小剪应力为止。具有这种行为的流体被称为非牛顿流体。此外，颗粒越多或固体浓度越高，产生相同流速所需的剪应力就越大。

当调理聚合物加到污泥中时，其行为又有所不同。流体的流动再次受到聚合物分子链的抑制，直到施加了一个极小但比前文中大得多的剪应力。此外，在流体流动保持不变的情况下，剪应力随时间的延长而减小到一个较低的值。这种行为称为触变性。

图 5.4 示意性地显示了 SCC 收集的信息。在该图中，污泥的扭矩或剪应力随时间的变化曲线被绘制出来。"峰值"定义为给定样本中扭矩的最高值，而"本底值"则是在收集的数据末尾附近的数据值的平均值。如图所示，随着聚合物投加量的增加，"峰值"的数值增大。最低的曲线是未经调理污泥的典型曲线，因为它在数据中没有明显的"峰值"。

SCC 利用从实时采集的污泥样品中，收集上述信息确定污泥的调理状态。然后通过改变聚合物的流量来调整投加到污泥中聚合物的量。

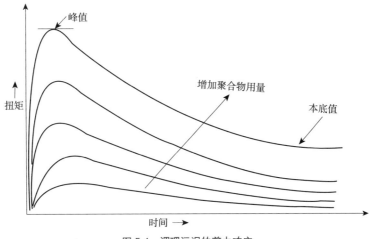

图 5.4　调理污泥的剪力响应

5.5.3　操作工具

SCC 的硬件系统由 4 个主要组件组成：

1. 中央控制面板；

2. 现场控制站；

3. 样品容器和传感器；

4. 打印机。

SCC 的硬件系统可全自动运行，从分批取污泥样品到样品分析后的自清洗，再到调整聚合物泵的流量。对操作人员的唯一要求是调整初始聚合物用量。然后操作人员按下中央控制面板上的"Tune"按钮，这之后 SCC 接管聚合物流量控制。尽管无需进一步关注 SCC 的运行，但操作人员可根据需要调整 11 个自动设定点从而更改 SCC 控制的设定点。

图 5.5 说明了 SCC 如何适配一个典型的污泥脱水工艺。污泥取样点如图所示，分别在未经调理污泥的聚合物添加点上游及在调理污泥进入带式压滤机之前。

各个样品是分开采集的，并从每个样本中收集独立数据。数据传输到中央控制面板，由中央控制面板决定聚合物流量信号的变化。因此，该系统可作为一个经典的闭环反馈控制系统运行，并具有基于未经调理污泥样品的附加前馈输入。任何计算机控制系统中最重要的部分是软件。对于 SCC，软件控制了系统运行的所有方面，包括样品管线的冲洗，样品容器的灌装，操作参数的改变，数据收集，数据分析，数据输出，以及控制算法。

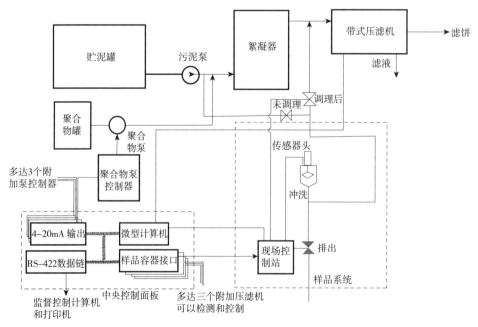

图 5.5　SCC 工艺框图

5.5.4　污泥调理控制器的应用

SCC 技术在脱水装置和待脱水物料方面的应用都非常广泛。除了全带式压滤机外，SCC 还可以对带式浓缩机、溶气气浮装置、离心机、板框压滤机和真空过滤器中的聚合物投加量进行控制。虽然最初是为市政污水污泥开发的，但该技术同样适用于煤渣污泥、化工厂有机污泥、铸造厂无机污泥及纸浆和造纸污泥等。简而言之，任何脱水或浓缩操作，在处理前使用絮凝剂进行调理，都可以受益于 SCC 的使用。

市政污水处理厂中成功运行 SCC 的污泥含固率范围从大约 0.3% 的活性污泥到约 7% 的厌氧消化污泥。在工业应用中，含固率的下限相似，虽然传感器头没有理论上的限制，但能够使污泥样品流入容器的实际限制控制了上限。通常这种限制与脱水设备共通，因此，如果污泥能够流向机器，它也能够流入 SCC。例如，在煤渣污泥应用中，常规取样的含固率高达 15%~40%。

5.5.5　工艺优势

安装 SCC 还有额外的好处。通常情况下，操作人员很难同时调节两个变量（污泥流量和聚合物流量）。现在，SCC 可以自动控制聚合物流量，操作人员可调节污泥流量到任意所需程度。SCC 的未来发展将是利用从未经调理污泥样品中获得含固率信息来控制污泥流量。

通过对脱水操作方面进行优化，可在不依靠额外购买脱水设备的情况下，提高总处理能力。使用 SCC 的另一好处是，由于持续优化的污泥调理，可以更精确地控制所产生的滤饼含固率。因为所有最终滤饼处置形式的成本都受滤饼含固率的影响，所以该因素对于节约成本和投资回收期非常重要。

5.6　污泥调理影响因素

一些因素会影响污泥的浓缩或脱水性能，因此在进一步处理前必须对污泥进行调理。

5.6.1　污泥来源

污泥来源包括初沉污泥，剩余活性污泥，化学污泥，好氧或厌氧消化污泥。与生物污泥相比，一般初沉污泥的化学药剂投加量较低。生物膜法系统产生的生物污泥比悬浮污泥系统所需的化学药剂投加量低。

5.6.2　固体浓度

与低固体浓度相比，高固体浓度污泥的调理更有效。低固体浓度污泥需要高化学药剂用量，主要是由于克服表面电荷的低化学相互作用。固体浓度越高，化学物质与固体的相互作用越强。

因此，较高的固体浓度将改善污泥调理效果，从而避免过量药剂投加。

5.6.3 粒径分布

污泥调理的主要目的是通过投加混凝剂来增大污泥粒径。大颗粒数量越多，表面积 / 体积的比值越小。这意味着较低的化学药剂需求量和较低的脱水阻力。

5.6.4 pH 和碱度

投加混凝剂后，会降低介质的 pH 值。就碱度而言，介质需要有足够的缓冲能力。因为 pH 值将调节混凝剂的类型，以及带电胶体颗粒的性质。介质碱度越高，混凝剂需求量就越高。

5.6.5 表面电荷和水合度

大多数情况下，污泥固体相互排斥而不是相互吸引。这种斥力可能是由于水合作用或电效应。通过水合作用，水层附着在固体表面。这提供了一个缓冲区域，防止固体之间接近。此外，污泥固体带负电，因此有相互排斥的倾向。调理就是用来克服水合作用和静电斥力的这些影响。

5.6.6 物理因素

污泥的储存、泵送、混合和处理工艺，即采用的浓缩和脱水设备类型，也是影响污泥浓缩和脱水性能的物理因素。与新鲜污泥相比，长时间储存的污泥会增强其水合程度和促进细小颗粒的产生，导致较高的化学调理剂需求量。泵送过程会由于相关的剪切力而影响颗粒的大小。化学药剂的良好混合才能保证混凝和絮凝效果。

习题

1. 污泥调理的目的是什么？

2. 阐述污泥淘洗。

3. 描述污泥化学调理的机理。

4. 污泥调理的控制因素有哪些？

5. 比较污泥热调理和化学调理的优缺点。

6. 说明冻融调理的工艺机理。

第 6 章

污泥脱水

6.1 引言

污泥脱水是一种去除污泥中水分的工艺，便于运输与处置。污泥脱水主要通过干化床或物理法，如利用压滤机或离心机。可通过投加化学药剂来提高工艺的脱水效率。出于下列一个或多个原因，污泥脱水是必不可少的（Campbell & Crescuolo，1982）。

1. 通过脱水减少污泥量后，将大大降低污泥运输至最终处置场所的成本。

2. 通常脱水污泥比浓缩污泥或液态污泥更易处理。大多数情况下，脱水污泥可用铁铲转移，用配备铲斗和铲刀的拖拉机搬运，并用皮带输送机运输。

3. 通常在对污泥进行热干化和焚烧之前，需要进行脱水处理，通过去除多余的水分以提高污泥热值。

4. 某些情况下，可能需要去除多余的水分使污泥不发臭且不易腐败。尤其对于通过高强度循环流工艺来实现稳定化的污泥来说更是如此。

5. 通常在填埋前需要进行污泥脱水，以减少填埋场的渗滤液产量。

消化污泥可通过自然方法（如干化床、干化塘、陆地喷洒）或人工方法（如压滤、真空过滤、离心等）进行脱水。自然方法依靠天然蒸发和渗滤使污泥脱水，而人工方法则使用机械辅助的物理手段 / 设备使污泥更快地脱水。所有的脱水设备都采用一种或多种技术，包括过滤、挤压、毛细作用、抽真空、离心沉降以及压实来去除污泥中的水分。

选择脱水设备取决于脱水污泥的类型和可用空间。自然方法尤其适用于少量污泥的脱水（即小型污水处理厂），如具有足够可利用的土地和适当的本地条件，则可进行干化床 / 干化塘等建造。相反，对于用地较为紧张且污泥量较大的情况，通常选择机械 / 人工脱水设备。自然的脱水方式不需要任何预处理，而人工脱水方法只能在污泥调理后进行。

某些污泥，尤其是好氧消化污泥，不宜进行机械脱水。此类污泥通过砂干化床脱水能够获得较好的效果。当某类特定污泥必须进行机械脱水时，如果不预先进行（小试或中试）研究，通常很难或者说不可能选择出最佳的脱水设备。

6.2 影响因素

不同操作条件下，污泥脱水可采用多种类型的脱水设备，如真空过滤机、带式压滤机、离心机、板框压滤机和螺旋压榨机。脱水设备的性能很大程度上取决于污泥的特性和前文所述的污泥调理，污泥调理一般通过添加聚合电解质来进行。

有很多研究已经总结了大量影响污泥脱水性能的因素，包括 pH 值、悬浮固体浓度、有机物含量、纤维素含量、粒径分布、胞外聚合物、结合水等等。此外，有很多研究发现了一些污泥因素决定了适用聚合电解质的种类及其用量，即胶体和低超胶体颗粒、阴离子生物聚合物、上清液中的生物聚合物、蛋白质和碳水化合物的粒径分布等等。

根据 Hashimoto 和 Hiraoka 的理论（1990），当污泥采用阳离子聚合电解质进行调理、并通过带式压滤机脱水时，污泥脱水性能会受到下列污泥因素的影响：

1. 生污泥中的悬浮固体浓度是影响调理污泥重力过滤能力的因素。

2. 当悬浮固体浓度为 4% 时，黏度是影响脱水泥饼含水率的因素。

3. 影响上述黏度的因素为碱性提取物的固有黏度、挥发性悬浮固体 –Fiber A/ 悬浮物（（VSS–Fiber A）/SS）或灰分 /SS 或 Fiber A/SS 的比率，以及污泥颗粒的电荷密度。

4. 污泥颗粒的电荷密度是影响脱水泥饼延展度的因素。

5. 污泥颗粒的电荷密度和生污泥中的纤维状物质含量是影响带式压滤机滤带上残留固体量的因素。

对于聚合电解质来说，以下信息是确定的：

1. 高度阳离子化的聚合电解质可有效降低滤带上污泥的水分含量、延展度和残留固体量。

2. 高度阳离子化的聚合电解质可有效提高所有混合污泥和某些厌氧消化污泥的重力过滤能力，同时中度阳离子化的聚合电解质可有效降低其他消化污泥的重力过滤能力。

3. 生污泥液体中的阴离子物质是影响聚合电解质用量的因素。

6.3 自然方法

6.3.1 污泥干化床

污泥干化床在地面上进行建造，通常以干化床的特质进行区分。如果对地下水含水层不具有威胁，则干化床可以透水。但当污泥液（上清液）渗透后影响到含水层时，必须建造隔水床。

通常污泥脱水通过污泥的渗透（排水）和蒸发来实现。气候条件和地理位置都会影响干化床的使用。因此，干化床在降水量少且冰冻期短的地区可全年使用，非常实用。

1. 类型

污泥干化床可分为以下几类：（1）砂干化床；（2）摊铺式干化床；（3）人工介质干化床；（4）真空辅助干化床。

（1）砂干化床

砂干化床是服务人口少于 20000 的污水处理厂最常用、最常规的方法。砂干化床形状为矩形，在 20~46cm 厚的砾石（有效直径为 3~25mm）上方覆盖 23~28cm 厚的砂（有效直径为 0.3~0.75mm、均匀系数 < 4.0）。将污泥干化床用外壳覆盖，避免极端的天气条件并减少昆虫和气味问题。

（2）摊铺式干化床

摊铺式干化床形状也为矩形（20~45m 长、6~15m 宽），建造时使用沥青衬里或混凝土基础，上覆盖 20~30cm 厚的砂或砾石。摊铺式干化床可用来加速干化过程，易于清除泥饼，并减少干化床的维护。然而，与常规的砂干化床相比，占地面积的要求较高。

（3）人工介质干化床

通常不锈钢楔形丝或高密度聚氨酯板可作为干化床的人工介质。楔形金属丝床是一个狭窄水密矩形池，内置一层楔形金属丝板制成的假底。可通过将污水处理厂出水倾倒到干化床表面实现污泥脱水，深度达 2.5cm，干化床起到垫子作用并使污泥浮于楔形丝表面。填满污泥后，水使污泥沉淀下来并靠筛网压缩，因此污泥可看作过滤介质。

可控制水通过干化床的渗透速率。当水排空后，污泥还会通过排水和蒸发进行浓缩，继而被移除。人工介质干化床的主要优点是不易堵塞，快速且连续排空，易于维护。此外，聚氨酯板型干化床的优点包括滤液中固体含量低，可将稀污泥脱水，且泥饼容易去除。人工介质干化床每平方米可脱水 2500~5000g 固体。

（4）真空辅助干化床

该类干化床通过在多孔过滤板底部施加真空以强化污泥脱水过程。其形状为矩形，在混凝土底座上覆盖几毫米厚的骨料层，支撑上部的多介质多孔过滤器。骨料层是一个连接真空泵的真空室。将经过聚合物预调理的污泥以 9.4L/ 砂的速率置于干化床表面，其深度达 30~75cm，排水时间约为 1h。然后，真空系统在 34~84kPa 的真空压力下开始工作，直至泥饼破裂、真空状态消失。最后，将真空干燥的污泥暴露在空气中干燥长达 2d。该技术的关键优势是干化周期短、受天气影响最小且占地面积较少。

2. 理论研究

干化床的脱水过程包含初始重力排水和蒸发作用。重力排水通过重力作用去除污泥水分中的自由水或重力水。通常重力脱水数学建模基于特定的阻力概念。通过确定基本参数，例如给定水头损失（h_c）条件下的比阻（R_c）、压缩系数（σ）、初始含固率（F）、初始水头（H_0）和滤液的动力黏度（μ），总重力排水时间（t）通过以下方程计算：

$$t=[1/（1+\sigma）]\cdot[（\mu\cdot R_c\cdot F）/（100\cdot（h_c）^\sigma）\cdot（\sigma+1）]\cdot[h_c^{（\sigma+1）}-$$
$$（\sigma+1）\cdot（H_0/\sigma）h_c^\sigma-H_0^{（\sigma+1）}+\{（\sigma+1）/\sigma\}\cdot H_0^{（\sigma+1）}] \qquad（6.1）$$

由污泥层中液体蒸发引起的脱水受到热能净输入和蒸汽压差的限制。热输入提高了化学结合污泥水的自由动能和蒸发速率。液体表面接触空气中的蒸汽量可持续增加，直至蒸发速率通过冷凝达到平衡状态。进一步蒸发只能通过降低空气中的蒸汽水平来实现。

以下经验公式可用来计算从小面积水面蒸发至空气中的水量：

$$\Delta m=A\cdot（\alpha/C_p）（X_v^1-X_v） \qquad（6.2）$$

其中，Δm 为蒸发水量（kg/s），A 为水面面积（m^2），α 为传热系数（$W/m^2\cdot K$），C_p 为空气比热系数（kWs/kg），X_v^1 为恒压下水面的蒸汽含量（kg 水 /kg 空气），X_v 为环境空气中的蒸汽含量（kg 水 /kg 空气）。

3. 工艺机理和说明

消化污泥应用于干化床之前，污泥含固率（即初始含固率）可低至 0.5%，表现为稀释的悬浮液。通过重力脱水，根据初始含水率情况，污泥含水率可减少 25%~90%。通过蒸发进一步降低含水率，污泥趋向于凝胶状，最后变成固体。在后期，污泥会收缩，开裂。蒸发可持续达到平衡状态，产生像干砂或陶瓷一样坚硬的泥饼。

污泥水分的蒸发减少包含两个同步过程：

（1）向蒸发液体的传热

（2）内部水分向蒸发液体的传质

据研究，初期干化速率接近于自由水表面的速率。随着薄层固体滤饼的形成，水分在内部转移的阻力会变得显著，使得补充蒸发水速率降低。在特定含水率条件下，内部水分转移速率的下降限制了蒸发过程。

（a）排水床：如图 6.1 所示，排水床是由 20cm 厚的炉渣、砾石或碎石底层（颗粒尺寸范围 7~30mm）和 20cm 厚的上层砂层（砂粒尺寸为 0.2~0.5mm）构成。对于防水土壤，收集水通过直径 75~150mm 的排水管排出，排水管安装在冻结深度的石块填沟中。收集在排水沟中的水（上清液）重新进入污水处理厂初沉池之前的工艺段进行处理。

（b）干化污泥的去除：脱水污泥可通过手动或机械的方式从干化床中移除。对于小型平台，可使用铁铲进行清除，并使用手推车或货车进行运输。从干化床中移除的污泥含水率范围为 55%~75%。干化污泥表面粗糙、开裂，呈黑色或深棕色。

4. 一般注意事项

在气候干旱地区，污泥脱水通常使用开放式砂干化床。该方法已成功应用于位于印度拉贾斯坦邦的巴利工业处理厂。在寒冷地区，脱水结果往往不稳定。在这种情况下，污泥冻融技术的最新进展（如前文 5.4 节中所述）似乎可确保砂床的全年使用。于是，砂床可以在冬季用作污泥冻融床，夏季用作污泥干化床。

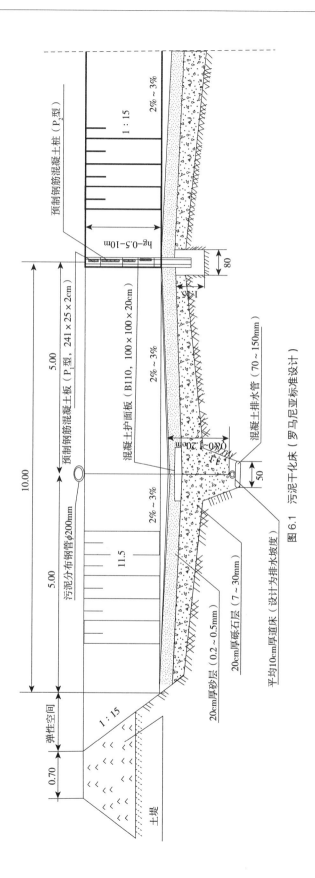

图 6.1　污泥干化床（罗马尼亚标准设计）

污泥干化床适用于所有土地充裕的地方，同时干化污泥可用于土壤改良。在日照强、降雨量小且相对湿度低的地区，污泥干化周期为 2 周左右，而在其他地区可能需要 4 周或更长时间。

6.3.2 污泥干化塘

污泥干化塘可替代干化床用于消化污泥的脱水。干化塘中污泥深度是干化床中污泥深度的 3~4 倍。干化塘不适于对未经处理、石灰稳定、或具有高浓度上清液的此类具有难闻气味的污泥进行脱水。

污泥干化塘通常是矩形，周围有 0.6~1.2m 高的土堤。附属设备包括污泥进料管线、上清液排出管线以及一些污泥机械移除设备。未经调理的消化污泥排入干化塘的方式以实现污泥均匀分布为宜。通常污泥深度为 0.75~1.25m。通过蒸发和蒸腾作用进行脱水，其中蒸发是最重要的脱水因素。上清液排出设施通常是不可或缺的，排出液体再循环至污水处理厂进行处理。通过机械移除的污泥含水率大约为 70%。根据气候和污泥深度的不同，脱水过程可能需要 3~12 个月，污泥最终含固率为 20%~40%。通常，污泥被泵送至干化塘进行 18 个月的干化，然后将干化塘静置 6 个月。脱水过程取决于土壤的渗透能力和蒸发速率。重要的本地因素是土壤类型、气象条件和与居民区相关的位置（即可能产生难闻气味）。污泥干化塘的设计需要考虑几个因素，例如降水、蒸发、污泥特性和体积。固体负荷标准是干化塘容量的 35~38kg/m^3·年。人均设计标准从干旱气候下初沉消化污泥的 0.1m^2/ 人到年降水量 900mm 地区活性污泥的 0.3~0.4m^2/ 人不等。

对于沿海城市来说，很难找到具有污泥脱水所需渗透能力的土壤。在这种情况下，可以使用从别处运来的合适土壤建设人造干化塘。出于以下两点原因，最好将污泥干化塘建设在卫生填埋场附近：

1. 与城市废弃物管理相关的大多数废弃物质集中在该地的一个地点。

2. 当垃圾填埋场进行区域封场时，干化塘中的脱水污泥可用作表层对该部分进行覆盖。

经过干化塘脱水的污泥含固率随地点的变化较大，但一般是 15%~30%。

干化塘的主要优点包括：在土地满足条件的情况下，成本低、能耗低、较少或无需化学药剂投加、最低的操作难度和技术要求。然而，它的主要缺点包括：占地面积大、污泥需稳定化、设计需要考虑气候影响、泥饼的移除需要大量劳动力以及可能产生的气味。

6.4 机械方法

6.4.1 概述

机械方法可用于生污泥或生污泥与消化污泥混合物（以适当的比例）的脱水，作为热处理（焚烧）或填埋之前的预处理。通常在进行机械脱水之前，污泥需要进行化学调理。

真空过滤是污泥脱水最常见的机械方法，此外还有压滤和离心。因为颗粒较大的固体在消化过程中会变小，消化污泥并不能通过机械脱水获得令人满意的结果。因此，相比于消化污泥脱水，生污泥或初沉污泥与二沉污泥混合物的脱水效果较好、化学药剂投加较少、泥饼含水率更低。当初沉污泥与二沉污泥的比例增大时，脱水将越来越困难。进料含固率对脱水效果影响很大，最佳含固率为8%~10%。含固率超过10%时难以泵送，而较低的含固率将需要较大的设备。

6.4.2　真空过滤

真空过滤单元可降低未经处理、消化、淘洗污泥的含水率，含固率从5%~10%提高至20%~30%。在含水率较高的情况下，污泥是潮湿、易于处理的泥饼。具体来说，假设1Mg（1000kg）的污泥，其中含有5%的固体（即50kg干固体和950kg水）。通过过滤至30%含固率后，167kg污泥（50/0.30=167）中将含有50kg干固体和117kg水（50/0.30−50=117）。于是，833kg水（950−117=833）通过真空过滤器去除，这意味着经过处理后污泥重量减少了83.3%[（833/1000）×100=83.3%]。表6.1列举了真空过滤器的污泥脱水性能。

真空过滤器的污泥脱水性能（美国环保署，1979）　　　　　　　　表6.1

污泥类型	初始含固率	产量		泥饼含固率（%）
		kg/（m²·h）	lb/（ft²·h）	
生污泥				
初沉污泥	4.5~9.0	20~50	4~10	25~32
剩余污泥（WAS）	2.5~4.5	5~15	1~3	12~20
初沉污泥+滴滤池污泥	4~8	15~30	3~6	20~28
初沉污泥+剩余污泥	3~7	12~30	2.5~6.0	18~25
消化污泥				
初沉污泥	4~8	15~34	3~7	25~32
初沉污泥+滴滤池污泥	5~8	20~34	4~7	20~28
初沉污泥+剩余污泥	3~7	17~24	3.5~5.0	20~28

真空过滤器由一个覆盖着一层羊毛、布或毛毡、合成纤维、塑料、不锈钢网或螺旋线圈制成的过滤介质的圆柱形滚筒组成。最常见的真空过滤器包括转鼓型和螺旋线圈型。

1. 转鼓型真空过滤器

转鼓型真空过滤器由一个圆柱形滚筒制成（图6.2），直径为1.50~2.50m，长度在1~2m或更长。过滤介质（布）放置于滚筒上。

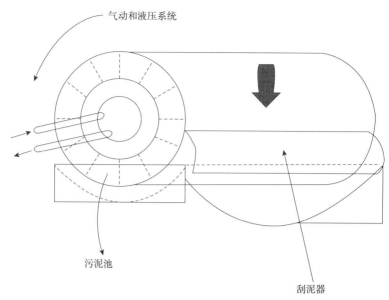

图 6.2　真空过滤器（道尔 - 奥利弗型）

　　将滤布（可以是棉布、羊毛或合成纤维）拉伸并覆盖在转鼓外表面的铜网上。一个内部的坚硬壳体形成一个与过滤表面相邻的隔室。该隔室可沿过滤器长边方向分为若干区域。通过合理地布置阀门和管道，可根据需要将每个区域置于真空或某种压力之下。15%~40% 过滤器表面浸没在污泥罐或污泥池中。混合器以 10~15rpm 的转速对罐中污泥进行搅拌，从而防止污泥沉降。

　　滚筒转速约为 1rpm。当滚筒通过污泥池时，滚筒浸没部分在足够真空度（300~700mmHg）条件下，将适当厚度的污泥吸附到滤布上。而当滚筒转过剩下的角度时，在有效真空度为（500~700mmHg）的负压下，会将污泥中的水分吸入该区域，并在表面形成泥饼。当附着泥饼的滚筒重新浸没之前，泥饼通过刮刀去除。如有必要，向接近刮刀区域施加轻微压力，可使泥饼从滤布表面提升，以便于清除。然后，3~7mm 厚的泥饼落到传输带上。从固体中分离出的污泥液（上清液）通过滤布孔隙流出，由于其 BOD 值高且含有大量细小悬浮固体，必须返回污水处理厂进行处理。

　　真空过滤的污泥必须先进行化学调理。对于新鲜或消化污泥，有必要添加总固体含量 2.5% 的氯化铁，对于剩余污泥添加量为 7%。有时，最多可添加 7%~10% 的石灰。过滤介质使用寿命因材料而定，为 1~2 个月。清洗滤布可使用蒸煮、刷洗和腐蚀性溶液。当充分混凝时，细碎污泥颗粒最不容易与滤布粘黏。

　　消化污泥过滤产生的泥饼几乎没有气味。未消化污泥过滤产生的泥饼有难闻气味，还需要进行额外处理。如果市政污水具有明显工业特性，将不会产生气味，同时未消化污泥过滤将变得可行并节约成本。

2. 螺旋线圈型真空过滤器

螺旋线圈型真空过滤器如图 6.3 所示。线圈过滤器采用两层不锈钢螺旋线圈以灯芯绒方式排布在滚筒周围。线圈开孔面积为 7%~14%，用以支撑最初的固体沉积物，这些沉积物作为过滤介质。当两层线圈脱离滚筒时，滤饼被提升并通过固定金属刮刀排出。有时线圈回到滚筒之前要先进行清洗。

旋转带式真空过滤器是另一种类型的真空过滤器，目前很少使用。滤带或由天然、合成纺织布或金属制成。脱离滚筒后，滤带需经过两个滚筒系统，此过程中泥饼被排出，同时被清洗的滤带放回滚筒上。

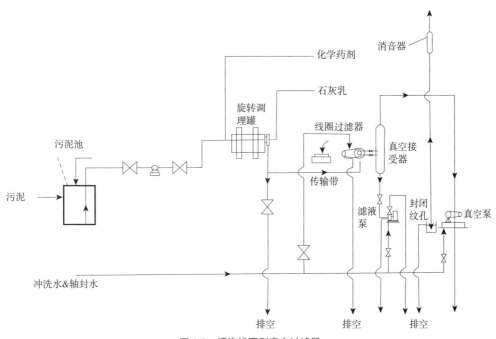

图 6.3 螺旋线圈型真空过滤器

3. 真空过滤器附件

对于所有类型的真空过滤器来说，除了选用适当过滤介质，还需一系列附件（辅助设备），如图 6.3 所示。

（1）真空泵：提供上述限制范围内的真空度。

（2）真空接受器：用于将滤液与空气分离。接受器设计时应保证空气的停留时间大约 3min。同时，它还应有足够容量作为滤液泵储液器，可使滤液能够停留 4~5min。如果为污泥抽吸和真空过滤提供独立的接受器，可实现最佳控制效果。从过滤器到接受器的倾角方向不能向上。

（3）滤液泵：通常滤液泵和接受器的规格都由制造商根据选定的过滤器和设计条件来确

定。滤液泵（通常是自吸式离心泵）吸力必须与真空泵范围相同（即 300~700mmHg）。泵位于真空接受器附近，通常在其下方或直接连接。泵吸入端的流态应始终保持流动。

（4）污泥调理罐：通过化学药剂使污泥絮凝。通常，罐体由耐腐蚀材料制成，并带有可调转速的低速搅拌器。调理罐设计会根据使用不同化学调理剂有所改变。如果使用氯化铁或石灰，通常絮凝停留时间是 2~4min，而高分子聚合物所需时间则较短。

（5）污泥泵：既可本地控制，又可远程控制。

（6）冲洗水系统：每次循环过程都需要彻底清洗滤带（旋转带式真空过滤器）。

（7）流量测量设备：可使用多种不同类型的流量测量设备。

因为整个真空过滤系统必须抵抗不同化学品侵蚀，故所用材料必须防腐蚀。通常使用真空过滤器过滤污泥的总能耗为 $6.00kWh/m^3$。

6.4.3　板框压滤机

板框压滤机的工作原理是，高压条件下，污泥经挤压过滤实现脱水。高压下过滤污泥是消化污泥脱水的第一个人工机械步骤。与真空过滤机相比，由于絮凝剂消耗量大（通常为 6%~10% 石灰，真空过滤只需 2.5%~7%）且需要大量手动操作，故几乎很少使用板框压滤机。然而，如今自动化运行使板框压滤机再次获得关注。事实也证明了这一点，因为板框压滤机泥饼含水率比真空过滤平均低 10%，板框压滤机的一项重要优势就是泥饼含水率较低。

目前，已有多种类型板框压滤机用于污泥脱水。其中一种类型是由一系列矩形板组成，这些矩形板在两侧凹进形成腔室，腔室在垂直方向上面对面相对支撑在具有固定和可移动头的框架上（如图 6.4）。滤布悬挂或固定在每个矩形板上。将矩形板用足够的力量进行固定和密封，以承受过滤过程中施加的压力。通过液压柱塞或动力螺钉将矩形板固定在一起。

过滤周期从 2~5h 不等，包括板框压滤机进料、挤压、开板、清洗和卸料时间，以及关机时间。污泥通过板框压滤机进行处理的能耗大约是 $3kWh/m^3$。该方法主要成本包括化学调节、维护和更换滤布。市政污水处理中，过去因为过滤介质很容易堵塞，人们对于板框压滤机接受度有限。然而，随着新型过滤介质的开发及其他创新技术的使用，使得该方法越来越多地被认可。此外，为了尽可能减少劳动力，现在板框压滤机大多为机械化运行。

与真空过滤机类似，板框压滤机除了需要合适的压滤设备，还需要一系列附属设备（辅助设备），例如进料泵，储存化学药剂的污泥调理罐，泥饼清除设备以及滤布清洗设备（需定期用酸清洗）等。

6.4.4　离心脱水

在工业上，离心过程（原理见 4.2.3 和 4.3.3 节）被广泛用于分离不同密度的液体，浓缩浆料或去除固体。该过程也适用于污水污泥浓缩和脱水。对于给定液体 / 固体进料速率，根据

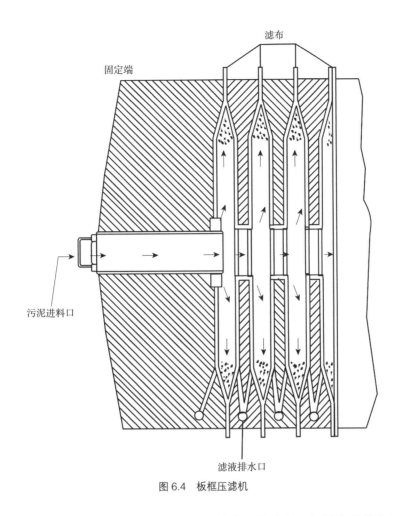

图 6.4　板框压滤机

其固体回收率以及所得泥饼含水率来测算离心机效率。影响离心机效率的基本流程变量包括进料速率，颗粒的大小和密度，进料浓度，温度以及化学助剂的使用。

　　污泥脱水可通过卧螺式和篮式离心机实现。篮式离心机更适合于小型污水处理厂的部分脱水，可用于剩余污泥浓缩和脱水，而无需化学调理，固体捕集率可达 90%。截至目前，篮式离心机脱水使用有限，但篮式和卧螺式离心机的组合使用正在研发当中。

　　卧螺离心机

　　（1）设备：卧螺式离心机通常具有三种转鼓结构：圆锥形（如图 6.5）、圆柱形和圆锥 - 柱形。离心机由一个转鼓和一个输送机组成，二者通过行星齿轮系统连接，目的是使转鼓和输送机以略微不同的转速旋转。螺旋输送机用于推动收集在圆锥尾端内壁上的污泥固体。脱除的水分在转鼓的另一端流出，通过安装的可调节出口溢流堰或溢流撇渣器可控制转鼓内的水位。

　　（2）运行：在卧螺式离心机中，污泥以恒定流速通过输送机轮毂投入旋转转鼓中，在此过程中，污泥被分离为包含固体的稠密泥饼（通过离心力沉积在转鼓内壁），及称为离心分离液的稀释液体（轻度澄清的污泥液）。离心分离液包含低密度细碎固体，并被循环至未处理污

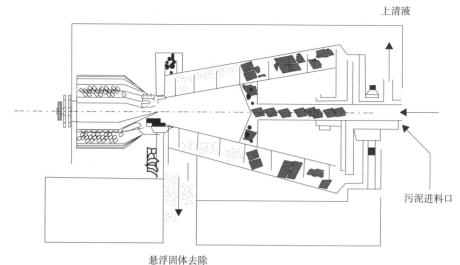

上清液

污泥进料口

悬浮固体去除

图 6.5　卧螺式离心机（离心 – 圆锥形）

卧螺离心机污泥脱水性能（美国环保署，1979）　　　　　表6.2

污泥类型	进料液含固率（%）	聚合物投加量		泥饼含固率（%）	固体回收率（%）
		干固体（g/kg）	干固体（lb/t）		
初沉污泥（PS）	3~7	1~3	2~6	26~36	90~97
剩余污泥（WAS）	0.5~2.5	4~8	8~16	8~20	85~94
PS+WAS	3~5	2~5	4~10	18~25	90~96
厌氧消化 PS	4~6	2.0~7.5	2~15	25~35	92~96
厌氧消化 PS+WAS	2~6	3~10	6~20	15~27	85~98
好氧消化 WAS	1~3	1.5~5.0	3~10	8~12	88~91
好氧消化 PS+WAS	1.7~4.5	3.0~5.5	6~11	11~18	92~98

泥浓缩器或初沉池中。泥饼中约含有 75%~80% 水分，通过螺旋进料器或输送机从转鼓排放到料斗中。根据污泥类型，泥饼含固率 10%~40%，然后通过焚烧或拖运至卫生填埋场进行处置。

卧螺离心机对不同类型污泥脱水性能列举如表 6.2 所示。

卧螺离心机与真空过滤机的应用领域相同。脱水性能的影响因素也与真空过滤机相同，即污泥类型和污泥龄、污泥预处理等。该装置可用于未采用化学调理的污泥脱水，但对于使用聚合电解质调理的污泥，其固体捕集和离心分离液质量会大大提高。

6.4.5　压滤和离心脱水的比较

根据 Coker 等研究表明（1991），带式压滤机是一个可连续运行、易于控制且几乎可无人操作的简单过程机械。然而，该机械设备包含很多活动部件，需要维护和修理。对于操作得当的带式压滤机，滤带必须连续清洗以去除残留固体、防止粘结。该连续高压清洗过程产生的潮湿环境会加速腐蚀。

不同于带式压滤机，隔膜压滤机采用序批式操作。污泥置于装置中脱水，然后打开压滤机排出泥饼。由于市政污泥的黏性，当泥饼排出时通常需要操作员在场，以确保滤布上所有物质均被清除。与其他方法相比，隔膜压滤机需要更多劳动力。该方法的间歇性适用于调理不充分或脱水时间不够的情况。由于操作员必须经过 2~3h 才能看到过程调整的结果，因此控制更加困难。另一方面，此设备很简单，活动部件少且运行速率慢，同时需要很少维护。最常见日常维护是更换膜和滤布。

与带式压滤机一样，离心脱水是个连续过程，过程变化效果可以立即显现。离心机以高转速运行。如果污泥中存在砂砾和类似研磨物质，滚动磨损可能会导致高昂维护成本。

从成本角度考虑，带式压滤机最便宜。但是，由于忽略了污泥处置、运行和维护成本等因素，并不能说明所有问题。带式压滤机产生的泥饼含水率最高，所以需要最高的填埋处置费用，最大规模的焚烧炉和最多的辅助燃料。

6.4.6　当前进展

在过去几年中出现了几种新型机械脱水系统。其中最受关注的两个分别是水平带式压滤机和加压电渗析脱水机。

1. 水平带式压滤机

四种具有可行性的新系统（简要描述如下）被粗略归类为水平带式机（Metcalf & Eddy，2003），包括移动筛脱水机、带式压滤机、毛细脱水系统和旋转重力浓缩机。以上四个系统都使用水平安装的连续滤带，污泥在滤带上进行输送和脱水。这些系统似乎都可与真空过滤器竞争优劣，一是操作复杂度和能源需求相似；二是固体捕集和泥饼含水率与真空过滤器达到的效果非常接近。

（1）移动筛脱水机：移动筛脱水机中，浓缩并经过聚合物处理的污泥分布在两级变速移动筛上（图 6.6）。污泥在第一级筛网上，依靠重力进行脱水。进入第二级筛网时，通过压缩实现最终脱水。污泥在压力增加的辊轴中通过。此时，泥饼中剩余自由水相对较少，并从下一个处理单元流出后进入处理池。

（2）带式压滤机：如图 6.7 所示，带式压滤机由上下两条连续滤带组成。调理后的污泥被置于两条滤带之间。污泥脱水包含三个过程：首先，通过排水区，在重力作用下脱水；然后，进入压力区，压力通过与上部滤带接触的压辊施加到污泥上；最后，进入剪切区，在剪切力作用下最终脱水。接着通过刮刀去除脱水污泥。

（3）毛细脱水系统：如图 6.8 所示，毛细脱水系统中，首先，将经过化学调理的污泥均匀分布于筛网上去除自由水，固体浓度提高 25%。然后，将筛架与毛细管滤布进行接触。此时，

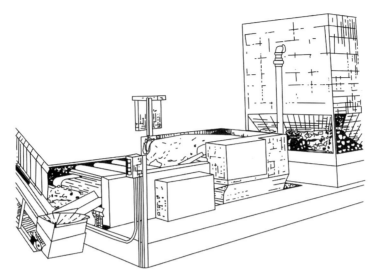

图 6.6　移动筛脱水机型水平带式机

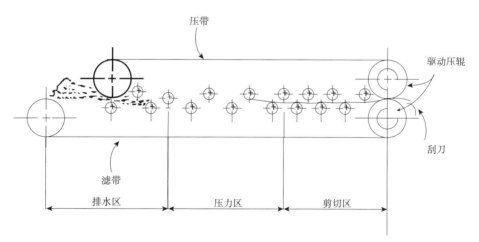

图 6.7　水平带式压滤机

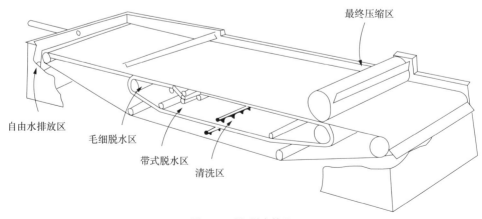

图 6.8　毛细脱水单元

脱水驱动力来自滤带毛细作用。通过滤带上多个位点去除滤液。接着污泥进入最终压缩区进行最后脱水。然后用刮刀将泥饼从筛网上去除。筛网经过清洗后开始新一轮循环。

（4）旋转重力浓缩器：旋转重力浓缩过程是由两个独立的细网格状尼龙滤布单元组成的（图 6.9）。第一个单元进行脱水，第二个单元形成泥饼。第一个单元中，从污泥中排出液体，同时污泥进入第二个单元。此时污泥被连续挤压成低含水率的泥饼。当泥饼足够大时，多余的泥饼从轮辋边缘排出，并进入输送带。该过程是连续操作，完全依靠重力作用进行脱水。当需要进行更彻底的脱水时，可采用多辊压榨机。多辊压榨机由环形滤带组成。旋转重力浓缩器产生的泥饼被置于滤带之间，通过压辊逐级施加压力。

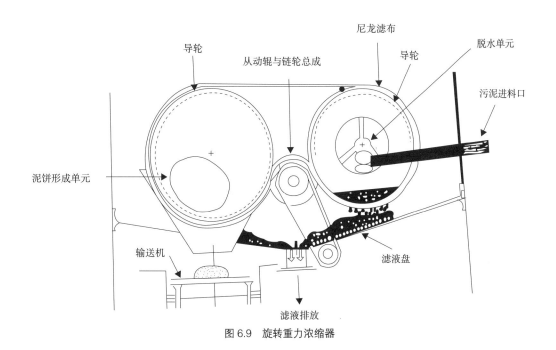

图 6.9　旋转重力浓缩器

2. 加压电渗析脱水机（pressured electro–osmotic dehydrator，PED）

被广泛认为最难脱水的生物活性污泥，如果脱水至含水率约 50%~60%，可直接进行堆肥无需任何辅料或干化工艺。PED 可在经济可行的方式下实现这一目标（Kondoh&Hiraoka，1990）。

（1）工艺机理：PED 工艺流程图如图 6.10 所示。

PED 工艺初始阶段，通过压力和电泳同时进行脱水。带负电颗粒被吸引到阳极，与阴极同性相斥，从而远离表面带负电的过滤器。因此，仅有少数带黏性物质的颗粒，无法滤过而留在带负电过滤器的表面，例如细菌和微生物。

电渗析过程发生在下一阶段。毛细管中颗粒周围液体正电荷量与颗粒负电势成正比，形成毛细管中的双电层。因此，毛细管中液体被吸引到阴极。由于电泳过程中很少颗粒会在阴

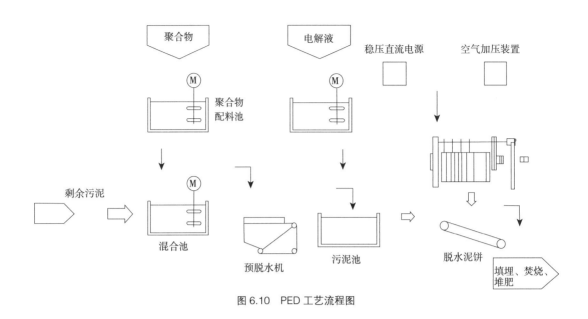

图 6.10　PED 工艺流程图

极上沉积，导致水能够顺畅地流过阴极上的滤布。已经证实 PED 工艺的优越性以及对剩余污泥处理的最佳适应能力。

（2）备注：尽管该工艺电耗高，但与其他脱水方法相比（即板框压滤机、带式压滤机等），因为 PED 所需化学药剂、水和填埋的费用最少，故其总运行成本最低。

3. 芦苇床

芦苇床形状为矩形，顶部有 10~15cm 砂层，其后为厚度 25cm、颗粒尺寸 4~6mm 的砾石层，底部为覆盖厚度 25cm、颗粒尺寸 2cm 砾石层排水系统的水生植物的改良型常规干化床。顶部砂层上方为 100cm 安全超高。芦苇属植被种植在 30cm 深的中间层，植物有助于污泥排水。其根系为微生物群落提供丰富栖息地，微生物可有效吸收污泥中有机物，并将 97% 有机物转化为水和二氧化碳，从而显著降低污泥量。芦苇床设计固体负荷为每平方米每年 30~60kg，不去除累计残留物前提下，最多可使用 10 年，应用于规模小于 720m³/h 污水处理厂的污泥脱水。

4. 快速干化 ™ 过滤床工艺（新兴生物固体管理技术，2006）

该工艺包含一个置于滤床底部的排水管道系统，一个预饱和装置，用于污泥投放至系统前使水分进入过滤床。管道上覆盖着尺寸 1~1.5cm 的岩石，并铺设一层砂层。快速干化过程还包括一个絮凝系统（快速絮凝混合器），分为一个在线式聚合物制备和投加系统。快速重力排水在该过程中进行，同时通过太阳能蒸发去除水分。过滤床达到饱和，迫使空气排出，使污泥均匀流过床面，完成污泥分布。暗渠打开形成真空，约 90% 水可在 12h 内排出，完成污泥脱水。结果表明，该工艺可形成含固率 30% 的泥饼。污泥可在 7d 内脱水 50% 以上，但仅需常规污泥干化床的 30% 空间（Evans，2006）。

5. 螺旋压榨机

含固率 1%~2% 的混合污泥（初沉和二沉污泥）被输送至絮凝池中时，聚合物被添加至进料污泥中，通过静态在线式混合器进行混合。絮凝污泥溢出进入倾斜角度约 20° 的不锈钢楔形丝筛网（200μm）内旋转的螺杆中。随着污泥进入，通过筛网流出滤液。污泥/筛网分界面的摩擦力与出口限制产生的渐进的压力相结合，产生泥饼。含固率 20%~25% 的脱水污泥掉落至输送机或直接进入收集箱。全封闭式螺旋压榨机由不锈钢制成，这有助于保护设备不受腐蚀，控制臭味产生，并提供良好运行条件。此外，设备操作为全自动化运行，与传统方法相比可降低运行成本（Atherton 等，2005）。

6. Geotube® 土工袋

Geotube® 品牌的土工管袋由高强度聚丙烯纤维制成。管袋中填充经聚合物调理的污泥，水可通过管袋壁过滤，截留下细碎颗粒物料。土工管袋脱水后体积减小的同时可继续填充污泥。达到一定程度后停止进料，通过土工管袋排出剩余水蒸气，残留细碎颗粒物料继续干燥进行固结。当残留固体干燥后，干化污泥从管中去除。在强化型脱水，减少臭味，出水悬浮物少和经济运行方面，Geotube® 土工管袋具有优势。

6.5 小型污水处理厂污泥脱水

6.5.1 概述

通常小型污水处理厂污泥产量有限。大多数情况下，污泥处理包括一或两个储存单元、一个浸没式曝气器和一个滗水器。为了进行最终脱水和处理，污泥必须运输至规模较大的污水处理厂进行集中处理。该方法缺点在于远距离运输未脱水污泥成本很高。小型和大型污水处理厂污泥集中处理也限制了污泥农用，通常在处理过程中无法将污染较严重的污泥与轻度污染的污泥分开。

此外，对于小型污水处理厂而言，安装脱水设备成本很高，例如离心机、带式压滤机和板框压滤机。鉴于上述原因，可采用以下任一方法来满足小型污水处理厂污泥脱水要求（Marklund，1990）：

1. 如果规模较大的污水处理厂距离不远，那么最好将液态污泥从小型污水处理厂运输至大型污水处理厂进行处理。通常大型污水处理厂内采用机械设备进行污泥脱水。

2. 在土地充裕、气候允许条件下，使用污泥干化床较为经济（见 6.3.1 节）。

3. 将液态污泥运输至污泥干化塘进行脱水（见 6.3.2 节）。

4. 采用新近开发的移动脱水单元（见 6.5.2 节）。

6.5.2 移动脱水系统

近年来，移动式脱水车应用于少量污泥，尤其是化粪池污泥脱水，越来越受到关注。移动系统基于以下原理：在移动式脱水车移动至下一个化粪池的过程中，对前一个化粪池中泵出的污泥进行脱水；当下一个化粪池排空后，将收集在卡车上的污泥液倒入其中；通常在一天结束或第二天清晨对储存在卡车上的泥饼进行处理。最近已开发出以下用于污泥脱水的移动系统。

1. Hamstern 系统

图 6.11 显示了 Hamstern 移动脱水单元的主要组件。与传统设计不同，该单元由特殊真空过滤机组成。罐体包括化粪池污泥调理罐，滤液罐，泥饼罐和干燥石灰罐。

Hamstern 采用的石灰调理系统不仅可提高污泥可过滤性，而且还可提供石灰稳定化污泥，可直接进行土地农用。石灰用量取决于污泥类型，通常为 200~400g/kg 干固体。对于来自生物和化学处理池的污泥，泥饼含固率为 15%~20%，滤液悬浮固体浓度为 500~1000mg/L。由于滤液碱度高，应设置一个缓冲系统，再将其循环至小型污水处理厂进水口。Hamstern 单元处理污泥能力为每小时 6~10m³。

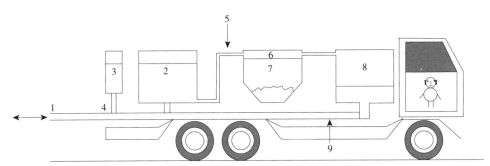

图 6.11　Hamstern 移动脱水单元组件

1—车体；2—污泥调理罐；3—石灰罐；4—石灰泵；5—污泥进料；6—脱水单元；7—泥饼罐；8—滤液收集罐；9—滤液排放管

2. Moos–KSA 系统

整个单元包括两个主要部分：卡车底盘和一个矩形容器。容器内有一个用于存放未处理污泥的储存（真空）罐，一个聚合物罐，一个脱水罐和一个滤液罐。矩形脱水罐在两侧壁上均设置滤布覆盖的排水系统，在罐体中部设置带有滤布的双层壁。将经过聚合物调理的污泥泵入脱水罐，固体沉淀在罐体底部，上清液通过重力作用由过滤壁进行过滤。通过倾斜容器并打开后壁闸门，可去除泥饼。化粪池污泥处理工艺示意图如图 6.12 所示。

当聚合物用量为 3~5g/kg 干固体时，生物和 / 或化学污泥可被脱水至含固率约为 15%。当滤液中悬浮固体含量低时（100~300mg/L），可在不影响污水处理厂性能的情况下再循环至污水处理厂进水口。该系统对于污水处理厂污泥的处理能力约为 30m³/d。

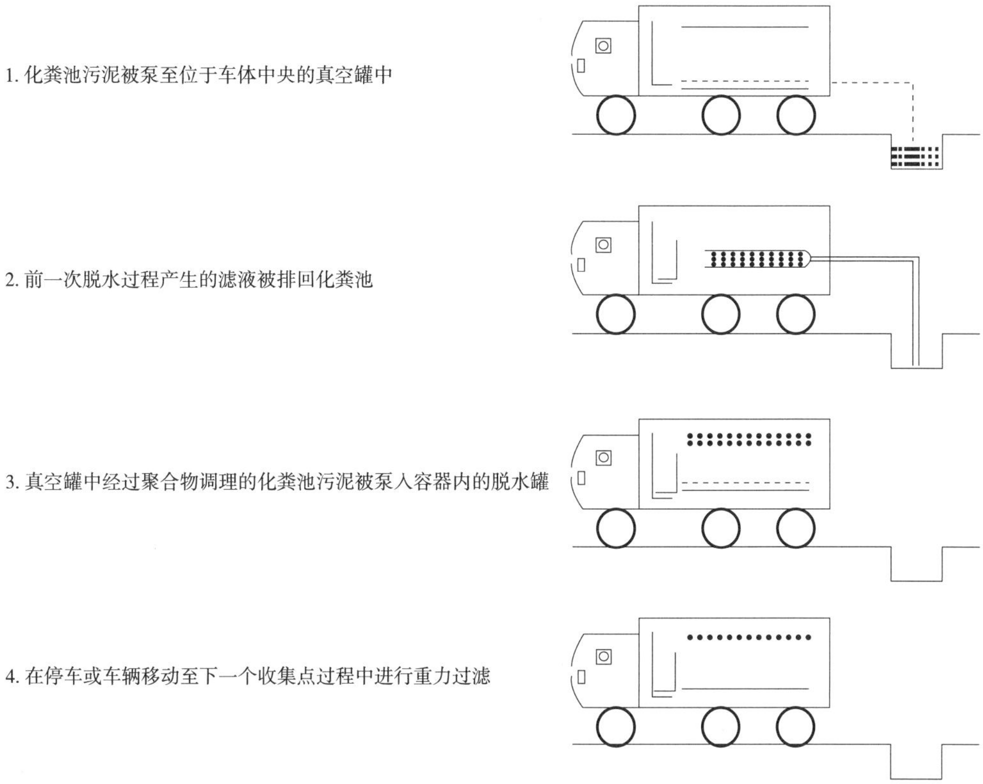

1. 化粪池污泥被泵至位于车体中央的真空罐中

2. 前一次脱水过程产生的滤液被排回化粪池

3. 真空罐中经过聚合物调理的化粪池污泥被泵入容器内的脱水罐

4. 在停车或车辆移动至下一个收集点过程中进行重力过滤

图 6.12　Moos-KSA 移动脱水单元用于化粪池污泥脱水过程示意图

习题

1. 污泥脱水的意义是什么？

2. 污泥脱水的控制因素是什么？

3. 自然脱水法有哪些？说明污泥自然脱水法的优缺点。

4. 自然脱水和机械脱水的比较。

5. 新兴的污泥脱水法有哪些？

6. 小型污水处理厂如何进行污泥脱水？

第 7 章

污泥生物稳定化

7.1 引言

污泥固体含有很大一部分挥发性固体或富含有机质，因此很容易分解、腐败或不稳定。污泥稳定化很有必要，则很可能造成公害或产生腐败。所以，基于以下目的，需要对污泥进行稳定化处理：

● 减少病原体；

● 消除臭味；

● 抑制、减少或消除腐败。

能否成功实现这些目标，与稳定化操作或过程对于污泥中挥发性或有机质转化为无机质的影响有关。当微生物在污泥有机质中繁殖，进行消化，并因此实现污泥生物稳定化时，会发生病原体存活、产气和腐败等现象。可通过以下两种稳定化方法来解决这些问题，分别是：

（1）生物法，即污泥消化，包括好氧消化，厌氧消化，缺氧消化，堆肥等。

（2）非生物法，即污泥物化稳定，例如氯氧化，石灰稳定，化学固化，热处理等。

7.2 污泥消化

7.2.1 污泥消化的目的

污泥消化的主要目的是使初沉池和二沉池排出的沉淀/浓缩污泥中的有机质进行厌氧或好氧分解，达到污泥稳定化和无害化，易于通过砂床或机械过滤脱水，然后通过土地填埋、填湖、海洋倾倒进行最终处置。无论采用何种方法，污泥消化都能减少体积。

经观察，消化污泥具有比生污泥更好的脱水性能。因此，除了分解和稳定生污泥中可生物降解的有机质外，污泥消化还能改善污泥的脱水特性。Baier 和 Zwiefelhofer（1991）研究了污泥消化提高脱水性能的机理，如下文所述。

7.2.2 污泥消化：污泥脱水的辅助手段

Baier 和 Zwiefelhofer（1991）发现了污泥消化促进脱水过程这一额外优点，此外消化还降低了污泥易腐烂性。根据定义，污泥机械脱水的目的是将水与固体物质分离。在消化污泥中，水，即液相，以不同形式存在：例如自由水和胞内水。通过利用相对密度差异，或压缩固相使自由水逸出，可轻易将自由水（液相主要部分）与固体分离。

阻碍胞内水逸出的主要障碍是粒径分布不均及污泥浓缩装置操作不当。因为颗粒间孔隙大且排水通道易堵塞，所以含有大量颗粒尺寸非常不均的污泥，不能高效释放自由水。

概念背景

通过消除细小颗粒或破碎大颗粒使粒径分布均匀的过程，都能促进自由水的释放。厌氧消化通过水解较小颗粒实现该目的。在分解较大颗粒时，厌氧水解速率变慢，因此需要更长的消化池停留时间。好氧高温预处理非常有效地解决了此问题。高温条件下，好氧微生物水解速率相比厌氧嗜温菌高一个数量级。通过将快速好氧嗜热水解与厌氧稳定化相结合，可得到具有均匀粒径分布和自由水易释放的污泥。采用选定预处理反应器，包括外部循环和空气注入，通过将污泥反复暴露于较高剪切力下进行机械处理，可有效促进大颗粒分解。高机械剪切力和高温共同作用导致生污泥中微生物细胞死亡和溶解。暴露于高温环境中的细胞显示出细胞壁结构弱化和细胞膜通透性增强的现象，导致胞内水释放。弱化后的细胞如果在低压气体注入器中暴露在机械应力下，这些影响会更显著。

7.3 厌氧消化工艺

7.3.1 概述

厌氧消化是污泥稳定化的常规方法，即在没有氧气的情况下分解有机质和无机质，主要应用于浓缩污泥稳定化（尤其是初沉和二沉污泥混合物）。

在厌氧消化过程中，污泥中有机质在厌氧条件下被微生物水解、液化并气化为甲烷（CH_4）和二氧化碳（CO_2）。然而，并非所有有机质都能被迅速分解。典型难分解组分是木质素和其他纤维素物质，即使经过长时间消化，它们也基本保持不变。因此，污泥消化方程如下：

$$有机质 + 细菌（新细胞）+ 残余难分解有机质 \rightarrow CH_4 + CO_2 + H_2O \qquad (7.1)$$

7.3.2 工艺机制

污泥消化驱动力来自生物体消耗污泥中的食物。厌氧消化过程中污泥有机质生物转化过程被认为包含两个或三个步骤。在三步法中，第一步是酶促反应，使高分子量化合物转化（液化）为可用作能源和碳源的化合物；第二步是细菌将第一步产生的所有化合物转化为可识别低分子量中间产物；第三步（气化）是细菌将中间产物转化为更简单的最终产物，主要是甲烷和二氧化碳。

如图 7.1 所示，通常在两步法中负责分解有机质的微生物分为两类：

1. 产酸菌

2. 产甲烷菌

因此，整个消化过程可分为两个阶段：液化和气化，为便于理解，如下文所述。

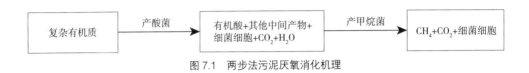

图 7.1　两步法污泥厌氧消化机理

1. 液化

在消化过程中的该阶段，用作细菌食物的可分解固体主要包括糖、淀粉、纤维素和可溶性含氮化合物（即亚硝酸盐和硝酸盐）。厌氧细菌利用有机质和可溶性含氮化合物中的氧元素进行反应。分解产物包括挥发性有机酸（乙酸、丙酸和丁酸），碳酸和气体，主要是二氧化碳（CO_2）、氢气（H_2）、硫化氢（H_2S）和少量甲烷（CH_4）。

下列公式可代表液化反应。当 pH 值 5~6、温度 15℃时，消化过程可持续约两周；随后是一段较长的时间（约 3 个月），在此期间酸度略微下降。该过程中 CO_2 和 H_2S 形成减少，同时污泥分解产生的气味变得非常强烈。在产酸阶段结束时（称为"成熟期"），总体持续时间约为 6 个月（温度为 15℃），pH 值上升至 6.8~7.0。污泥变成粘稠和泡沫状，并在表面有一层浮渣的灰色泥浆，产生的气体随反应过程排出。

$$2C_2H_5OH+CO_2=2CH_3COOH+CH_4 \tag{7.2}$$

$$CO+H_2O=CO_2+H_2 \tag{7.3}$$

$$S^{2-}+2H^+=H_2S \tag{7.4}$$

2. 气化

随后甲烷消化过程具有碱性特征。在该过程中，最难分解物质（包括有机酸和蛋白质）会转化为气态产物。氮转化为氨，并由于脂肪酸（乙酸、丙酸和丁酸）被分解，导致该过程完全碱化。先前在酸消化过程中产生的脂肪酸被分解为 CO_2 和 CH_4。释放的氢与 CO_2 反应产生 CH_4。即使在消化区域内产生少量酸或碱，pH 值都能保持在 7。酶（消化剂）和大量细菌聚集在污泥中协同完成转化过程。大约一个月后，污泥稳定，颜色变成深灰色并伴有焦油味。只有番茄种子和头发不能被分解（Hills & Dykstra，1980）。消化过程气化阶段在温度 10~12℃下停止。该阶段结束后，污泥可从消化池中排出并进行脱水。如果在干化床中进行脱水，则好氧菌会再次参与反应，使最后剩余有机质被矿化。

尽管在甲烷形成机制方面存在许多特定条件，产甲烷菌似乎能够利用以下三种底物产生甲烷气体：

（1）含 1~5 个碳原子的正醇和异醇（甲醇、乙醇、丙醇、丁醇、戊醇），例如：

$$2C_2H_5OH \rightarrow 3CH_4+CO_2 \tag{7.5}$$

（2）含 6 个或更少碳原子的低级脂肪酸（甲酸、乙酸、丙酸、丁酸、戊酸、己酸），例如：

$$CH_3COOH \rightarrow CH_4+CO_2 \tag{7.6}$$

$$4C_2H_5COOH+2H_2O \rightarrow 4CH_3COOH+CO_2+3CH_4 \tag{7.7}$$

（3）3 种无机气体（氢气、一氧化碳和二氧化碳），如下式所示：

$$4H_2+CO_2 \rightarrow CH_4+2H_2O \tag{7.8}$$

$$CO+2H_2 \rightarrow CH_4+H_2O \tag{7.9}$$

$$CO_2+8H^+ \rightarrow CH_4+2H_2O \tag{7.10}$$

此外，许多其他厌氧和兼性细菌也可利用污泥中各种无机离子。脱硫弧菌将硫酸根离子 SO_4^{2-} 还原为硫离子 S^{2-}，而其他细菌则将硝酸根 NO_3^- 还原为氮气 N_2（即反硝化）。

7.3.3　过程微生物学

厌氧污泥消化生态系统很复杂，由许多在紧密协同环境中生长的不同细菌组成。研究者已对该过程的微生物学和生物化学进行多年研究，主要包含以下几个方面内容：

1. 氢营养菌对复杂高分子量固体颗粒进行水解，使复杂有机化合物易于生物降解。

2. 产酸生物将复杂有机化合物转化为有机酸，主要是乙酸、丁酸和丙酸。这些生物利用各种简单有机化合物作为底物。

3. 产乙酸菌将较大有机酸转化为乙酸，随后通过乙酸分解菌转化为甲烷和二氧化碳。

4. 第二类产甲烷生物利用氢气（上述几个反应中的副产物）和二氧化碳产生甲烷。

由于所有上述反应同时进行，因此难以检测单个物种的活性和数量。例如，甲烷产生速率将会反映所有产甲烷菌、乙酸分解菌和氢营养菌的活性。

7.3.4　反应动力学

厌氧消化过程动力学曲线如图 7.2 所示。对于 20℃ 以下不添加新污泥的样品，该曲线将产气量表示为时间的函数。值得注意的是，产气率在初始时较低，而当产气率接近极值时逐渐增加并再次降低。总有机固体在厌氧消化过程中的行为取决于酶产物的积累。如果发酵过程中进料（新鲜污泥）是连续的（每日进料），则酶产物会积累并促进反应进行。图 7.2 中的虚线在横坐标定义了一个滞后时间，该滞后时间在连续消化过程中消失了，同时消化速率明显提高。污泥接种和混合可提高消化率。

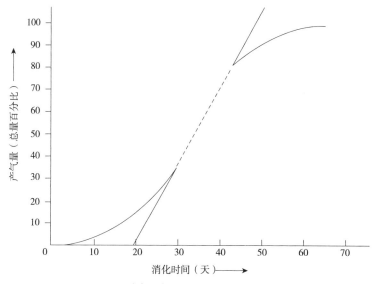

图 7.2 产气量与污泥消化时间的变化关系

污水污泥厌氧消化效果可通过其中挥发性物质含量减少程度或产气量进行衡量。气化公式由各种方程式表示，这源自实验数据处理以及由 Streeter 和 Phelps 所确定的一般关系，正如 Paulsrud 和 Eikum 的讨论结果（1975）。

采用两个自催化方程，即：

$$\mathrm{d}y/\mathrm{d}t=K_1（L-y）+K_2（L-y）^2 \tag{7.11}$$

和

$$\mathrm{d}y/\mathrm{d}t=K_1（L-y）+K_2\cdot y（L-Y） \tag{7.12}$$

对数曲线通过以下关系区别：

$$（100\cdot y）/L=100/[1+m\cdot\exp（nt）] \tag{7.13}$$

式中　　　　　　　y——时间 t_1 时产气量；

　　　　　　　L——气化渐进时饱和度值；

　K_1、K_2、m、n——系数。

对数曲线方程系数易于通过对数纸上直线图中三个等距点坐标确定，如下所示：

$$L=[2\cdot y_0\cdot y_1-y_1^2，（y_0+Y_2）]/（y_0y_2-Y_1^2） \tag{7.14}$$

$$m=（1-y_0）/y_0^2 \tag{7.15}$$

$$n=（1/t_1）\ln[y_0（L-y_1）]/[y_1（L-y_0）] \tag{7.16}$$

对于图 7.2 中 $L=100$，$y=20$、50、80，分别在 $t_0=15$、20、25d 时，可方便地依次替换时间单位 0、1、2 可得：

$$y=100/[1+4\exp（-1.386t）] \tag{7.17}$$

7.3.5　控制因素

1. 温度

温度影响污泥物化性质，生化反应速率和消化池中气体传输速率。总体来说，温度对消化池性能有显著影响。根据 Van't Hoff–Arrhenius 方程，反应速率常数随温度升高而提高。温度产生的影响可通过检查消化结果，即气化达到有效完成度（例如90%）所需时间进行记录。温度和时间关系如下：

$$t/t_0 = \exp[C_t \cdot (T-T_0)] = Q_t^{(T-T_0)} \tag{7.18}$$

式中　t——在温度 T 下技术上达到污泥完全消化所需时间；

$\quad\quad t_0$——在对照温度 T_0 下技术上达到污泥完全消化所需时间；

C_t、Q_t——从公式（7.18）直线图读取的斜率。

Fair 和 Moore（1937）观察到消化对温度表现出两个重要响应范围：

（1）在中等温度下，其中常见喜中等温度（嗜中温）腐生菌和产甲烷菌活性高；

（2）在高温下，其中喜高温（嗜热）生物负责消化。嗜中温范围的上升和下降可能是由于正常腐生菌的热死点。

在 15~25℃ 较低温度下，水解、酸化和产甲烷速率均下降。然而，在低于 15℃ 时，沼气产量下降不仅是因为甲烷生成速率降低，还由于较低温度下气体溶解度提高所致。在较高温度下，污泥成分溶解度提高，并且污泥表面积增大。因此，水解速率提高，促进有机酸产生。在污水处理厂中，污泥普遍在中等温度（30~33℃）下进行消化；因此，需要持续对污泥进行加热。

消化池保持稳定运行温度对于消化反应尤为重要。温度急剧频繁波动会影响细菌尤其是产甲烷菌的活性。温度变化大于 1℃/d 时，可能会发生工艺故障。应避免消化池温度变化超过 0.6℃/d。

2. 污泥停留时间（SRT）

通常，中温消化 SRT 为 15~20d，高温消化 SRT 为 8~12d。SRT 低于 8d 时，消化不稳定，导致 VS 分解率低及消化池中挥发性脂肪酸积累。

3. pH 和碱度

厌氧消化过程涉及的每个微生物种群都有不同最佳pH范围。水解和产酸细菌在pH大于5.0时酶活性较高。产甲烷菌对 pH 极为敏感，最佳 pH 范围为 6.7~7.5。通常单级厌氧消化池适宜 pH 范围为 6.8~7.2。

在产酸过程中挥发酸的产生导致系统 pH 降低。一旦酸被消耗并以碳酸氢盐形式产生碱度，则消化池 pH 升高。为了确保系统有足够缓冲能力抵御挥发性脂肪酸含量的突然增加，碱度（HCO_3^-）应超过 1000mg/L。提高消化池 pH 和缓冲能力的最佳方法是投加碳酸氢钠。石灰也会增加碳酸氢盐碱度，但可能会与碳酸氢盐反应生成不溶的碳酸钙，使水垢增多。

4. 有毒物质

重金属、氨、硫化物和一些无机物质对厌氧菌有毒性。通常由于进料过量，化学药剂过量添加，或工业污水中过量有毒物质进入污水处理厂进水而造成毒性。

氨氮浓度超过1000mg/L被认为是剧毒。氨通常是尿素和蛋白质的分解产物。高含量硫化物，即污泥中浓度高于200mg/L，也可能对产甲烷菌产生毒性。通过投加铁盐将硫化物沉淀为硫化亚铁是一种可行办法。

5. 有机负荷率（organic loading rate，OLR）与污泥进料组成

这是影响消化池性能的两个主要参数。通常OLR以挥发性固体（volatile solids，VS）计。高OLR会导致消化池出现混合和均匀传热方面的问题。因此，厌氧消化池典型OLR范围为$1.6 \sim 4.8 kgVS/m^3/d$。

通常消化池进料污泥是初沉和二沉污泥混合物。初沉污泥结构松散、富含脂质，而二沉污泥聚合度较好、蛋白质含量更高。因此，相比于二沉污泥，初沉污泥水解更快、更易于生物降解。通常，将初沉污泥与浓缩二沉污泥混合协同消化，以促进VS和COD去除。通常提高进料污泥中初沉污泥比例并延长SRT，能够改善VS去除效果。

6. 氧化还原电位

低于$-200mV$的低氧化还原电位对于有效厌氧消化，尤其是甲烷形成反应，是必要的。为了保持较低氧化还原电位，进料污泥中应去除氧气、硫酸盐和氮氧化物。

7. 营养物

充足的营养物促进细胞生长，从而确保消化有效性。所有微生物所必需营养元素均为N、P和S。然而，与好氧微生物相比，厌氧微生物营养需求较低，因为在厌氧条件下微生物生长繁殖量较低。营养比例C：N：P：S为500~1000：15~20：5：3，或有机物比例COD：N：P：S为800：5：1：0.5条件下，足以进行有效厌氧消化。通常进料污泥中含有充足营养物。

8. 污泥加热

在年平均温度为15℃左右的温带气候地区，为避免低温消化时间过长，必须对污泥进行持续加热，以创造30~33℃的最佳消化条件。用于加热污泥消化池的热量必须充足：

（1）将进料污泥温度提高至反应池温度；

（2）抵消反应池通过内壁、底部和顶部出现的热量损失；

（3）补偿热源与反应池之间通过管道和其他结构出现的热量损失。

9. 污泥接种与混合

即使在正常条件下进行污泥消化，仍然有必要促进新鲜污泥和消化池中的污泥均匀混合，从而避免酸化，实现工艺良好运行。在这方面，新鲜污泥必须与旧消化污泥连续混合，使消化池内的污泥均匀度足够高，并使得经过充分消化的旧污泥中的成熟厌氧菌与新鲜污泥紧密接触，使其均匀分解。如果混合不成功，则反应池中污泥会分层，消化污泥会沉积在池体底部。

当污泥适度混合后，池中温度分布均匀，表面浮渣和泡沫会被破坏。

10. 挥发性悬浮固体

该生物过程成功运行取决于生态系统中维持一种谨慎平衡，因此检测系统中可变生物量对于该过程尤为重要。通常污水处理过程中细菌浓度根据挥发性悬浮固体（volatile suspended solids，VSS）浓度进行估算。然而，由于进入厌氧污泥消化池的初沉污泥含有大量挥发性颗粒物质，因此 VSS 测量包括可用底物浓度和细菌细胞质量。为了说明来自厌氧污泥消化池 VSS 数据，必须考虑 VSS 测量中包含的各种颗粒组分，即：最初存在于颗粒进料中的 VSS，细菌生长后消化过程中产生的 VSS，消化过程中分解的 VSS，及细胞死亡后积累的惰性残留挥发性固体。

由于 VSS 作为活性生物量指标的局限性，已经开发了几种针对微生物细胞中特定成分的替代方法，包括氨基氮含量、核糖核酸含量、三磷酸腺苷（adenosine triphosphate，ATP）浓度、磷酸盐活性和脱氢酶活性（dehydrogenase activity，DHA）。作为微生物活性的优良指标，它们在污水处理过程中的潜在用途已广为人知。重要的是要认识到这些测量值反映的是细菌活性，而不一定是细菌质量。通常它们与其他细菌活性指标相关联，例如好氧系统中耗氧速率（oxygen uptake rate，OUR）或厌氧系统中产气率。

7.3.6 工艺描述

厌氧消化过程在密闭反应池中进行。污泥连续或间歇进料，并根据操作温度范围在反应池中停留不同时间。从反应池中连续或间歇排出的稳定化污泥不易腐败，其中病原体含量也大大降低。

通常有两种类型消化池：低负荷或常规污泥消化池，以及高负荷或连续污泥消化池。基于这两种消化池基本原理的组合工艺已被用于开发两级消化池。

1. 低负荷或常规消化

低负荷或常规消化也称为非连续污泥消化。在该过程中，通常消化池中的反应物不加热也不混合。消化反应在单一状态下进行，其中消化、污泥浓缩和上清液产生都在一个反应池中同时进行，如图 7.3 所示。

操作时，未处理污泥被投加至反应池的中深度区域进行消化并释放气体。在该区域中，未处理污泥与消化污泥混合，进行接种和缓冲。当气体上升至表层时，会抬升污泥颗粒和其他物质，例如油脂、油类和脂类，最终导致浮渣层形成。显然，由于生物浮选，污泥和浮渣区之间固体交换可能会产生一定程度污泥成分混合。

常规消化缺点：该类型消化过程造成大部分池体空间浪费，并且有时会在上层和中层部位产生酸化。这会导致系统部分区域 pH 值偏低或偏高，从而限制最佳生物活性。此外，为了控制 pH 而添加的化学药剂不会均匀分布于整个反应池中，使反应有效性有限。因为油脂倾向于漂浮至消化池顶部，油脂分解效果不佳，而产甲烷菌活性被限制在较低水平。积累在上清液表面的浮渣需要采用其他方法进行破坏。产甲烷菌与消化污泥共同被移除，未被循环至池体顶部，导致消化池性能下降。

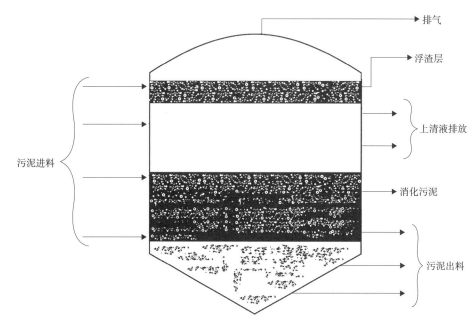

图 7.3　采用常规标准负荷单级工艺的典型厌氧消化池

2. 高负荷污泥消化

在高负荷消化池中（图 7.4），通过机械搅拌或通过压缩机使部分消化气体再循环进行搅拌，将污泥按适当比例连续进料并与其剧烈混合。加热消化池以保持高温区最高活性。因此，混合、加热、浓缩和恒定进料是高负荷消化重要特征，共同形成反应池中恒定反应环境。高负荷消化对于常规消化装置升级改造尤为适用，以适应土地稀缺地区的额外负荷。

加热主要有助于提高微生物活性，最终有利于高消化率和随后的产气阶段。高负荷厌氧消化反应在 35℃ 中温温度下进行。用于加热的热交换器位于外部主要是因为易于维护和操作灵活。厌氧消化池中配套混合装置有助于促进底物与接种体的接触，避免热分层，减少浮渣积累，并稀释有毒化合物。浓缩有助于减少污泥体积，从而减小厌氧消化池体积。污泥不断地或按一定间隔投加至高负荷消化池，以保持消化池稳定状态，这有助于抵御冲击负荷。

3. 高负荷消化优点

（1）由于混合良好、不分层，因此不会由于上清液或浮渣、死角而出现容量损失。

（2）通过连续投加生污泥并将其预浓缩至含固率 6%，可使停留时间减少至 10~15d（浓缩到超过 6% 含固率会影响污泥流动性，阻碍其在管道中流动以及在消化池中混合）。

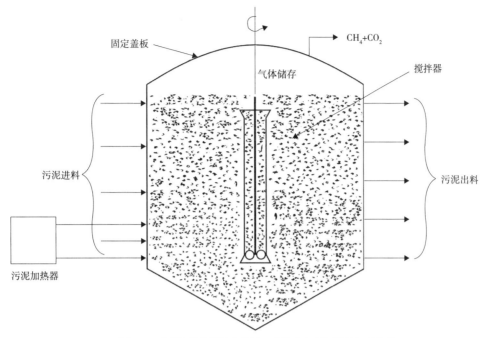

图 7.4　采用连续流搅拌和单级工艺的高负荷污泥厌氧消化池

然而，在高负荷消化池中没有上清液分离系统，且仅能实现 50% 挥发性固体分解并以气体形式逸出。

4. 高温消化

高温厌氧消化池可在 50~57℃范围内运行，其中微生物种群称为嗜热细菌。通常，较中温消化，高温厌氧消化具有以下优势：

- 反应速率快，促进挥发性固体水解并使沼气产量更高；
- 病原体去除率高。

然而，高温厌氧消化的缺点包括：

- 加热能源需求更高；
- 上清液浊度高；
- 产生臭味可能性大；
- 对温度波动比中温过程更敏感；
- 消化污泥脱水性差。

5. 两级厌氧污泥消化

如图 7.5 所示，设计两级厌氧污泥消化单元的目的是将消化空间分成两个独立池体。

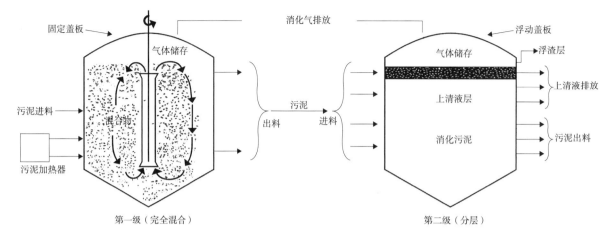

图 7.5　两级厌氧污泥消化池示意图

在第一级反应中（第一个消化池），污泥被加热并保持均匀消化活性。为此，对污泥团块进行持续搅拌，以使新旧污泥紧密混合，避免区域差异（即分层）。通常仅在该阶段收集气体。消化 5d 后能产生约占总量 67% 的气体，约在 14d 后能产生近 90% 的气体，此时已达消化极限。然后可将气体储存在储气罐中。

第二个消化池用于储存和浓缩消化污泥，产生浓稠污泥和相对澄清的上清液。通常两个池体外观可能完全相同，在这种情况下，任何一个都可作为主反应池。但第二个也可以是不加热的开放池体，或作为污泥塘。第二个池体可包含固定盖板或用来收集气体的浮动盖板，但气体产量很低。

第二级反应中，在没有人工辅助（例如加热、搅拌等）条件下，消化速率较慢。消化池性能存在区域差异，但几乎不产生浮渣。

上清液定期排放，以节省空间。反应池中停留时间最长、最浓稠和最稳定的污泥被排出。第二级消化池还提供了季风期或冬季所需的额外储存容量。

根据 Mitsdorffer 等的研究（1990），两级厌氧（高温和中温）消化能较好地实现污水污泥稳定化和消毒。1987 年，他在德国一家污水处理厂进行了研究，采用了图 7.6 中的两级消化系统，得到如下结论：

（1）稳定化：温度为 50~55℃，水力停留时间约为 5d，可实现高温预消化阶段的安全运行，从而稳定产生沼气（60%CH_4）。总体而言，通过高温联合中温消化，产气量可达 610L/kgVSS，VSS 含量可下降 66%。未通过第一阶段高温消化，稳定化效率会大大降低。

（2）消毒：通过高温消化，因消化污泥农用而引起的健康风险可完全消除。作为健康风险指标的大肠杆菌和沙门氏菌数量降低了几个数量级，在可接受范围内。

6. 乳制品污泥处理（厌氧消化的特殊应用）

根据 Karpati 的研究（1989），对于乳制品废水处理，如果在沉淀阶段使用明矾，则建议采用厌氧消化对产生的污泥进行处理。在这种情况下，通过添加聚合电解质进行浮选可用于相分离。

如果沉淀阶段采用熟石灰和硫酸亚铁，则未添加聚合电解质的污泥具有更好的絮凝和沉降性能。经石灰调理的污泥进行土地利用具有优势，特别是对于提高酸性土壤 pH 值（即湿冷土地）。此外，还可以阻碍植物对重金属的吸收，降低铝的植物毒性，但提高了锌浓度。一般而言，污泥重金属总含量较低，因此建议农用。石灰和植物养分（氮、磷、硫和有机化合物）意味着污泥可用于酸性土壤改良。预加热的排水中所含残留杂质能够在市政污水厂处理过程中轻松分解。

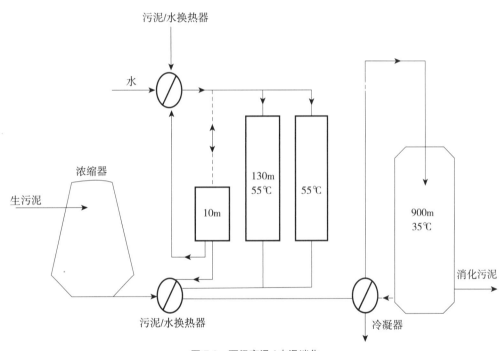

图 7.6　两级高温 / 中温消化

7. 厌氧污泥中壬基酚一乙氧醚和壬基酚二乙氧醚的生物转化和降解

如今，壬基酚聚氧乙烯醚（NPEOs）是广泛用于各类工业生产的表面活性剂。NPEOs 是主要被对位取代的聚乙氧基化单烷基酚的混合物，用于油漆、洗涤剂、油墨和农药制造。表面活性剂是水体中常见污染物，其溶于水，以污水形式从污水处理厂或污泥填埋场排放到环境中。壬基酚聚氧乙烯醚降解产物，即壬基酚（nonylphenol，NP），有一定生物蓄积性，从而对水生生物和土壤微生物具有毒性（Ejlertsson 等，1999；Lewis，1991）。

NPEOs 部分降解可在好氧和厌氧条件下进行。虽然代谢途径尚不完全明确，但研究者认为其生物转化开始于分子结构中的亲水部分，每次除去一个 C–2 单元（乙二醇），生成壬基酚一乙氧醚和壬基酚二乙氧醚（NP1EO & NP2EO）（Swisher，1987）。好氧条件下 NP1EO 和 NP2EO 可能完全降解，此外，据报道它们在厌氧环境中难降解。好氧条件下可能产生羧化代谢产物。此外，由于含有一个或两个乙氧基的 NPEOs 亲水性弱于聚乙氧基化的 NPEOs，所以它们通过吸收疏水性污泥成分和有机物以及其他物质而被非生物消除。

近期，Ejlertsson 等（1999）定性研究了能够厌氧生物转化和降解壬基酚一乙氧醚和壬基酚二乙氧醚的微生物，这些微生物来自（1）厌氧污泥消化池，用于处理纸浆废水和含有 NPEOs 作为目标污染物之一的工业污水；（2）含有与（1）相同污泥的填埋场；（3）市政垃圾填埋场，后者作为掺比。研究发现，厌氧污泥含量从 10% 到 100%，这区间内以 2mg/L 为递增间隔制作实验样本，实验结果表明，随着厌氧污泥含量的增加，NP 水平稳定升高，其中，100% 消化污泥样品中 NP 比例为 57%，而 10% 消化污泥样品中为 31%。NP1EO 和 NP2EO 的转化也发生在添加 60mg/L 的 100% 污泥样品中，其中 NP2EO 转化为 NP1EO。然而，在稀释污泥接种体中未发生这种转化。

其他研究者此前也曾指出，污水处理厂以及自然水体中短链 NPEOs 的质量流量不仅取决于微生物活性，还取决于物化过程。此外研究还发现，影响烷基乙氧基化物降解因素包括其疏水区域结构，亲水单元长度以及其他乙二醇分子在亲水区域结合情况。含有直链醇乙氧基化物的表面活性剂可在厌氧条件下快速完全转化，但支链醇乙氧基化物通常较难生物降解。关于醇乙氧基化物厌氧降解信息有限，例如，Salanitro 和 Diaz（1995）指出，直链醇乙氧基化物甲烷产量仅为理论计算值的 84%。

8. 厌氧条件下产甲烷颗粒污泥转化 β－六氯环己烷（β–HCH）

许多国家仍将六氯环己烷（hexachlorocyclohexane，HCH）的对位异构体－林丹作为农林业杀虫剂，导致产生许多环境问题。因此，自 20 世纪 70 年代初，在好氧和厌氧条件下六氯环己烷微生物转化已得到广泛研究。在大多数情况下，六氯环己烷的 ε－异构体最难被微生物降解脱氯。这可能是由于 Beurskens 等假设的氯原子空间（全赤道）排列（1991）。在六氯环己烷污染的土壤中，自然界微生物种群在好氧条件下能将六氯环己烷的 α－ 和 γ－异构体迅速降解。此外，在厌氧（淹水）土壤中，α－ 和 γ－六氯环己烷几乎都能被转化，而 ε－异构体在产甲烷条件下大多难以被降解。

Van Eekert 等（1998a）在他们的研究中描述了在不同主要底物进料的上流式厌氧污泥床（upflow anaerobic sludge blanket，UASB）中，ε–HCH 厌氧脱氯过程通过产甲烷颗粒污泥实现。UASB 反应器中颗粒污泥具有较高生物质含量，主要由产乙酸菌和产甲烷菌组成。这些厌氧细菌含有大量类胡萝卜素和其他辅助因子，例如 F430 等。这些因子部分是酶，可催化厌氧细菌中的重要代谢途径，例如乙酰辅酶 A 途径和甲烷形成的最后一步。结果表明，β–HCH 转化细菌在不同厌氧环境中均存在。这一发现可能对于厌氧生物修复六氯环己烷异构体污染场所的应用具有重要意义。

7.3.7　过程控制

为了有效发挥厌氧污泥消化系统作用，非产甲烷菌和产甲烷菌的菌群数量应保持动态平衡。为了建立并维持这种状态，反应液中应去除溶解氧，同时重金属和硫化物等成分未达到抑制细菌活性的浓度，以利于产甲烷菌生长。此外，水环境 pH 值应在 6.6~7.6 范围内。系统应具有足够碱度以确保 pH 值不会降低至 6.2 以下，控制消化率的产甲烷菌只有在该 pH 条件下才起作用。还必须保证养分充足（通常以 BOD ∶ N ∶ P=100 ∶ 2.5 ∶ 0.5 的比例），由于产甲烷菌生长速率慢，因此营养需求量较低。温度是另一个重要环境参数。中温和高温污泥消化最佳温度范围分别是 30~38℃ 和 49~57℃。除此以外，连续运行以使消化过程最优化，即进料和出料同时进行，以持续获得污泥接种和缓冲能力来维持碱性条件。另外，通过不断搅拌消化污泥，使过程均匀，避免分层，并将气体燃料用于污水厂内用途，例如厂内供热或发电等。

加热可极大地提高消化速率，可通过以下任一加热系统实现：

- 通过蒸汽或功率满足所有热量需求的逆流换热器加热进料污泥；
- 通过固定或移动式热水循环线圈加热池体；
- 在污泥消化池中燃烧沼气。

在消化池底部引入蒸汽、热水或热污泥液，通过上清液排放管道排出冷凝水。

加热换热器中的污泥是使用最广泛的方法。当安装外部加热器时，污泥被高速泵送通过管道，而热水在管道周围以高速循环。这促进了传热表面两侧高湍流，并导致更高传热系数和更好传热效果。外部加热器另一个优点在于，进入消化池的未经处理冷污泥在进料之前可被加热、紧密混合并与污泥液接种。

当消化过程持续时间足够长，可产生一种既可立即利用，又可通过脱水、干化或焚烧进一步处理的最终产物，既经济又无公害。完全消化还将使随后可利用的沼气产量最大（燃料价值高）。沼气燃料价值可在污水处理厂生产生活中以各种方式体现。以下是一些利用沼气燃料常用方法：

厂内供热：消化池，焚烧炉，建筑物和热水供应。

厂内发电：泵送，空气和气体压缩，以及其他机械设备运行。

较小污水厂用途：向污水厂实验室供气，用于燃气燃烧器和冰箱。以及用于市政用车和卡车的汽车燃料。

然而，只有在污泥处理厂规模较大并确保技术人员操作熟练情况下，沼气收集、储存和利用才经济可行。

7.3.8　优缺点

优点：可回收富含能源的甲烷气体，并进一步用于发电或产热。污泥减量，稳定化和无异味，并富含营养物（氮和磷）。此外，在高温厌氧消化池中可实现较高病原体去除率。

缺点：由于反应池尺寸较大（包括进料、混合和加热装置），因此投资成本较高。其他主要问题包括：消化速率慢，对有毒化合物、温度、pH、窜氧、高氨氮和硫化物浓度的工艺敏感性。厌氧消化池上清液富含有机物、氮和磷，因此处置前需要进行额外处理。

7.3.9　操作要点

由于生化过程的复杂性，厌氧消化池中必须维持稳定运行条件。例如，运行温度变化剧烈且频繁会干扰厌氧细菌代谢过程。不受控制的运行条件可能导致消化池故障。

1. 反应器运行

为了评估厌氧消化池性能，应对以下工艺段进行监测（国际水环境联盟 WEF，1998）：

- 进料污泥：pH，温度，碱度，TS，VS；
- 消化池内成分：温度，碱度，TS，VS，挥发酸；
- 消化污泥：碱度，TS，VS，挥发酸；
- 产生沼气：甲烷、二氧化碳和硫化氢百分比；
- 上清液：pH，BOD，COD，TS，总氮，氨氮，总磷。

若干指标可反映厌氧消化池性能。甲烷产量减少和 CO_2 含量相应增加可能是挥发酸浓度增大的结果，消化池内碱度和 pH 降低表明厌氧反应失衡。温度突变、有机负荷、进料污泥组成或有毒化合物等多种因素也会抑制厌氧活性。当 pH 值为 6.6~7.4 的正常厌氧消化条件下，且 CO_2 含量为 30%~40% 时，碳酸氢盐碱度（以 $CaCO_3$ 计）将在 1000~5000mg/L 范围内。消化池中碳酸氢盐碱度浓度应约为 3000mg/L（以 $CaCO_3$ 计）。

2. 臭味控制

硫化氢是厌氧系统中主要臭味来源，是一种高度腐蚀性气体。沼气用于发动机、发电机或锅炉之前必须通过洗涤将硫化氢去除。

3. 上清液

厌氧消化池上清液富含固体、有机质、氮和磷，因此处置前需额外进行处理。当上清液再循环至污水处理厂进水口时，会增加污水处理过程中的有机负荷。因此，在循环至污水厂前，必须对上清液进行物理（吸附）、化学（混凝、沉淀）或生物处理。

4. 鸟粪石

鸟粪石（磷酸铵镁）是厌氧消化池中由于厌氧消化污泥导致铵根和磷酸根离子过量积累时形成的沉淀。因此，在反应器中会发生磷酸铵镁过饱和情况。鸟粪石会导致水垢沉积和管道堵塞，从而造成消化池维修困难。酸洗是一种有效且昂贵的处理方法。添加铁盐可使磷沉淀，是个不错的选择（Turobskiy & Mathai，2006）。

5. 消化池清洗

为了清除浮渣和沉砂，需要经常清洗消化池，这会增加厌氧消化池的有效反应体积。消化池内成分有效混合以及多个排泥管道的合理布置能够改善消化池状况，并减少消化池定期清洗频次。

7.4 好氧消化工艺

7.4.1 概述

好氧消化是一种污泥生物处理法，旨在通过好氧条件下生物去除挥发性固体来稳定和减少有机废弃物总量，通过污泥微生物（主要是细菌）内源呼吸实现（Katz & Mason，1970）。好氧消化是一种生物悬浮生长过程，与延时曝气活性污泥法类似，可产生稳定产物，实现污泥减量，并减少病原生物。

该过程仅可用于以下方面：

1. 剩余污泥。

2. 剩余污泥或生物滤池污泥与初沉污泥混合物。

3. 不设初沉池的污水处理厂排放的剩余污泥。

7.4.2 工艺机制

好氧细菌内源呼吸阶段可能进行好氧消化。随着可用底物（食物）耗尽，微生物开始消耗自身胞内物质以获得维持细胞反应所需能量。这种从细胞组织获取能量的现象称为内源呼吸，是好氧消化过程主要反应。细胞组织被好氧氧化为 CO_2、H_2O 和 NH_3，NH_3 随后被氧化为硝酸盐。同时还会形成氮和硫的氧化物。这些产物立即转化为可溶性盐。实际上仅约 65%~80% 细胞组织可被氧化，剩余 20%~35% 由惰性组分和不可生物降解有机化合物组成。一些不可生物降解物质包括细胞壁中所含半纤维素和纤维素，这些物质需要几个月时间才能降解。因此，在好氧消化工艺设计中，该物质分解速率可忽略不计。消化反应结束后残余物质处于低能量状态，因此本质上是生物稳定的。生物质的生物氧化导致需要处置的残留固体体积减小。好氧消化反应第一步，即可生物降解物质的氧化，可用公式（7.19）表示：

$$\text{有机质} + O_2 \xrightarrow{\text{细菌}} CO_2 + H_2O + \text{细胞物质} \tag{7.19}$$

内源呼吸下一步可由公式（7.20）表示：

$$C_5H_7O_2N（\text{细胞群}）+ 5O_2 \rightarrow 4CO_2 + H_2O + NH_4HCO_3 \tag{7.20}$$

在生物质分解中，氧气用于将细胞群氧化为二氧化碳和水。该反应还会产生碳酸氢铵，这是由此过程中释放的氨与所产生的部分 CO_2 反应所得。

公式（7.21）显示了完整硝化 / 反硝化反应：

$$2C_5H_7O_2N+11.5O_2 \rightarrow 10CO_2+7H_2O+N_2 \qquad （7.21）$$

完整硝化 – 反硝化反应表示为一个平衡化学计量方程。如果释放的所有氨都经过硝化和反硝化过程，则可达到平衡。生物质加氧气会转化为二氧化碳、氮气和水。

如果将活性污泥或生物滤池污泥与初沉污泥混合并进行好氧消化，则初沉污泥中有机质直接氧化和细胞组织内源性氧化都将发生。然而，整个反应过程会转变为可生物降解物质直接氧化的漫长阶段。因此，需要较长停留时间维持代谢和细胞生长，以满足内源呼吸条件。

非硝化系统中每千克活性生物质（1.5lb/lb）理论上需要约 1.5kg 氧气，而硝化系统中每千克活性生物质（2lb/lb）需要约 2kg 氧气。在具有完全硝化 – 反硝化作用的系统中，它能够（1）降低需氧量（减少 17%）；（2）避免碱度消耗，因为反硝化过程中产生碱度可用于抵消硝化所需现有碱度；（3）脱氮。初沉与活性污泥混合物消化需氧量远高于活性污泥消化需氧量，因为初沉污泥中有机质氧化所需时间更长。

好氧消化池可以序批式或连续流反应器运行，如图 7.7 所示。通常，初沉和剩余污泥分别直接从初沉池和二沉池排至好氧消化池，或在污泥浓缩器中进行初步浓缩后进入好氧消化

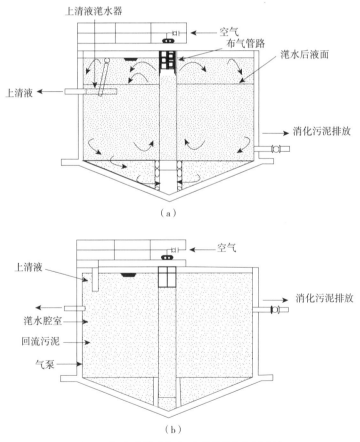

图 7.7 （a）序批式和（b）连续流好氧消化池

池。直接将沉淀池中剩余污泥泵入好氧消化池是一种常见做法；然而，需要较大池体才能满足 SRT 要求。当前的常见做法是，剩余污泥先经浓缩后再转移至消化池，从而降低了消化池尺寸需求。

7.4.3　反应动力学

内源呼吸阶段指细胞将其自身细胞物质和周围死细胞作为食物的生长阶段。内源衰变速率由以下一级生化反应动力学方程表示：

$$dx/dt = -K_d \cdot x \tag{7.22}$$

式中　dx——时间间隔 dt 内可生物降解细胞物质的变化量；

dt——时间间隔；

K_d——降解速率常数；

x——t 时刻可生物降解细胞物质浓度。

由于难以直接界定可生物降解细胞物质（即活性生物质）的范围，因此采用易于确定的活性污泥挥发性固体（VS）来描述好氧消化池性能。系数 K_d 可基于挥发性悬浮固体（K_{vs}）或总悬浮固体（K_{ts}）进行计算。污泥生化需氧量（BOD）是可生物降解（碳质）有机物氧化所需的氧气量，可作为直接表示活性生物质的另一个变量。

用 BOD（L）代替可生物降解细胞物质（x），公式（7.22）变为：

$$dL/dt = -K_b \cdot L \tag{7.23}$$

式中　dL——时间间隔 dt 内活性污泥 BOD 的变化量；

dt——时间间隔；

K_b——BOD 降解速率常数；

L——t 时刻 BOD 浓度。

对公式（7.23）在有限区间进行积分：

$$\int_{L_0}^{L} dL/L = -\int_{0}^{t} K_b \cdot dt \tag{7.24}$$

式中　L_0——$t=0$ 时刻 BOD 浓度，mg/L；

或

$$[\ln(L)]_{L_0}^{L} = -k_b[t]_0^t \tag{7.25}$$

或

$$[\ln(L/L_0)] = -k_b t \tag{7.26}$$

或

$$L = L_0 e^{-K} \tag{7.27}$$

好氧消化过程中化学需氧量（COD）降低主要是由于污泥中有机质的氧化，因此也可将其视为一级反应动力学。

理论上：

$$dC/dt = -K_c \cdot C \qquad (7.28)$$

式中　C ——t 时刻 COD 浓度，mg/L；

　　　dC——时间间隔 dt 内 COD 的变化量，mg/L；

　　　K_c——COD 降解速率常数。

对该方程在有限区间积分（$t=0$、t 和 $C=C_0$、C），并简化为以下方程：

$$\ln(C/C_0) = -K_c \cdot t \qquad (7.29)$$

$$C = C_0 e^{-K} \qquad (7.30)$$

7.4.4　控制因素

好氧消化池设计时必须考虑的因素包括水力停留时间、工艺负荷标准、氧气或空气需求、搅拌能量需求、环境条件和工艺运行情况。

1. 进料污泥特性

好氧消化过程使系统主要保持在内源呼吸阶段，故最适于生物固体（例如剩余污泥，WAS）的稳定化。如果是初沉污泥和生物污泥的混合物进行消化，则需较长停留时间氧化，去除初沉污泥中的过量有机物，才能实现内源呼吸。好氧消化池进料污泥中固体浓度对于消化池的设计和运行至关重要。较高的进料含固率的优势在于 SRT 较长，消化池体积要求较小，过程更易控制（在序批式处理系统中较少或无需滗水），以及挥发性固体降解率高。然而，较高含固率需要消化池单位体积具有较高的氧气输入量。

2. 水力停留时间

当水力停留时间为 10~12d 时，污泥中挥发性固体（VS）数量线性减少至初始浓度的 40% 左右。随后的过程，尽管随着停留时间延长，VS 将被持续去除，但去除速率将大大减缓。根据温度不同，最大降幅在 45%~70% 范围内变化。

3. 氧气需求

好氧消化过程中必须满足的氧气需求包括细胞组织氧气需求以及混合污泥的氧气需求。这取决于初沉污泥的 5d 生化需氧量（BOD_5）。采用公式（7.31）计算细胞组织完全氧化所需氧气量为 7mol/mol 细胞或约 2kg/kg 细胞。

$$C_5H_7NO_2 + 7O_2 \rightarrow 5CO_2 + NO_3^- + 3H_2O + H^+ \qquad (7.31)$$

初沉污泥 BOD_5 完全氧化所需氧气量约为 1.7~1.9kg/kg。考虑到空气中 O_2 比例为 23.2%，空气密度为 1.201kg/m³，并假设氧气传输效率适当（例如 p%），则空气需求量可通过如下方程计算：

$$空气需求量（m^3/d）=O_2 需求量（kg/d）/[1.201 \times 0.232 \times （P/100）] \tag{7.32}$$

根据经验，若消化池溶解氧浓度为 1~2mg/L，停留时间超过 10d，则消化污泥易于脱水。

4. 搅拌

好氧消化池内容物需充分搅拌，以确保充分曝气满足污泥溶液中氧气需求。通常，机械曝气能耗为 20~40kW/10^3m^3。据报道，在射流曝气搅拌时，空气供应率为 1.2~2.4m^3/（$m^3 \cdot h$）；对于高含固率污泥，建议采用较高值。如果在预浓缩过程中采用聚合物，尤其是离心浓缩，则混合可能需要更多的单位能量。在空气搅拌的要求超过氧气输送量情况下，应考虑采用机械方式辅助搅拌，而不是过度设计氧气输送系统。

5. pH 和温度

pH 和温度在好氧消化池运行中起重要作用。好氧消化池良好运行取决于温度，较高温度会加快该过程，较低温度会减缓该过程。尤其是在温度低于 20℃时，水力停留时间约长达 15d。随着水力停留时间延长至约 60d，温度影响可忽略不计。以往通常好氧消化反应在未加热水池中进行，类似于活性污泥法中采用的反应池。然而，随着对高温好氧消化过程了解的增多，可以预料到隔热良好甚至是部分加热的池体将更多地被用于消化反应。

6. 工艺运行

根据系统缓冲能力，在较长水力停留时间条件下，pH 可能会降至较低值（约为 5.5）。造成该情况的原因包括溶液中硝酸根离子增多，及空气吹脱导致缓冲能力降低。尽管 pH 似乎并未抑制该过程，但如果发现 pH 值太低，需定期检查并调整其数值。

好氧消化池必须配备滗水设备，使其也可用于消化污泥浓缩，然后将消化污泥排放至后续的脱水设备或污泥干化床。消化池运行时，进料污泥将置换上清液，使固体积聚，则细胞平均停留时间将不等同于水力停留时间。

7. 挥发性悬浮固体

限制采用 VSS 作为好氧消化效率评估参数。部分研究者认为，为了对实际可生物降解微生物物质的去除有一个更准确的概念，应针对不可生物降解物质的减少量（以非挥发性残留物或固定性悬浮固体即 fixed suspended solids，FSS 进行测量）对 VSS 值进行校正。该减少量可能伴随通过 FSS 随时间溶解等过程发生。为了克服不同形式悬浮物难以区分的问题，部分研究者建议，评估消化池性能时采用总悬浮固体（total suspended solids，TSS）。因此，挥发性和非挥发性悬浮物的减少都要考虑在内。

对于给定类型的污泥，总 TSS 减少量可能与臭味产生相关。然而，进入好氧消化池的生污泥质量变化通常使该参数在实际运行中难以使用。

此外，大多数好氧消化池都以半连续方式运行。通常将空气供应系统关闭，并在生污泥泵入消化池前将上清液从装置中排出。该操作将提高装置中固体浓度。为了计算固体减少量，必须进行完整质量平衡计算。通常该过程非常耗时且难以做到。

生化需氧量（BOD）是衡量系统中可生物降解有机物在好氧生化作用下被氧化所需的氧气量。污水和污泥需氧量取决于以下 3 类物质：

（1）可作为好氧生物食物来源的含碳有机物。

（2）源自亚硝酸盐、氨和含氮有机物的可氧化性氮，可作为特定细菌（例如亚硝化单胞菌和硝化细菌）的食物。

（3）可被溶解氧氧化的还原性化合物，例如亚铁离子（Fe^{2+}）、亚硫酸盐（SO_3^{2-}）和硫化物（S^{2-}）。

标准 BOD 测试即 20℃温度下 5d 内含碳有机物氧化的需氧量，用 BOD 或 BOD_5 表示。因此，可将污泥样品 BOD 视为样品中可生物降解有机物的代表。

化学需氧量（COD）是指在酸性溶液中通过重铬酸盐氧化污水或污泥样品中几乎所有有机物所需的氧气量。但它也包括氧化无机物所需氧气量，如果样品中存在无机物，在酸性溶液中也可被重铬酸盐氧化。

7.4.5　工艺描述

目前已有两种经过验证并投入使用的好氧工艺：

- 常规好氧消化。
- 纯氧好氧消化。

第三种工艺，即高温好氧消化，目前处于研究阶段。此外，现有工艺的改良工艺也正在开发和使用中。因此，出现了第四种改良工艺，即中温和高温联合好氧消化。

1. 常规好氧消化

采用空气完成污泥好氧消化的过程，也是目前最常见的。在该系统中，空气中的氧气被用于有机质和生物质氧化。消化污泥具有良好脱水性能和显著肥料价值。

在此过程中，采用常规射流曝气或表面曝气设备以及最低食微比（F/M），在开放且未加热池体中对污泥进行长时间曝气。该工艺可连续或间歇运行，在小型污水处理厂中将更适用。

2. 纯氧好氧消化

纯氧好氧消化是常规好氧消化工艺的改良，其中采用纯氧代替空气。消化后的污泥类似于常规空气好氧消化的污泥。由于过程中纯氧的传输效率更高，故该改良工艺是一项新兴技术。

如果在此种改良工艺中采用带盖曝气池，则在液面上方会保持高纯度氧气气氛，且氧气会通过机械曝气器转移到污泥中。如果使用开放曝气池，则通过产生微小氧气气泡的特殊扩散器将氧气引入液体污泥底部。通过调节氧气扩散压力和污泥悬浮高度，使气泡到达气液界面前完全溶解。

纯氧好氧消化只能用于大型污水处理厂，且必须满足制取纯氧设备的成本增加被消化反应器的体积减小，以及纯氧溶解设备更低的能耗带来的成本降低所抵消。

3. 高温好氧消化

高温好氧消化（图 7.8）是对常规空气和纯氧好氧消化的改良。大规模污水处理厂中试研究表明，高温好氧消化（温度范围为 45~65℃）可在很短的停留时间（3~4d）内实现可生物降解部分的高去除率（达 70%）。优势在于可通过简单曝气系统实现高温消化。此外，由于运行温度高，消化污泥也同步进行了巴氏消毒。

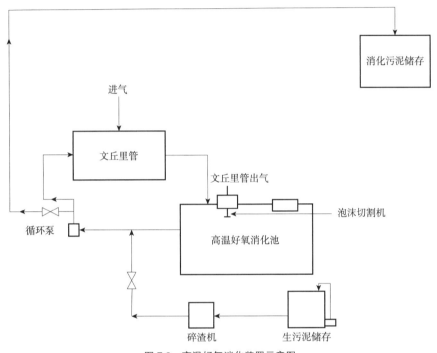

图 7.8　高温好氧消化装置示意图

由于好氧过程放热，因此可通过利用微生物氧化有机物过程中释放的热量来加热污泥，以实现无需大量外部热量输入的高温消化（Jewell & Kabrick，1980）。据估计，初沉和二沉污泥（含固率为 2%~5%）好氧消化过程中释放的热量超过 25kcal/L。该热量足以加热含水率为 95%~97% 的湿污泥，使其温度最高可达 45℃（即高温消化范围），前提是氧气传输效率足够高，以避免空气中氧气逸散导致的散热研究表明，高温条件不利于活性污泥好氧消化。

7.4.6　优缺点

与厌氧消化相比，好氧消化主要优点：

● 投资低；

● 最终产物无臭味；

- 操作简单；
- 上清液 BOD、TSS 和氨氮浓度低；
- 不产生臭味。

  与厌氧消化相比，好氧消化主要缺点：

- 就氧气供应能耗而言，运行成本较高；
- 不产生甲烷（一种富含能源的副产物）；
- 消化性能受含固率、污泥类型、位置和混合曝气系统类型的影响。

7.4.7 操作要点

操作要点包括 pH 下降，起泡问题，上清液特性和污泥脱水性能。

1. pH 下降

pH 下降是硝化过程产酸的结果；碱度下降是由于空气气提降低污泥缓冲能力所致。据观察，该系统将在 pH 值低至 5.5 时稳定并表现良好。然而，低 pH 时可能出现丝状菌生长。如果进料污泥碱度低，且消化池 pH 值持续降低至 5.5 以下，则必须通过投加化学药剂来提高碱度。

2. 起泡问题

好氧消化池在气候温暖期间可能产生泡沫，这主要由高有机负荷导致。丝状生物生长也会造成起泡问题。主要控制措施是对消化池进料进行氯化处理，以破坏丝状生物，关闭曝气设备，以创造短暂厌氧条件。通常采用喷水控制起泡问题。

3. 上清液特性

对比厌氧消化池，好氧消化池上清液水质更好。通常由于将上清液返回至污水处理厂前端，因此上清液对曝气池实际负荷用可溶性 BOD 表示，由于这部分上清液的污泥处于内源呼吸阶段，通常低于污水的有机负荷，故悬浮固体不会造成曝气池高负荷。

4. 脱水性能

带式压滤机对好氧消化污泥进行脱水，产生含固率为 14%~22% 的泥饼。由于高强度搅拌会破坏絮体结构，故好氧消化污泥脱水性能还受消化过程中搅拌强度的影响。

7.5 工艺进展

在此期间，研究者报道了若干常规和新型消化工艺的发展情况。本节主要介绍近年来生物污泥稳定化方法的工艺进展。

7.5.1　气提自热式生物消化

当需要经济高效运行污泥消化过程时，有必要在尽可能降低功率需求的同时，最大限度地提高细胞生长所需氧气传输速率（Rich，1982）。气提塔是一种为高传质率和低能耗设计的，最有前景的接触反应器之一，结构上是个气泡柱，分为两个部分，见图 7.9。当气体扩散至其中一个部分时，导致该部分的分散密度低于未起泡部分的密度。由此产生的压差导致液体循环。在起泡截面观察到向上的速度，而在未起泡截面观察到向下的液体速度。向下的液体流动会携带少量气体，因此传质过程可在塔内所有部位进行。

如图 7.9 所示，液体循环由压缩空气进入提升管段而引发。气泡向上运动并在上升管中产生部分空隙。使下导管内液体柱（受其静压头影响）向下移动。由此开始循环模式。随后，下导管内的空气和液体一起向下流动。随着这些气泡下降，由于静压头增大及其在液相中的溶解，气泡尺寸会逐渐缩小。气泡在底部几乎完全收缩和溶解，因此具有最高 O_2 传质效率。由于静压头逐渐降低，气泡再次在上升管段释放。在水池顶部，气泡进入高位槽，部分气泡脱离并通过顶部盖板的开口排气。池体周围的水加热套可保持反应所需温度。

Tran 和 Tyagi（1990）对于污泥好氧中温和高温消化的气提式生物反应器进行了实验室及中试规模研究，得到以下结论：

1. 气提反应器的 VSS 负荷是常规消化系统的 8 倍。

2. 温度高于 40℃时，硝化作用几乎完全被抑制。

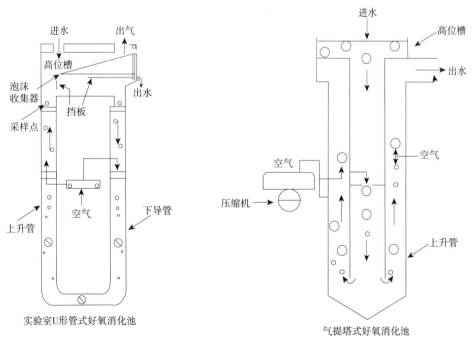

图 7.9　U 形好氧消化池剖面图

3. 气提式生物消化池的高挥发性悬浮固体负荷率和高 VSS 去除能力将反应器体积要求降至最低。

4. 高氧气传输效率使曝气能耗最低。

5. 相比于常规消化池，气提式生物反应器可产生稳定化污泥，且停留时间大大缩短。59℃温度下 2d 内即可实现污泥稳定化。

这些因素使得气提自热式生物消化池在高含固率污泥消化方面具有特定优势，是一种极为高效的系统。

7.5.2 中温好氧消化

中温好氧消化是一个自动加热的消化过程，包含污泥浓缩及其在好氧反应器中进行的两段或三段反应过程。污泥必须将含固率预先浓缩至 4%~5%，以实现过程中热量平衡。中温好氧消化可显著减少病原体；然而，相比于常规好氧消化，由于投资和运行成本高，该方法应用有限。

1. BOD/COD 去除率

如图 7.10 所示，Datar 和 Bhargava（1984，1988）发现在最佳消化温度下（30~35℃），活性污泥减少的最明显（在最短消化时间内），BOD 的减少量为初始值的 70%~92.5%。消化期结束时，残留 BOD 构成了固定 BOD，其源自可被溶解氧氧化的还原性化合物。据观察，在低于 30℃消化温度下，不可生物降解 BOD 和 COD 浓度随温度降低而升高，这可能是因为好氧细菌（利用其自身细胞物质）活性随温度降低而降低。还观察到，当所有消化温度高于 35℃时，不可生物降解 BOD 和 COD 浓度随温度升高而升高，这是因为好氧菌活性随温度升高而降低。

2. 污泥减量

内源呼吸阶段（好氧消化），污泥减量是由于大部分污泥通过氧化转化为挥发性产物（即 CO_2、NH_3、H_2）所引起。图 7.11 描绘了污泥减量与消化温度之间的关系。由图中可看出，随着温度升高，污泥减量比例从 9.0%（5℃）上升至最大值 62.0%（35℃），然后随温度升高而降低，在 45℃达到最小值 40%。当消化温度超过 45℃时，未观察到污泥减量。

3. 实际应用

根据前文中 Datar 和 Bhargava 的研究，从最短消化时间、最高 BOD、COD 去除率和污泥减量，以及最低上清液 BOD 浓度等角度进行整体考虑，认为 30~35℃左右是活性污泥好氧消化的最佳温度。该发现的实际应用价值在于，由于连续曝气，夏季好氧消化池温度可保持或接近于 30~35℃的最佳水平。消化温度在冬季必然会降低至 30℃以下，因此随着温度降低，消化效率迅速下降。在该情况下，通过使用（预热的）热空气进行曝气，可将消化温度保持或接近于最佳水平。

此外，在另一项研究中，Datar 和 Bhargava 得到以下结论：

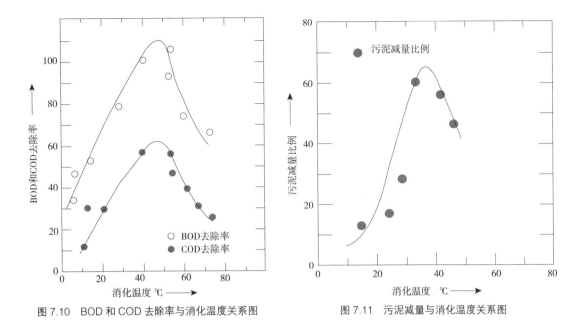

图 7.10　BOD 和 COD 去除率与消化温度关系图　　　　图 7.11　污泥减量与消化温度关系图

（1）高温好氧消化对活性污泥中生物质的降解率低于中温消化，这体现在，高温消化的初始 TS、VS、BOD 和 COD 浓度降低幅度小于中温消化。

（2）在 40~45℃好氧消化温度范围内，如果上清液浑浊，则活性污泥减量 40%~50%。然而，在较高消化温度下，未发现污泥减量。

（3）在高温好氧消化过程中，大量细胞物质被溶解，从而使上清液 BOD 浓度明显升高。

（4）高温条件不利于活性污泥好氧消化。

7.5.3　缺氧消化

反硝化过程为，缺氧（无氧）条件下，生物反应过程可通过将硝酸盐转化为氮气去除氮元素。在该过程中，兼性厌氧菌通过将硝酸盐转化为氮气来获得生长所需能量，但细胞合成需要外加碳源。通常硝化出水含碳量较低，因此常用甲醇作为碳源，但也可采用营养成分较少的工业废弃物。该过程总能量反应可表示为：

$$6NO_3^- + 5CH_3OH（甲醇）\rightarrow 5CO_2 + 3N_2 + 7H_2O + 6OH^-（碱度） \qquad (7.33)$$

在实验室研究基础上，McCarty 等（1969）开发了以下经验方程来描述整体反应：

$$NO_3^- + 1.08CH_3OH（甲醇）+ H^+ \rightarrow 0.065C_5H_7NO_2（新细胞）$$

$$+ 0.47N_2 + 0.76CO_2 + 2.44H_2O \qquad (7.34)$$

1. 过程控制

由于内源性硝酸盐呼吸（endogenous nitrate respiration，ENR）摄取率与挥发性悬浮固体损耗率之间存在密切关系，因此可以通过测量 NO_3^- 消耗速率来监测和控制缺氧污泥消化，因为生物内源衰变速率（即 ENR 摄取率）取决于可用硝酸盐的量。通常这比 VSS 检测更容易，更可靠，因为 VSS 采样过程会产生误差。因此，采用 ENR 摄取率（以硝酸盐消耗速率为单位）类似于将内源性耗氧速率（以 BOD 去除率为指标）作为好氧污泥消化控制参数。类似于缺氧情况，有机氮矿化会产生碱度（OH^-）。但是，在适宜条件下，部分 NH_4^+ 被硝化为硝酸盐，导致碱度消耗。

2. 硝化作用：

$$NH_4^+ + 2O_2 \rightarrow NO_3^- + H_2O + 2H^+ \tag{7.35}$$

3. 碱度消耗：

$$OH^- + 2H^+ \rightarrow H_2O + H^+ \tag{7.36}$$

因此，好氧消化过程中 pH 降低（即方程（7.36）中产生 H^+ 离子）取决于硝化程度，而硝化程度又受碱度限制（由于 H^+ 离子消耗使方程（7.37）中的平衡向右移动）。在特定条件下（例如在 pH 控制的消化池中或序批式污泥消化初期），NH_4^+ 离子可能完全氧化为硝酸盐。

7.5.4 缺氧 – 好氧双重消化

Hao 和 Kim（1990）研究了预缺氧和好氧污泥双重消化系统（图 7.12），发现相比于常规好氧消化工艺，双重消化系统具有多个优势。首先，双重消化包括第一阶段高温好氧消化和第二阶段中温厌氧消化，导致功率需求大大降低。其次，由于缺氧消化池中的内源性硝酸盐呼吸作用，该系统可产生足够缓冲能力，使得好氧消化池中发生完全硝化反应。因此，好氧消化池上清液中的氮主要是硝酸盐氮，然后将其循环至缺氧反应池以调节 ENR。此外，根据

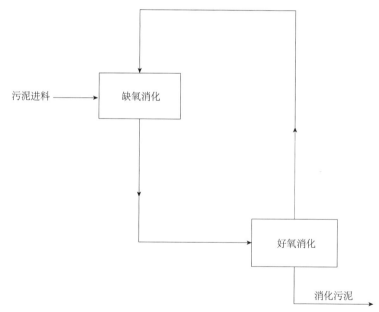

图 7.12　预缺氧和好氧污泥消化系统示意图

Anderson 和 Mavinic（1984）的研究，高 pH 值和碱度可促进好氧消化。通常，在 55~65℃温度范围内，好氧消化池污泥停留时间为 18~24h，而厌氧消化池停留时间约为 10d。

实际应用时，必须以半序批式或连续流模式将缺氧消化与好氧消化相结合。对于半序批式工艺，可将曝气期纳入好氧循环，产生的硝酸盐再循环至缺氧反应器，该反应器经过 ENR 并产生碱度（高 pH 值）用于随后好氧反应池中的好氧硝化反应。

双重消化优势在于：（1）病原体去除率高；（2）挥发性悬浮固体去除率高；（3）增大厌氧反应池甲烷产量；（4）污泥稳定化臭味小；（5）池体体积比单级厌氧消化减少三分之一。

7.5.5　生物反硝化

Nielsen（1996）的研究表明，添加亚铁盐后污水处理厂活性污泥中硝酸盐会减少。目前该过程主要是化学过程还是生物过程尚不明确，但由于活性污泥系统为微生物群落提供了理想的环境条件，能够通过硝酸盐或亚硝酸盐氧化 Fe^{2+}，因此推测该过程主要是由于生物作用。现代污水处理厂具有生物脱氮除磷功能，可在无氧条件下为微生物群落提供 Fe^{2+} 和硝酸盐或亚硝酸盐共存的环境。硝酸盐在好氧过程中通过硝化作用产生，而 Fe^{2+} 由厌氧条件下微生物还原 Fe^{3+} 产生。因此，在随后反硝化阶段，硝酸盐和 Fe^{2+} 同时存在。此外，由于添加铁盐可提高化学除磷能力，通常导致铁大量存在。

近期，Nielsen 和 Nielsen（1998）进行了一项研究，目的是考查活性污泥中硝酸盐氧化二价铁主要是生物还是化学过程，分析其是否为活性污泥法中的一个重要过程，及获得更多关于化学计量学和反应动力学的相关信息。研究发现在活性污泥中硝酸盐的生物还原过程与二价铁氧化为三价铁的反应同时发生。该过程主要是生物作用，且在不同类型活性污泥处理厂中具有不同反应速率。

该研究证实了 Straub 等人（1996）以及 Nealson 和 Saffarini（1994）的结论，即 Fe^{2+} 依赖型硝酸盐微生物还原过程具有重要意义。对于活性污泥处理厂，该过程可能尤为重要，使其具有生物脱氮除磷能力。在去除营养物的典型污水厂中，该反应至少与三个过程有关。首先，除了有机质依赖型硝酸盐还原反应，该过程还可能定量参与反硝化过程。通过对 Fe^{2+} 依赖型硝酸盐去除的污水处理厂调研可知，当添加乳酸时，污水厂硝酸盐去除率最高为 25%~68%。这意味着在最佳条件下，该过程对于脱氮过程而言，与有机质依赖型脱氮过程几乎同样重要。反应程度取决于 Fe^{2+}、硝酸盐和有机物浓度，但截至目前，这些因素的影响尚未进行深入分析，应进行更详细的研究。其次，污水厂化学沉淀除磷依赖于 Fe^{3+} 的存在，因此，缺氧条件下 Fe^{2+} 被氧化以提高磷去除率尤为重要（美国公共卫生协会 APHA，2005；Ganaye 等，1996）。再次，Fe^{3+} 絮凝性能优于 Fe^{2+}（Caccavo 等，1996；Henze 等，1995）。因此，在厌氧条件下添加的 Fe^{2+}（这在许多污水厂除磷过程中并不罕见）或由微生物还原 Fe^{3+} 产生的 Fe^{2+}，可在硝酸盐存在条件下（例如反硝化池）再次被氧化，以防止微生物絮体解絮凝。

简言之，Nielsen 和 Nielsen（1998）的研究表明，活性污泥中硝酸盐和亚硝酸盐的生物还原过程与二价铁氧化为三价铁的反应同时发生。并发现在具有生物脱氮除磷功能的污水厂中活性最高。Fe^{2+} 依赖型硝酸盐去除率最高为 $0.31 mmol NO_3^- \cdot (gVSS)^{-1} \cdot h^{-1}$，对应于乳酸存在条件下异化硝酸盐还原率最大值的 68%。Fe^{2+} 依赖型硝酸盐去除率与 pH 密切相关，pH 值为 8 时去除率最高，几乎是 pH 值为 6 时的四倍。Fe^{2+} 依赖型硝酸盐去除的主要产物很可能是氮气，因为未发现氨、一氧化二氮或亚硝酸盐积累。因为这会影响化学除磷和污泥絮凝特性，故该过程在活性污泥污水处理厂中对于硝酸盐去除以及 Fe^{2+} 氧化为 Fe^{3+} 可能具有重要意义。

7.5.6 两相厌氧消化（TPAD）

两相厌氧污泥消化（temperature-phased anaerobic digestion，TPAD）：将停留时间较短的高温消化（55℃）和停留时间较长的中温消化（35℃）相结合，可杀灭病原体，并通过减少挥发性固体有效去除有机质（Han 等，1997；Huyard 等，2000）。

处理过程的两个阶段包括：第一个反应器中的水解和产酸过程及第二个反应器中的产甲烷过程。研究结果表明，可通过分别优化两个阶段来提高污泥消化效率。第一个反应器被称为酸相消化器，其中水解和产酸在 1~2d 的停留时间内完成。该反应器在中温或高温条件下均可运行。反应器中 pH 值保持在 5.5~6.5 范围，且该阶段无甲烷产生。第二个反应器为甲烷相消化器，设计停留时间约 10d，并在中温条件下运行。

此外，两级工艺优于单级工艺是因为其将第一步中的较快产酸反应与第二步中的较慢产甲烷反应分开。厌氧消化过程中不同步骤动力学分离通过促进单个步骤中的反应来提高整体工艺效率。相比于单级中温处理，TPAD 在减少挥发性固体和增加产气量方面提高了剩余污泥管理效率（Han & Dague，1997）。两相厌氧消化主要优点在于沼气产量高，其中甲烷含量高，挥发性固体和病原体去除率高。

7.6 污泥堆肥

7.6.1 堆肥基本原理

1. 简介

堆肥是有机质经生物降解为稳定终产物的过程。堆肥后的污泥是一种卫生、无公害、腐殖质外观的高肥力物质。堆肥过程中，约 20%~30% 挥发性固体被转化为二氧化碳和水。

可由下列等式表示：

$$C_6H_{12}O_6+6O_2=6CO_2+6H_2O+674kcal \tag{7.37}$$

堆肥也可为厌氧型，可通过以下等式表示：

$$C_6H_{12}O_6 = 2C_2H_5OH + 2CO_2 + 27kcal \qquad (7.38)$$

相比于厌氧法，好氧法产生热量更高，过程更稳定，且反应速率更快。

此外，由于污泥同步进行了巴氏消毒，因此堆肥产物可用作土壤改良剂。尽管该工艺运行良好，但主要问题是缺乏稳定终产物市场。目前，堆肥工艺需要进一步研究，以证明与常规肥料相比，堆肥产物的竞争力，如何使其易于销售，进而证明该工艺可节约成本。

2. 堆肥微生物学

堆肥微生物学代表一系列细菌、放线菌和真菌等混合菌群的整体活性。细菌在大部分有机质分解中起关键作用。堆肥分为三个连续阶段：中温阶段（40℃）、高温阶段（70℃）和腐熟阶段。在腐熟阶段，微生物活性降低，堆肥过程完成。产酸菌在中温阶段代谢蛋白质、糖类和碳水化合物。嗜热细菌在高温阶段代谢脂质、脂肪和蛋白质，这也是产生热量的主要原因之一。真菌和放线菌在中温和高温阶段均存在，并导致纤维素和复杂有机化合物分解（Turobskiy & Mathai，2006）。

3. 堆肥优缺点

污泥堆肥主要优点：

- 营养物充足的堆肥产物可用作肥料；
- 堆肥可提高土壤保水能力（砂土）、渗透能力（黏土）和透气性；
- 堆肥技术相对简单、易操作（条垛和好氧静态堆肥）；
- 所需空间小，臭味易于控制（容器式堆肥）。

污泥堆肥主要缺点：

- 占地面积大和臭味问题（条垛和好氧静态堆肥）；
- 对环境条件敏感：环境温度和天气条件（条垛和好氧静态堆肥）；
- 运行和维护要求高：灵活性低、维护量大（容器式堆肥）。

7.6.2　工艺描述

大多数堆肥操作包含 3 个基本步骤：

1. 待堆肥废弃物的准备；

2. 废弃物的分解；

3. 堆肥产品的准备和销售。

准备步骤如下：

接收，分选，分离，减小尺寸并调整含水率（有助于空气透过堆肥层），以及营养物（碳）是准备步骤的一部分。为了控制孔隙率和含水率，将堆肥调理剂（木屑、锯末、稻壳、草木灰）投加到脱水污泥中，使混合物料最终含固率为40%~50%。调理剂还可提高孔隙率，并随之提高其通风效率。此外，调理剂被认为是一种良好碳源，有利于促进废弃物分解。最佳碳氮比范围为25 ∶ 1~35 ∶ 1（Turobskiy & Mathai，2006）。

下一步是高速率分解步骤，可通过手动或机械翻抛对混合物料进行通风，或采用鼓风机曝气，或同时通过两种方式进行通风。此外，需要达到40~70℃高温，从而实现含水率降低（蒸发）和病原体杀灭。多种技术被开发以实现该分解步骤。在条垛堆肥（自然堆肥）中，将混合物料在空旷地带堆制成条形堆垛。条垛每周翻抛一到两次，堆肥期约为5周。翻抛有利于空气流通并降低含水率。通常，条垛适宜宽度为2.0~4.5m、高度为1~2m（Turobskiy & Mathai，2006）。通常物料需再进行2~4周腐熟以确保稳定化。在堆体内部，由于降解过程，温度自发上升至约70℃。消化过程中水分减少，有害细菌被杀灭；例如，45℃下可杀灭瘟疫细菌，55℃下可杀灭结核杆菌，65℃下可杀灭绦虫等。

作为条垛堆肥替代方法，已开发多种机械系统，包括好氧静态堆肥工艺。通过精细控制机械操作系统，可在5~7d内产生腐殖质。网格状的通风管道系统用于在好氧静态系统中进行强制通风。鼓风机或风扇用于堆体通风。通常堆体高度为2~2.5m。堆体顶层由15~20cm厚木屑组成。强制通风有利于保持堆体中良好的氧气和温度条件（Turobskiy & Mathai，2006）。通常，堆肥物料需额外的3~4周进行转移、筛分和腐熟。

容器式堆肥在有顶盖、强制通风的反应器中进行。可在10~21d内产生稳定终产物，因为其具有控制空气流量、氧气浓度和温度等环境条件的工艺能力。通常，容器式堆肥系统有两种类型：单向推进式和搅拌式反应器。单向推进式反应器又分为卧式和立式两种。在卧式单向推进式反应器中，采用地面固定式曝气头通过鼓风机进行曝气。反应器由混凝土制成，常见尺寸为长20m、宽5m、高3m。混合物料通过进料口进料，并通过液压操作的柱塞驱动至反应器出料口。在立式单向推进式反应器中，混合物料从顶部进料。对物料进行曝气，但不进行机械混合和搅拌。当底层堆肥产物被排空后，容器中的物料向底部出料口移动。在搅拌式容器堆肥反应器中，物料进行周期性机械搅拌。反应器为顶部开口的封闭式矩形箱体。从底部进行曝气，堆肥床深度为2~3m（Turobskiy & Mathai，2006）。堆肥产物腐熟后，即可进行第三步，即产品准备和销售。该步骤可能包括精细研磨，与多种添加剂混合，造粒，装袋，储存，运输，以及某些情况下还包括直销。

有时，第一步中的混合物料进料至生物稳定化转鼓中，并在120℃温度下保持约1d。然后，将所得物料堆积至1.5m高，经过几天厌氧消化后被用作肥料。与开放式堆肥相比，通常在潮湿或寒冷地区会选择封闭式机械堆肥系统，因为其反应条件更易于控制。

7.6.3 影响因素

（Turobskiy & Mathai，2006）

影响堆肥过程中生化反应的关键因素是含水率、温度、pH、营养物和氧气供应。

1. 含水率

有机质分解效率取决于含水率。含水率低于 40% 可能会限制分解速率。最佳含水率为 50%~60%。通常，脱水的市政污泥水分太多（含水率 65%~82%）无法直接进行堆肥。所以，可通过将脱水污泥与干燥的调理剂混合降低泥饼含水率。

2. 温度

在 50~65℃温度范围内可实现有效堆肥。但高于 65℃温度可能导致生物活性停止。堆肥温度可能受堆体形状和大小、通风量、含水率、大气条件和营养物含量影响。

3. pH

堆肥最佳 pH 值范围为 6~9。其中,细菌和真菌群落适宜繁殖 pH 范围分别为 6~7.5 和 5.5~8。

4. 营养物

堆肥最佳碳氮比范围为 25 ∶ 1~35 ∶ 1。低碳氮比使得氮以氨气挥发形式造成损失增多，最终导致营养价值损失和氨气臭味问题。而高碳氮比使得堆肥时间延长。在某些情况下，需向污泥中投加调理剂，通过补充碳源提高碳氮比。

5. 氧气供应

氧气含量占气体总量 5%~15%（以体积计）时有利于堆肥。此外，由于高气体流速，氧气浓度高于 15% 将导致堆体温度降低。

7.6.4 操作考虑要素

（Turobskiy & Mathai，2006）

1. 停留时间

1970 年，美国农业部规定脱水污泥与木屑混合物料的好氧静态堆肥周期为 21d，随后为 30d 不通风的腐熟期。目前，大多数卧式搅拌系统仍采用 21d，而容器式堆肥的堆肥周期建议值仅为 14d。

2. 曝气和温度控制

为了控制温度升高，需要通入足量空气。通风量提高会降低系统温度和含水率。34m³/t·h 被认为是兼顾保障生物活性、充分干燥和适宜的病原体杀灭温度的通风量。温度必须控制在 70℃以下，因为温度过高可能阻碍微生物活性。

3. 筛分

从堆肥产物中回收调理剂可节省高达 80% 新调理剂成本。含水率低于 50% 的堆肥产物即可进行有效筛分。

4. 臭味控制

有机物分解导致致嗅化合物的产生，例如硫化物、氨气、脂肪酸和硫醇。然而，良好操作方法，即适当搅拌、滤液合理收集和处理，有利于减少堆肥厂臭味问题。此外，生物滤池和湿式洗涤器也可作为有效臭味控制方法。

5. 安全和健康问题

堆肥设施必须配备完善的通风系统，工人在现场应戴好口罩，且必须在良好的工作条件下做好清洁工作，例如除尘。

7.6.5 堆肥辅料

如前文所述，污泥可单独堆肥，也可与木屑或其他固体废弃物混合堆肥。

1. 与木屑混合堆肥

通常污泥与木屑混合堆肥要求预先进行污泥脱水，然后再与堆肥调理剂（如木屑）混合。木屑混合堆肥工艺中较为广泛使用的是好氧静态堆肥，流程如图7.13所示。在该工艺中，首先将污泥与木屑进行混合。然后将混合物料堆垛放置，并覆盖一层300mm厚过筛返料的筛上物，以隔热和控制臭味。氧气通过强制通风提供。大约21d的堆肥周期后，再加上2d额外的干燥时间，木屑将进行后期的回收和储存。再经腐熟30d后，堆肥产物可进行产品准备和销售。

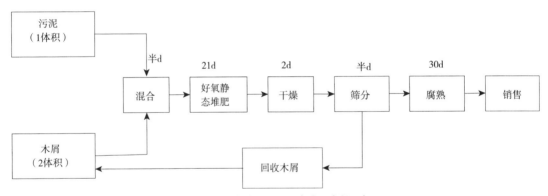

图7.13　好氧静态法污泥混合堆肥流程示意图

进料污泥可能由消化污泥或未处理污泥组成。据报道，消化污泥堆肥速率慢于未处理污泥，尤其在潮湿、寒冷的时期，可能是因为缺乏足够的可消化能源物质进行快速生物氧化。通常采用未处理污泥的堆肥系统更易产生臭味。而臭味一直是好氧静态堆肥工艺中的一个问题。

2. 与固体废弃物混合堆肥

通常污泥与市政固废混合堆肥不需进行污泥脱水。进料污泥含固率为5%~12%。建议固废与污泥混合比例为2∶1。事实上，只要污泥充分脱水，则任意量污泥均可与固废混合进行堆肥。固废应在混合前进行预分选并通过锤磨机粉碎。

7.6.6　炼油厂污泥堆肥

由于经济和环境方面的考虑迫使石油工业通过改进生产厂设计和运行程序，或通过末端修复工艺，大幅度减少其设施所产生烃类废料的量。生物修复是将工业有机废弃物转化为水、二氧化碳和生物质的一种方法，适用于常规废弃物处理设施。由于可显著降低经济成本，生物修复已得到广泛研究并被应用于石油废水处理（Atlas，1991；Milne 等，1998）。很多研究者发现通过适当工艺流程设计，所有石油废弃物（除沥青和树脂中发现的大分子多环芳烃化合物以外）均可在生物修复过程中被完全代谢。不幸的是，通常炼油厂污泥由大量沥青和/或树脂组成，使得生物修复过程难以进行；但一些研究报告指出，这些物质有机转化率很高（Vail，1991；Venketeswaran 等，1995）。

石油工业产生的污泥可包含高达 80% 石油和 40% 固体。已开发大量生物修复工艺应用于石油污泥处理（Prince & Sambasivam，1993）。由于经济性和简易性，土地耕作已成为大多数含油污泥的传统生物处理方法（Persson & Welander，1994；Wilson & Jones，1993）。在该过程中，将烃类废弃物与土壤以及偶尔添加的营养物质进行混合，深度不超过 0.6m。污染物降解作用机制包含一定程度上的日光光照降解和浸出。该方法的不利点在于，通常土地耕作需要占用很大面积及需要很长时间才能完成。由于含油污泥对土地生态系统的长期影响尚不确定，这种方式越来越难以获得政府许可。因此，作为一种土地耕作的潜在替代技术，石油废弃物堆肥日益受到关注（Dhuldhoya 等，1996；Tack 等，1994；Nordrum，1992；Potter & Glasser，1995；Riggle，1995）。堆肥优势包括土地面积占用较少以及生物降解速率较快。此外，最终堆肥产物有时可作为商品土壤改良剂，从而避免最终废弃物的填埋处置。

大多数废弃物，包括含油污泥，均需要与调理剂进行混合并形成堆体。Fienstein 等（1987）查阅了美国环保署准则，以选择合适的调理剂，并在几项实际应用中对其进行比较。该准则确保最终堆肥条垛具有足够孔隙度和适宜含水率，使堆肥过程正常进行。调理剂增强堆体透气性并为微生物群落提供生长表面。此外，通常调理剂可降低烃类毒性，并有利于在堆体中保持高含水率。众多材料中，木屑、破碎小麦或大麦秸秆、碎轮胎和泥炭藓均可用作堆肥调理剂。一些商品调理剂还包括活性微生物菌种和其他适用于有毒废弃物堆肥的营养物质。这样，使用者在尝试对新工业废料进行堆肥前，就不必通过试验确定调理剂配方。

对于成功的生物修复过程来说，微生物接种剂或其来源也是一个重要问题。相比于土著微生物，通常微生物纯菌或混菌的商品菌剂并未显著增强生物修复作用（Venosa 等，1992）。然而，包含大量营养物和混合底物的商品制剂已被证实对于生物修复过程有明显好处（Leavitt & Brown，1994）。另外，最近研究发现，采用高浓度混合烃类降解细菌可将土壤中烃类物质去除率提高 20% 以上（Vecchioli 等，1990）。

近期，Milne 等（1998）进行了初步实验，以确定采用一系列调理剂、含水率、营养物、混合底物和接种剂进行重油炼油厂污泥成功堆肥的适宜组分。然后，选择最佳组分来详细研

究堆肥过程中 CO_2 产生速率和总石油烃(total petroleum hydrocarbon,TPH)减少量与时间的关系。炼油厂污泥初始 TPH 含量为 30%（ 主要是 $C_{15}~C_{30}$），其中三分之二是可生物降解的饱和脂肪酸和芳烃。结果表明，相比于热处理的泥炭藓和大麦秸秆（均减少 30% ），采用 solv– Ⅱ 作为调理剂 / 营养源时 TPH 减少量更多（ 55% ）。采用 solv– Ⅱ 和大麦秸秆时，CO_2 产生量大，说明这些堆肥物料具有较高微生物活性。因此，solv– Ⅱ 和重油炼油厂污染土壤都是可降解重油污泥活性微生物的良好来源。此外，热处理的泥炭藓和 solv– Ⅱ 都是激活含油污泥生物降解过程的最佳调理剂。研究还表明，任何堆肥过程都不能在含油污泥浓度超过 0.25kg/L 的情况下进行。此外，solv– Ⅱ 在加拿大西部重油炼油厂污泥堆肥过程中显示出最高的 TPH 减少量（ 55% ）。根据加拿大最新的环境准则（ CCME，1991 ），发现堆肥终产物适于在工业场地直接进行土地处置，但原始有毒污泥不能直接进行土地利用。仍然需要进行更多研究，以确定提高含水率或添加与热处理的泥炭藓混合的底物，是否会使该调理剂在重油炼油厂污泥降解方面与 solv– Ⅱ 同样有效。

习题

1. 请描述污泥消化过程。如何通过两种不同方法实现污泥消化？

2. 好氧和厌氧污泥消化的区别是什么？

3. 选择好氧或厌氧污泥消化标准是什么？

4. 描述污泥的厌氧消化及其过程中涉及的不同反应。

5. 好氧和厌氧反应池中进料底物浓度较高的好处是什么？限制固体浓度上限的因素是什么？

6. 污泥稳定化过程中决定停留时间和运行温度关系的关键因素是什么？

7. 列出污泥厌氧消化的四个不同阶段，并对其进行简要说明。

8. 污泥厌氧消化过程中需要控制和检查的主要参数是什么？

9. 造成污泥厌氧消化干扰的可能原因或因素是什么？

10. 污泥厌氧消化产生沼气中 CH_4 和 CO_2 比例是多少？

11. 污泥消化过程中产生污泥膨胀的主要原因是什么？如何控制污泥膨胀？

12. 沼气中硫化氢含量高会有什么危险？如何从沼气中去除硫化氢？

第8章

污泥的非生物稳定化方法

8.1 引言

污泥的非生物稳定化主要指物理和化学法，用于实现污泥中挥发性物质的氧化降解，并抑制其腐败。主要的物理和化学法有热处理、石灰稳定化、氯氧化等（Ekelund 等，1990；Metcalf & Eddy，2003）。此外，该领域也出现了一些新进展。

8.2 热处理

（Keey，1972；Metcalf & Eddy，2003；Negulescu，1985）

热处理时，在压强高达 2.75MPa 的压力容器中，污泥在短时间内被加热到 260℃。热处理本质上既是稳定化过程又是调理过程。（对污泥进行调理以改善其脱水特性。更多相关信息请参阅 5.3 节）。采用热处理来调理污泥，可使污泥在不用化学药剂的情况下脱水。当污泥经受高温高压时，污泥颗粒的分子活性提高，导致被包覆的固体基质水解和生物细胞死亡。显然，加热活动使结合水释放出来，导致污泥凝结。因此，热处理使污泥凝结，破坏胶体结构，且降低污泥亲水性。所以，污泥被消毒且几乎无臭，很容易通过真空过滤器或板框压滤机脱水，且无需添加化学药剂。此外，蛋白质发生水解，导致细胞破坏，并释放可溶性有机化合物和氨氮。

热处理工艺最适用于难以通过其他方法稳定或调理的生物污泥。设备的高投资成本将其应用限制在大型污水处理厂（处理量大于 $720m^3/h$）或空间有限的项目中。热处理工艺包括 5.3.2 和 5.3.3 节所述的低压 Zimpro 型和 Porteous 型工艺。热处理的一个主要缺点是污泥上清液和滤液的浓度很高。循环液主要由有机酸、糖类、多糖、氨基酸、氨等组成。因此，循环液的污染物浓度很高，且包含高比例的不可生物降解物质。所以，可能需要对循环液进行单独处理。

8.3 碱性稳定化

（Paulsrud & Eikum，1975；Metcalf & Eddy，2003；Negulescu，1985；Tenney 等，1970；

Turobskiy &Mathai, 2006; 美国环保署, 2000a)

污泥的碱性稳定化通过使用熟石灰、生石灰（氧化钙）、粉煤灰、石灰和水泥窑灰以及电石渣来实现。使用生石灰，通常因为它具有很高的水解热值且可显著提高病原体去除率。粉煤灰、石灰矿渣或水泥窑灰常用于碱性稳定化是由于其可用性高及成本相对较低。在石灰稳定过程中，向未经处理的污泥中添加足量石灰，以将pH值提高到12或更高。高pH值创造了一个不利于微生物存活的环境。因此，只要pH值保持在该水平，污泥就不会腐败、产生臭味或危害健康。

多年来，在未经处理的污泥中添加石灰一直被认为是一种促进脱水的调理过程。然而，使用石灰作为稳定剂直到最近才被认可。与脱水相比，处理单位重量的污泥，石灰稳定化需要更多时间。由于石灰与空气中的二氧化碳和污泥之间持续发生缓慢反应，因此需要较多的石灰（提升初始pH值所需量的5%~15%）来维持升高的pH值。此外，脱水前必须提供足够的接触时间，以获得较高病原体杀灭率。据报道，在pH值高于12且经石灰处理3h时，可去除病原体，并超过了厌氧消化所达到的水平。由于石灰稳定化不会破坏细菌生长所需的有机质，所以必须在pH值显著降低前进行污泥处置，否则污泥将被再次污染和腐败。

8.3.1 设计标准

污泥碱性稳定化设施的设计标准如下：

- 进料污泥的含固率；
- 需要A级和B级生物固体的再利用标准，控制碱性剂量和反应时间；
- 除臭设施；
- 储存空间。

碱性稳定化设施需要以下装置：

- 污泥进料装置；
- 石灰储料仓；
- 石灰输送装置；
- 搅拌器；
- 粉尘和臭气控制装置。

图8.1是一个典型的碱性稳定化流程图。

8.3.2 工艺性能

污泥碱性稳定法操作灵活可靠，常用于生产A级或B级生物固体。碱性稳定化的有利影响可总结为以下几点（Turobskiy & Mathai, 2006）：

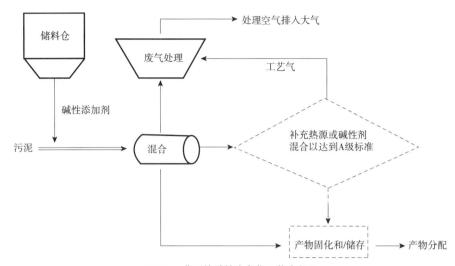

图 8.1　典型的碱性稳定化工艺流程图
资料来源：Parsons 工程科学有限公司，1999.

1. 除臭

用石灰处理污泥可使污泥的 pH 值升高，使产生恶臭气体的微生物停止增殖。硫化物是产生硫化氢臭味的主要原因。当 pH 值高于 7 时，以硫化氢计，总硫可减少 50%，在 pH 为 9 时可进一步减少到零，这主要是由于硫转化为非挥发性离子。

2. 减少病原体

碱性处理可显著减少病原体，前提是在足够长的时间内保持足够高的 pH 值。采用液体石灰进行生污泥的稳定化，使总大肠菌群、粪大肠菌群和粪链球菌浓度降低 99.9% 以上（美国环保署，美国环保署，1979）；沙门氏菌和铜绿假单胞菌的数量减少到低于检出限。关于石灰稳定化期间去除病毒的少量研究表明，在 pH 值为 12 时病毒去除率更高（美国环保署，1982）。在碱性处理过程中（温度为 50~70℃，反应时间为几秒钟到几小时），蠕虫卵无法存活。

3. 脱水特性

石灰被认为是提高污泥脱水性能的良好调理剂。此外，投加量略高于污泥脱水所需量还有助于污泥稳定化。但是，石灰投加量过高会导致结垢问题。

8.3.3　过程变量

（Turobskiy & Mathai，2006）

污泥碱性稳定化可通过以下 3 种方式来实现：（1）液体石灰稳定化；（2）干石灰稳定化；（3）深度碱性稳定化。

1. 液体石灰稳定化

将石灰乳与液体污泥混合反应 2h，产生 B 级生物固体。然而，与仅进行污泥脱水相比，液体污泥稳定化所需的石灰量更多。为了阻止细菌再增殖，需要大量的石灰使 pH 值保持在 12 以上 2h。

2. 干石灰稳定化

干石灰稳定化时，将干石灰（熟石灰或生石灰）与脱水泥饼混合，以提高介质的 pH 值。生石灰比熟石灰便宜，且更适用于投加量超过 3~4t/d 的大型设施。另外，生石灰与泥饼中水的放热反应产生的热量，可增强病原体去除效果。干石灰稳定化的显著优点包括：没有以石灰乳的形式向污泥中额外添加水，对污泥脱水设备没有特殊要求，且对脱水设备不产生与石灰相关的磨损和结垢问题。

3. 深度碱性稳定化

深度碱性稳定化的主要优点是产生 A 级生物固体、臭味小、投资成本低且易于操作。然而，其缺点在于运行成本高，产生大量的固体需要运输，且不适用于碱性土壤。在混合污泥和生石灰时，由于放热反应而释放热量。每千克 100% 的生石灰约产生 15300cal/（g·mol）的热量，可使反应温度保持 70℃以上超过 30min。

在另一种工艺中，将石灰窑粉渣与污泥混合，以达到 12 或更高的 pH 值，且至少持续 7d。污泥至少要干燥 30d，直到含固率达到 65%。

8.3.4 运行与维护

污泥碱性稳定化方法相对简单且易于操作。需要操作人员维护、监控和操作重型机械设备。由于碱性物质本质上具有腐蚀性，因此对设备的维护要求高。为了确保产品的一致性和均质性，需要精确的设计和操作混合装置（美国环保署，2000a）。

8.3.5 处理成本

（美国环保署，2000a）

污泥碱性稳定化的成本估算可考虑以下几个方面：

- 设备采购与安装；
- 生物固体干燥和储存设施；
- 运输设施；
- 设备运行与维护；
- 化学药剂；
- 人工；
- 臭气控制装置和化学药剂；
- 产品销售；
- 合规性：执照申请、场区监测、泥质分析、监管记录的保存和报告。

8.3.6　优缺点

（美国环保署，2000a）

优点：

（1）结构简单、技术可靠；

（2）操作简单灵活：启停容易；

（3）人力需求少；

（4）占地小。

缺点：

（1）最终产物（高 pH）不适用于碱性土壤；

（2）最终产物量大，导致运输成本较高；

（3）产生臭气和粉尘；

（4）储存期间如果 pH 值下降到 9.5，病原体可能再生；

（5）最终产物中氮、磷含量低。

8.4　氯氧化工艺

（Campbell & Crescuolo，1989；Metcalf & Eddy，2003；Negulescu，1985；Roberts & Olsson，1975）

在氯氧化工艺中，使用高剂量的氯气对污泥进行化学氧化，通常在短时间内直接将其施加到封闭空间中的污泥。氧化工艺后进行污泥脱水（砂干化床是一种有效途径；也可在添加聚和电解质调理后使用带式压滤机脱水）。大多数氯氧化装置都是预制的模块化设计，完全独立和撬装化。氯氧化工艺作为污泥稳定化的专有方法，仅限于处理量不超过 $720m^3/h$ 的小型污水处理厂。该工艺可用于处理任何生物污泥及化粪池污泥，并作为稳定化辅助手段，以补充现有超负荷设施。污泥应研磨以确保足够的反应接触面积。

由于氯气与污泥反应，形成了大量盐酸，盐酸可溶解重金属。因此，氯氧化污泥的上清液和滤液中可能含有高浓度重金属。据研究报告指出，重金属的释放取决于 pH 值、污泥中金属含量及种类。此外，该工艺的上清液和滤液可能还含有高浓度氯胺。实现氯氧化需安装加氯机，来为工艺过程提供氯气。其他化学药剂需求可能包括氢氧化钠和聚合电解质，以便在脱水前调理污泥。

8.5　物化法进展

本节论述了污泥非生物稳定化方法的新进展。

8.5.1　化学固化

化学固化是一种污泥稳定化工艺，将污泥转化为可用于填埋覆盖或土地利用的产物。在化学固化过程中，脱水污泥与化学药剂混合发生一系列化学反应，从而获得化学、生物学及物理稳定的固体。最终产物臭味小、病原体含量低，且固定了污泥中可能存在的金属。

最常用的化学固化工艺有：Chemfix 和 N-viro 土壤工艺。Chemfix 工艺使用硅酸盐水泥和硅酸盐固化剂来生产污泥衍生人造土（sludge-derived synthetic soil，SDSS）。N-viro 土壤工艺使用石灰和水泥窑灰作为添加剂，也可使用粉煤灰和石灰窑灰作为生产 N-viro 土壤的辅料。对脱水污泥进行化学固化成本低，且在技术和环境上都可行。经化学固化的污泥产物可有益地用作填埋场的日常和间歇使用的土壤覆盖物。

该处理系统由中央控制器、液体和干粉药剂的储存设施、称量给料器和连续流搅拌捏合机组成。将脱水污泥送入称量给料器，然后进入搅拌捏合机。将干药剂引入过程混合器，随后引入液体药剂。根据从称量给料器接收到的信号，系统操作员控制药剂配比。

处理后，产物立即呈胶状半固体状。由于与硅酸盐水泥发生水解反应，处理后的残余物在几小时内呈现出湿润土壤的特征。固化几天后，该材料类似于壤土，是可用的，并可用常规的土方设备处理。

硅酸盐水泥作为固化剂，决定最终产物的质地和脆性。硅酸盐与污泥中的物质发生化学反应，并与底物中的化合物结合。高 pH 值可减少最终产物中的病原体。

固化过程中，由于添加干粉药剂引起的高 pH 值，将导致可溶性铵根离子（NH_4^+）转化为气态氨（NH_3），因此会释放氨气。可通过对混合器产生的废气进行湿法洗涤，并在固化过程中对 SDSS 进行机械曝气来控制氨气的逸出。N-viro 土壤工艺使用同类型设备且最终产物表现出相似特征。在 N-viro 工艺中使用生石灰会发生放热水合反应，释放热量并提高产物温度，这有助于减少最终产物中的病原体。

备注

产物含水率取决于添加剂的数量及类型、固化方法和气候条件。大量的添加剂导致产物较干燥。添加生石灰导致水解和放热也会促进干燥。暴露在阳光和通风下也会加速固化和干燥，应避免不利的气候条件。固化后的最终产物含固率预计为 50%~70%。

8.5.2　水泥稳定化

1. 工艺概述

根据 Suprenant 等人（1990）对水泥稳定化的研究，该技术只添加水泥或粉煤灰，可将有害物质变成稳定惰性的"废物利用型混凝土"，现在可用来生产"含油型混凝土"。开发此方法主要是为了处理最危险类型的危险废弃物，如放射性物质。目前，该方法已成功用于处理油田废弃物／油泥。清理含油废料时，将水泥材料混入废料中，这限制了有害成分在废料中的溶解度，减少了废料与周围环境的接触面积，并改善了其处理特性和物理性能。

虽然有时交替使用稳定化和固化两个术语，但实际上它们是两个独立的过程。稳定化的主要优点是限制有害污染物的溶解度或迁移率，而固化则产生一种牢固、耐用的固废块。将水泥材料混入含油废料中，产生一种固体油性混凝土，可同时实现稳定化和固化。

水泥和粉煤灰使废弃物保持在 9~11 范围的高 pH 值下，将大多数多价阳离子（有毒重金属）固定为不溶性氢氧化物。形成的水合水泥产物也会通过化学和物理作用结合金属离子。石油中的有机物会干扰水合作用（水泥材料和水发生反应，产生硬块），某些盐类（锌、铜和铅盐）也可阻止或延缓废物利用型混凝土的固化。未固化的混合物允许废弃物浸出。具有高浓度特定阳离子的油泥可选用专门的添加剂进行预处理，以固化污染物。阴离子虽然毒性比阳离子低，但也更难结合为不溶性产物。

2. 经济性

水泥稳定化是一种低成本的废弃物处理方法，并不一定需要远程处置场。理想的水泥稳定化／固化处理使废弃物具有化学惰性，并赋予其物理性能，使处置场的土地可用于建筑用地或种植作物。然而，即使经过水泥稳定化处理，含有高浓度有毒金属、有机物或盐类的废弃物，通常也不适合农用。

习题

1. 污泥稳定化的主要物理和化学法是什么？
2. 比较污泥稳定化的物理和化学法机制。
3. 阐述污泥碱性稳定化的优缺点。
4. 简述新兴的污泥非生物稳定化方法。
5. 什么是污泥稳定化的氯氧化工艺？

第9章

小型污水处理厂的污泥稳定化

9.1　引言

小型污水处理厂用于污泥稳定化的主要工艺列举如表 9.1 所示。

有效的污泥稳定化工艺　　　　　　　　　　　　　　　　表9.1

序号	工艺	工艺描述
1	污泥巴氏消毒	70℃温度下最短平均停留时间（minimum mean retention，MMR）为 30min，或 55℃温度下停留 4h 随后进行中温厌氧消化
2	中温厌氧消化	35±3℃温度下 MMR 为 12d，随后进行 MMR 为 14d 的二次储存
3	高温好氧消化	MMR 为 7d，包括不低于 55℃温度下最短停留 4h
4	堆肥	40℃温度下 MMR 为 5d，包括不低于 55℃温度下最短停留 4h 并随后进行最短 2 个月的腐熟期
5	石灰稳定化	pH 不低于 12，最短停留时间 2h
6	石灰调理脱水和储存	最短储存期 3 个月
7	脱水储存	最短储存期 6 个月
8	液态储存	最短储存期 3 个月

9.2　控制因素

在郊区规模较小的污水处理厂，通常由流动人员进行监管和维修，每周的巡查频率很低。因此，这些污水厂需要在巡检最小化的情况下依靠可靠运行的污泥处理工艺。设计小型污水厂污泥处理工艺时应考虑以下因素（Ekama & Marais，1986；Murray 等，1990；Paulsrud，1990）：

1. 由于人口普查数据和排水管网区域服务范围不一致，且绝大部分居民经常在该区域以外的地区就业或就学，因此往往无法准确得知污泥产量水平。此外，一些农村地区采用私人的化粪池进行污泥处理。

2. 从其他区域输送来的污泥，导致实际污泥量难以准确评估。

3. 许多小型污水厂地处偏远地区。在冬季,恶劣天气条件可能会降低维护的便利性和频率。

4. 筛分和除砂（如果有）的功能通常有限，从而给下游污泥处理厂带来问题。平流沉淀池较为常见，但必须人工清除污泥，这种间歇的出料方式将导致污泥处理厂序批式进料，而不是连续进料。

5. 通常小型污水厂靠近民居，因此必须严格控制臭味。

9.3　工艺类型

选择污泥处理工艺时必须牢记以下准则（Murray 等，1990）。最重要的是，该工艺必须：

1. 满足法规或规范的要求；

2. 无臭味产生；

3. 产生适用于陆地喷洒的污泥。

实际上，只有厌氧和好氧消化工艺才能满足以上三点要求。

为了在 35±3℃消化温度下可靠运行，厌氧消化进料生污泥总含固率需规律的保持在 4%以上。如果污泥进料不规律，则天然气产量会下降且无法满足加热需求，这意味着需额外供应辅助燃料。如果污泥供应量下降到无法消化的程度，重新启动该过程需投加消化活性高的接种污泥及相当长的运行时间。由于难以估算污泥负荷，以及小型污水处理厂间歇污泥供应所带来的附加问题，因此难以准确确定厌氧消化池尺寸，这意味着厌氧消化可能不适用于小型污水厂污泥处理。

9.3.1　高温好氧消化（TAD）

高温好氧消化（thermophilic aerobic digestion，TAD）被认为比厌氧消化操作更灵活，如图 9.1。启动阶段不需要接种污泥；生污泥只需进料至消化池并同时开始曝气。有机物好氧降解产生的热量使消化污泥温度升高，并且温度可能会持续升高，直至达到限制生物反应速率的程度。当可生物降解物质和氧气过量时，温度始终保持在 60℃以上，可在所达高温下进行污泥消毒。TAD 可序批式或半连续运行；达到的稳定化程度取决于污泥在消化池中的总停留时间；可产生浓度均匀、无臭味的液态污泥。

1. TAD 系统中的操作问题

TAD 系统主要在以下三个方面具有操作难点：

（1）生污泥贮泥池无搅拌装置。污泥沉降导致泥水分离，形成厚污泥层和上清液层。如果在消化池进料时不注意，将贮泥池中的上清液进料，因为可生物降解物质的可用量有限，则消化池内容物的温升不会像往常一样高或一样快。TAD 系统可偶尔处理稀污泥，但若要在 55℃以上的温度下稳定运行，则进料污泥总含固率应为 4%~6%。

（2）通常污水厂没有除砂工段，进入消化池的污泥可能含有大量砂砾。这会造成泵叶轮

133

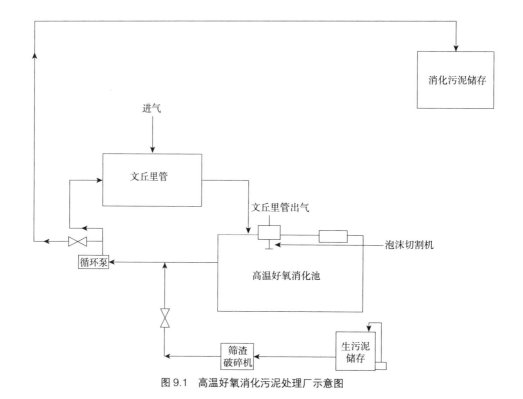

图 9.1　高温好氧消化污泥处理厂示意图

过度磨损和消化池底部砂砾过量沉积。然而，如果使用改良泵叶轮和耐磨板，可将磨损降至最低。预计未来所有消化池都将具有除砂功能。

（3）碎屑会导致泵堵塞和泡沫切割机故障。因此，消化前需对生污泥进行筛分和 / 或破碎。

2. TAD 处理厂性能

可通过以下指标监控处理厂性能：

（1）消化温度；

（2）污泥稳定化程度：

● 挥发性固体（VS）去除率；

● COD 去除率。

（3）消毒程度；

（4）臭味减少程度。

处理后的污泥特性也很重要，应确定以下几点：

● 固结特性；

● 上清液水质；

● 肥料性能。

　　TAD 产生的污泥具有良好的固结性能，优于厌氧消化污泥。消化似乎对污泥肥料特性没有任何不良影响。然而，可能是由于消化池底部的砂砾沉积，消化后磷和钾的含量略有下降。消化使得氨氮浓度升高，因此有效氮的量增多。

　　Murray 等（1990）通过对 TAD 处理厂进行性能研究，得出以下结论：

　　（1）TAD 是一种可靠且易于操作的污泥处理方法，适用于偏远地区小型污水厂。

　　（2）TAD 操作灵活，可根据污泥负荷序批式或半连续运行。

　　（3）只要消化池隔热良好，即使在冬季也可使消化温度保持在 55℃以上。

　　（4）TAD 处理厂维护要求低，仅有的活动部件是循环泵和泡沫切割机。

　　（5）消化前必须对生污泥进行筛分或粉碎。除砂有利于消化过程。

　　（6）经过处理的污泥适用于土地处置，因为其具有以下特征：

- 已稳定化；
- 已消毒；
- 比生污泥臭味小；
- 易于陆地喷洒；
- 有效氮含量高；
- 易于固结，处理后含固率可达 7%，减少处置成本。

9.3.2　低温好氧消化

　　在小型污水处理厂好氧污泥消化过程中，优化了低温（< 20℃）下的运行条件。研究结果表明，污泥停留时间（sludge retention time，SRT）应随着运行温度降低而延长，以保持较高的挥发性固体去除率（Koers & Mavinic，1977；Mavinic & Koers，1979）。在 5~20℃温度范围内，系统应在 250~300℃每天（以天为单位的 SRT 与以℃为单位的运行温度的乘积）下运行，以实现较好的挥发性固体去除效果。可使用热空气或废水来缩短停留时间并防止消化池冻结（Turovskiy & Mathai，2006）。

9.3.3　污泥处理湿地

　　凭借低能耗和低运行成本，污泥处理湿地为小型社区（< 2000 人口当量）的污泥管理提供了一种有前景的可持续性技术。污泥处理湿地，又称污泥干化芦苇床，是较为新颖的污泥处理系统（Uggetti 等，2010，2011）。污泥处理湿地自 20 世纪 80 年代末开始在欧洲用于污泥脱水和稳定化。

　　污泥从曝气池直接进料至水池中，或者在排入湿地前先在缓冲池中进行均质处理。污泥通过半连续方式从该缓冲池被引入其中一个芦苇床（湿地）。根据污水厂处理能力，芦苇床数量和面积可能有所不同。芦苇床可建造在矩形混凝土池或土壤池中。池底覆盖一层防水护套，使床层封闭并避免渗漏。坡度至少为 1%，以通过沿床底放置的多孔管道收集渗滤液。这些管道还增强了通过砾石层和污泥层的通气作用。污泥从位于床的一角、沿床的一侧或在池体中间（垂直立管）的管道进料。在湿地中，污泥序批式干燥，即每次被进料至其中一个芦苇床，进料期可能持续 1~2d，甚至 1~2 周。污泥进料至芦苇床进行脱水，水分透过污泥残渣和颗粒介质向下渗滤。植物的蒸腾作用可进一步降低剩余含水率（Uggetti 等，2010）。此外，留存的污泥残渣形成一层干燥的表面膜，该表面膜由于植物运动而破裂。污泥层开裂可促进水的蒸发和氧气传递，从而提高沿床层分布、更均匀的孔隙度和底层污泥的矿化作用。当然，植物将氧气从空气中传递到根系，以及通过开裂表面和过滤曝气的方式传递，在污泥层某些区域创造好氧条件，促进好氧微生物增殖，最终改善污泥矿化作用（Nielsen，2003，2005a，2005b）。

Uggetti 等（2011）研究了实际应用的污泥处理湿地两年内的性能数据。据称，污泥脱水使总固体浓度增加了 25%，而污泥生物降解导致挥发性固体浓度降至约 45%TS。采用直接土地施用的污泥处理湿地提供了最具成本效益的方法，对环境影响也最小，因为该类湿地的温室气体排放量微不足道。因此，采用湿地进行污泥处理是小型社区污泥分散管理的最佳选择。

习题

1. 为小型污水处理厂设计污泥处理设施时，应主要考虑哪些因素？
2. 为小型污水处理厂选择污泥处理工艺的主要准则是什么？
3. 阐述高温好氧消化系统的主要操作问题。
4. 为什么厌氧消化对于小型污水处理厂来说不是一个好的选择？
5. 简要描述污泥处理湿地的工艺机制。

第 10 章

污泥减量技术

10.1 引言

污泥减量技术的主要目的是去除有机质和水分，从而减小体积和质量，并去除可降解物质，防止后续过程中产生臭味和传播病原体（美国环保署，1993）。本章将介绍目前污水生物处理过程中所产生污泥的最先进减量技术。

综合考虑三个不同处理路线：污水处理线、污泥处理线以及最终废弃物处理线，对主要技术进行了综述。任何现有污泥减量工艺均可纳入这三个处理路线之一（Perez-Elvira 等，2006），如图 10.1 所示：

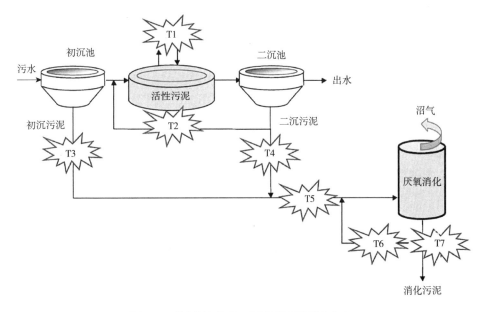

图 10.1 常规污水处理厂中污泥处理的潜在位点

T1：活性污泥法中的处理；T2：活性污泥回流过程中的处理；T3：厌氧消化前初沉污泥的预处理；T4：厌氧消化前剩余污泥的预处理；T5：厌氧消化前混合污泥的预处理；T6：厌氧消化污泥回流过程中的处理；T7：最终废弃物线中的污泥处理 [转载自 Journal of Hazardous Materials，Vol 183（1−3），H. Carrère，C. Dumas，A. Battimelli，D.J. Batstone，J.P. Delgenès，J.P. Steyer，I . Ferrer，Pretreatment methods to improve sludge anaerobic degradability：A review，pp. 1−15，2010，已获得爱思唯尔许可]。

（1）污水线中的处理方法（T1 与 T2）：第一个途径是污水处理过程中通过引入额外反应阶段减少污泥产量，该额外阶段的细胞产率系数低于活性污泥法中的细胞产率系数（例如溶胞－隐性增长、代谢解偶联、维持代谢、生物捕食和厌氧处理等）。该方法是减少污水处理过程中污泥的产量，而不是已产生污泥的后处理。

（2）污泥线中的处理方法（T3、T4、T5、T6）：第二个途径是已产生污泥的处理。厌氧消化是污泥处理工艺中有机固体减少和稳定化的关键过程，但其应用往往受到停留时间长（20~25d）和总降解率低（20%~25%）等缺点的限制，通常这与剩余污泥的水解阶段（厌氧消化三个阶段之一，即水解、产酸和产甲烷阶段）有关。提高剩余污泥厌氧消化率的方法有两种：在厌氧消化前引入预处理工艺（如物理、化学或生物预处理），或改良消化工艺（如两相厌氧消化、缺氧气浮）。

（3）最终废弃物线中的处理方法（T7）：最后一个减量途径是活性污泥池排放剩余污泥的处理（焚烧、气化、热水解、湿式氧化、超临界水氧化），以获得稳定化、脱水且无病原体的最终残留物。但该方法并不是减量工艺，而是作为污水污泥处置的后处理技术。本章主要介绍污水处理线和污泥处理线中的污泥减量技术。

10.2 污水处理线中的污泥减量技术

10.2.1 生物溶胞－隐性增长

溶胞是指通过不同作用机制使细胞膜破裂导致细胞死亡。每个细胞都有一层蛋白质－脂质双层结构的细胞质膜，形成一道将胞内物质与胞外环境分隔的屏障。当微生物细胞溶解或死亡时，胞内物质（溶菌产物）被释放到外部环境中。溶菌产物中含有丰富的可溶性 COD。有机原生质底物在微生物代谢中被重复利用，一部分碳作为呼吸产物被释放出来。这导致总生物质产量减少（Low & Chase，1999）。摄取有机溶菌产物进行增殖的生物质不同于基于原始底物的增殖过程，因此被称为隐性增长。它由溶胞和生物降解作用构成，前者在正常条件下不发生，然而细胞一旦溶解，活性细胞极易将溶解的细胞物质降解，因此溶胞过程是生物溶胞－隐性增长的限速步骤，同时溶胞效率提高可降低污泥产量（Khursheed & Kazmi，2011），如图 10.2 所示。

基于溶胞－隐性增长原理，国内外开发了多种处理方法，包括臭氧氧化、氯氧化、热碱联合处理、提高氧气浓度和酶促反应。当处理后的污泥回流至生物反应器时，污泥预处理产生的次生底物发生降解，从而导致污泥产量减少。

1. 高纯充氧

关于好氧消化减少剩余污泥量已有不少研究报道，污泥减量率从 0 到 66% 不等。McWhirter（1978）发现，即使在高污泥负荷条件下，纯氧活性污泥工艺污泥产量比常规工艺可减少

54%。Boon 和 Burges（1974）报道指出，在相近污泥停留时间条件下，纯氧系统的污泥产量仅为非纯氧系统的 60%。Wunderlich 等（1985）发现，在高纯氧活性污泥系统中，随着 SRT 从 3.7d 延长至 8.7d,污泥产率从 0.38mgVSS/mgCOD 显著降低至 0.28mgVSS/mgCOD。结果表明，SRT 较长的纯氧曝气工艺在减少剩余污泥产量方面更为有效。Abbassi 等（2000）研究表明，当污泥负荷为 $1.7mgBOD_5/$（mgMLSS·d）时，溶解氧（dissolved oxygen，DO）浓度从 2mg/L 提高至 6mg/L，可使污泥量减少近 25%。混合液中溶解氧浓度增大导致氧气深度扩散，进而导致絮体内好氧部分增多。因此，絮体基质中的水解微生物可被降解，从而减少污泥量（图 10.3）。

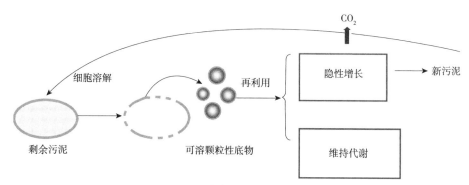

图 10.2　溶胞 - 隐性增长原理图

[转载自 Water Research，Vol 43（7），Libing Chu，Sangtian Yan，Xin–Hui Xing，Xulin Sun，Benjamin Jurcik，Progress and perspectives of sludge ozonation as a powerful pretreatment method for minimisation of excess sludge production，pp. 1811–1822，2009，已获得爱思唯尔许可。]

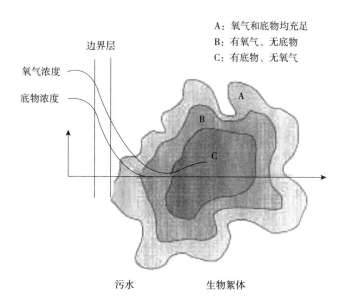

图 10.3　生物絮体中氧气和底物浓度分布

[转载自 Water Research，Vol 34（1），B. Abbassi，S. Dullstein，N. Räbiger，Minimisation of excess sludge production by increase of oxygen concentration in activated sludge flocs；experimental and theoretical approach，pp. 139–146，2000，已获得爱思唯尔许可。]

关于高氧对污泥减量的影响过去已有相关研究报道发表，但高 DO 运行条件下低污泥产量机理目前尚不清晰。因此，还需对该工艺进行大量研究。相比于常规工艺，高纯度氧气工艺主要优点：（1）曝气池中 MLVSS 浓度保持在较高水平；（2）高 DO 活性污泥工艺可抑制丝状菌生长；（3）可获得较好的污泥沉降和浓缩效果；污泥净产量降低；氧气转移效率更高，运行更稳定。该工艺主要缺点：（1）工艺效能暂不明确；（2）机理尚不完全清晰；（3）曝气成本高（Perez-Elvira 等，2006）。

因此，高氧工艺显示出极大的工业应用潜力，可最大程度减少剩余污泥产量并改善系统运行。但经济效益和能量平衡计算在工艺设计时应予以考虑，并据此进行全流程的成本效益分析（Khursheed & Kazmi，2000）。

2. 臭氧氧化

间歇臭氧氧化与活性污泥系统耦合工艺已经被开发出来。部分回流污泥通过臭氧氧化室，臭氧氧化后的污泥在生物处理过程中被分解（图 10.4）。臭氧预处理后的污泥循环至曝气池，会激发污泥隐性增长（Perez-Elvira 等，2006）。

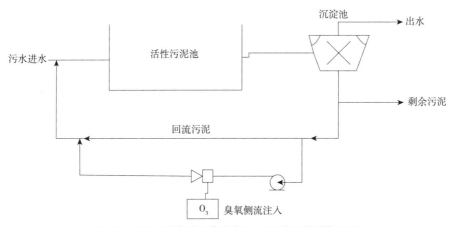

图 10.4　污泥臭氧氧化工艺（来源：斯巴达环境科技公司）

臭氧会攻击构成活性污泥细菌的细胞壁，从而导致细胞溶解。溶胞是细胞壁破裂且胞内物质从细胞流出的过程。在活性污泥法中，该流出物质或细胞 COD 会返回活性污泥池并被其他细菌摄取。结果表明，该物质极易被生物降解。臭氧破坏部分污泥细菌，使其可被其余细菌（生物质或污泥）消耗。该过程已得到广泛研究，结果表明剩余污泥减量率可高达 60%。其他优势包括：消除起泡问题，减小体积，促进脱水，改善沉降性能并提高出水水质（斯巴达环境科技公司）。

Kamiya 和 Hirotsuki（1998）的研究指出，曝气池中臭氧投加量为 10mg/（gMLSS·d）时，剩余污泥产量可减少 50%。当臭氧投加量高达 20mg/（gMLSS·d）时，无剩余污泥产生。此外，Yasui 和 Shibata（1994）在曝气池中采用 50mg/（gMLSS·d）臭氧投加量，可实现污泥减量 100%。大多数活性污泥微生物在臭氧氧化室中被溶解并氧化为有机物，这些有机物可在随后生物处理过程中被分解（Kamiya & Hirotsuji，1998）。臭氧介导的活性污泥工艺对出水水质中溶解性有机碳浓度影响不显著，污泥沉降性能（sludge volume index，SVI）相比于无臭氧对照试验有明显提高。商业名称为"Biolysis O"的技术（已由得利满公司开发）已成功应用于污水处理厂实际规模处理（Yasui 等，1996）。在该技术中，从活性污泥池中提取的混合液在反应器中与臭氧接触，然后回流至活性污泥池。在法国进行的 Biolysis O 示范工程表明，污泥减量率可达 30%~80%。臭氧投加量、投加模式（连续或间歇）和反应器配置（气泡或气提式反应器）的优化还需进一步研究（Perez-Elvira 等，2006）。

该技术主要优点：（1）在最佳臭氧投加量条件下，曝气池无明显无机固体积累；（2）污泥沉降性能（SVI）显著改善；（3）已成功用于工程实践。主要缺点：（1）出水中 TOC 浓度轻微增大（不过主要由蛋白质和糖类组成，对环境无害）；（2）运营成本高（Perez-Elvira 等，2006）。

3. 氯氧化

氯氧化是臭氧氧化的低成本替代技术。在氯氧化介导的活性污泥工艺中，当氯气投加量为 $0.066gCl_2/gMLSS$ 时，反应 20h 后将氯氧化污泥回流至活性污泥系统，可将污泥减量 60%（Saby 等，2002）。该技术的主要优点：处理成本低于臭氧氧化。缺点包括：（1）产生三氯甲烷（THMs）；（2）出水中可溶性 COD 显著增多；（3）污泥沉降性差（Perez-Elvira 等，2006）。

4. 热化学处理

当回流污泥经过热反应器（反应温度 90℃、时间 3h）处理后，污泥约减量 60%（Canales 等，1994）。化学（酸/碱）辅助热处理也被用于减少剩余污泥产量。Rocher 等（2001）的研究表明，混合热碱处理（pH=10、60℃、反应 20min）是强化细胞解体的最有效工艺，可使剩余污泥产量减少 37%。化学和加热联合处理的主要缺点是设备腐蚀和产生臭味（Perez-Elvira 等，2006）。

5. 酶促反应

酶促反应是一种新型污水处理工艺的理论基础，该工艺通过将常规活性污泥工艺与高温好氧污泥消化池相结合进行设计，消化池中的嗜热酶可溶解剩余污泥（Sakai 等，2000）。该工艺包括两个不同阶段，一个用于污水生物处理，另一个用于污泥高温好氧消化。来自曝气池的部分回流污泥通过高温好氧消化池，在消化池中污泥被嗜热好氧菌（例如芽孢杆菌）溶解，并被嗜温菌矿化。溶解的污泥回流至曝气池被进一步降解。中试研究表明，总体剩余污泥产量减少 93%，并有效去除有机污染物（即 BOD）。这项商业名称为 Biolysis E（由昂迪欧 – 得利满公司开发）的技术已成功应用于一个运行了三年的污水处理厂，剩余污泥产量减少 75%。该技术的流程可概述为混合液浓缩，然后使其经过在 50~60℃下运行的高温酶促反应器。这些操作条件促进了一种特定类型微生物的生长。经活化后，微生物产生的酶会攻击活性污泥中细菌的外膜，并降低其增殖能力。细菌无法增殖和生长，从而将酶释放。加热的降解污泥通过热交换器回收部分能量，然后回流至活性污泥池。无需投加外部酶源。Perez-Elvira 等人（2006）

发现污泥可大幅减量达 30%~80%（取决于反应器每天进料污泥量）。酶促反应工艺主要优点：（1）成功用于工程实践；（2）抑制丝状菌生长；（3）投资和运营成本与常规处理系统相近或更低。但缺点是出水中 SS 和 COD 浓度会有小幅增加（Perez-Elvira 等，2006）。

表 10.1 列举了在溶胞－隐性增长条件下进行的污泥减量试验，其中，基于溶胞－隐性增长污泥臭氧氧化进行污泥减量的技术已成功应用于工程实践。

基于溶胞–隐性增长原理进行污泥减量的研究　　　　表10.1

工艺	污泥减量率（%）	数据来源
臭氧氧化		
实际规模；工业污水，有机负荷为 550kgBOD/d，臭氧连续投加量为 0.05gO₃/gSS	100	Yasui 等（1996）
实验室规模，人工配水，臭氧间歇投加量为 11mgO₃/gSS（曝气池）·d	50	Kamiya & Hirotsuji（1998）
氯氧化		
实验室规模，20℃，人工配水，0.066gCl₂/gMLSS	65	Saby 等（2002）
热处理或热化学处理		
实验室规模（90℃反应 3h）；膜生物反应器；人工配水	60	Canales 等（1994）
实验室规模（60℃反应 20min，pH=10）；人工配水	37	Rocher 等（2001）
提高 DO 浓度		
实验室规模；人工配水；DO 浓度从 2mg/L 提高至 6mg/L	25	Abbassi 等（2000）

10.2.2　维持和内源代谢

细胞在生物氧化过程中，需以 ATP 形式获得能量，用于维持自身活性，这就是所谓的维持代谢。维持能量包括用于细胞物质转化、主动传输、动力等的能量。与维持微生物存活相关的底物不由新细胞群合成，所以污泥产量应该与维持代谢活性成反比（Chang 等，1993）。因此，污泥龄越长，维持活性所需能量消耗越大，而细胞合成所需能量越少。较长的 SRT 会导致污泥负荷或食微比（F/M）降低，并减少污泥产量（Van Loosdrecht & Henze，1999）。在反应器生物质浓度较高的情况下，如果底物浓度仅能满足维持活性所需能量，而不是动态变化，则不会有多余能量用于微生物生长。内源代谢主要优势在于，进料底物最终被氧化成 CO_2 和 H_2O，同时减少生物质产量（Khursheed & Kazmi，2011）。

膜生物反应器

膜生物反应器（membrane bioreactor，MBR）增加了细胞维持的能量消耗，几乎没有污泥增殖的余地，理想情况下不会因污水生物氧化而产生污泥，如图 10.5 所示。

在膜反应器中，污泥停留时间（SRT）可独立于水力停留时间（hydraulic retention time，HRT）进行控制，这将导致较高的污泥浓度（通常为 15~20g/L），从而导致相应较低的污泥负荷。当污泥负荷足够低时，几乎不会产生剩余污泥（Yamamoto 等，1989），但就能量需求而言，该技术成本较高。在膜生物反应器中，90% 进水 COD 被氧化为 CO_2，且混合液浓度基本保持恒定，无污泥损失（Yamamoto 等，1989）。据 Low 和 Chase 报道，生物质产量显著减少 44%（1999）。Rosenberger 等（1999）发现在 15~23gSS/L 和低 F/M 值（0.07kgCOD/kgMLSS·d）条件下，一年内不排放污泥，污泥产量低至 0.002~0.032kg/d。因此，MBR 可产生高质量出水，同时污泥产量低，相比于常规活性污泥工艺，MBR 最终将降低污泥处理处置成本。此外，MBR 已成功应用于工程实践。然而，膜污染和膜成本较高是影响 MBR 广泛应用的主要缺点（图 10.6）。过去几年中，已开展大量研究，以详细了解 MBR 膜污染机制，并开发高通量或低成本的膜材料。MBR 在长 SRT 条件下维持较高 MLSS 浓度会使膜污染加剧、能量需求提高、污泥产量降低。而缩短 SRT 会降低 MLSS 浓度和相关能耗，但增加了污泥产量，而后续污泥处理也需要

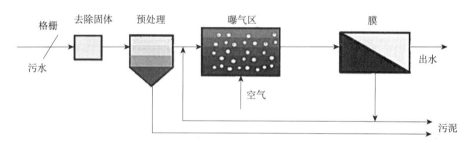

图 10.5　膜生物反应器示意图（来源：Anja Drews，维基百科）

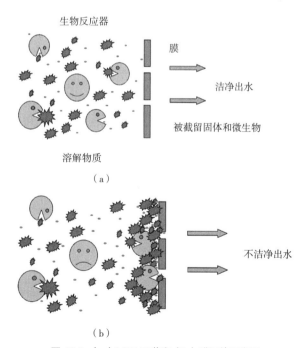

（a）

（b）

图 10.6　（a）MBR 工艺和（b）膜污染示意图
（来源：Pierre Le Clech，维基百科）

消耗能量。因此，MBR 运行可综合考虑能耗和膜污染两个参数进行优化（Khursheed & Kazmi，2011）。据称胞外聚合物（extracellular polymeric substances，EPS）和可溶性微生物产物（soluble microbial products，SMP）是除了悬浮物和胶体以外的主要膜污染物。在一定条件下，SMP 中碳水化合物和多糖胶体物质会加剧膜污染（Rosenberger 等，2006）。

除了膜的高成本（由于膜污染而需要频繁清洗和更换）外，MBR 还是一种能耗较高的工艺。采用陶瓷膜和厌氧运行是使 MBR 更节能的两种方法。陶瓷膜抗污染性更好，但目前成本高，不过由于制造技术的进步，预计其成本可随着时间推移而降低（Bishop，2004）。此外，厌氧 MBR 优于好氧系统是因为厌氧处理能耗较小，并能产生富含能源的甲烷气体。

10.2.3　代谢解偶联

代谢是生化转化反应的总和，包括相互关联的分解代谢和合成代谢反应。细胞合成与通过分解代谢（氧化磷酸化）产生的能量（ATP）成正比。解偶联是一种通过增大分解代谢和合成代谢之间的能量水平差异，从而限制合成代谢能量供应的方法。这导致生物质生长率下降而并未降低污水生物处理过程中有机污染物去除率，从而实现污泥减量（Khursheed & Kazmi，2011；Perez-Elvira 等，2006）。在某些条件下，例如存在抑制性化合物、重金属，温度异常，营养物有限，能量来源过多以及污泥 ATP 含量循环变化，可观察到代谢解偶联现象（Liu & Tay，2001）。在能量解偶联过程中，底物消耗速率高于生物质生长和维持所需速率，因此，活性污泥生长速率将显著降低。一种有前景的减少剩余污泥产量的方法即通过控制微生物代谢状态，以最大限度分离分解代谢和合成代谢。

1. 化学解偶联剂

好氧菌中 ATP 通过氧化磷酸化产生。该氧化磷酸化的化学渗透过程可通过补充有机质子载体有效解偶联，该质子载体通过细胞内的细胞质膜转移质子，例如 2，4- 二硝基苯酚（2，4-dinitrophenol，DNP）、对硝基苯酚（p-nitrophenol，PNP）、五氯酚（pentachlorophenol，PCP）和 3，3'，4'，5- 四氯水杨酰苯胺（3，3'，4'，5-tetrachlorosalicylanilide，TCS）。在这些化合物存在条件下，大多数有机底物被氧化为二氧化碳，而不是用于生物合成。因此，在含有解偶联剂的活性污泥工艺中生物增殖率降低（Perez-Elvira 等，2006）。

一些研究者考查了活性污泥法中解偶联剂对污泥减量的影响。相比于不含解偶联剂的对照反应器，添加 PCP 和 PNP 后生物质产量显著减少了 50%（Low 等，2000）。Chen 等人（2002）研究发现，当 TCS 浓度为 0.8mg/L 时，生物质生长速率降低了 78%。化学解偶联剂可能是一种有前景的污泥减量方法，但实际应用中采用有机质子载体不可行，原因有几点，其中包括质子载体的固有毒性。因此，将出水排放到自然水体之前必须去除其中所含的解偶联剂。将纯氧曝气工艺与代谢解偶联技术相结合，有望产生一种新颖高效的生物技术，最大限度地减少剩余污泥产量（Perez-Elvira 等，2006）。

该技术主要优点是仅需添加某种确定的解偶联剂。但主要缺点是：（1）缺乏对化学解偶联过程的实质性研究；（2）大多数有机质子载体是外源化合物，可能对环境有害；（3）实际规模应用中发现需氧量意外增加；（4）微生物的驯化问题（Perez-Elvira 等，2006）。

2. 好氧—沉淀—厌氧工艺（oxic-settling anaerobic，OSA）

OSA 工艺主要机理是活性污泥的厌氧 – 好氧交替循环，通过解偶联反应激发分解代谢并抑制合成代谢，从而减少污泥产生。在 OSA 工艺中，来自最终沉淀池的浓缩污泥通过贮泥池回流到曝气池。在贮泥池中，无需添加多余的进水底物即可维持厌氧条件。贮泥池中污泥的生物质浓度较高，但停留时间更长（Perez-Elvira 等，2006），如图 10.7 所示。

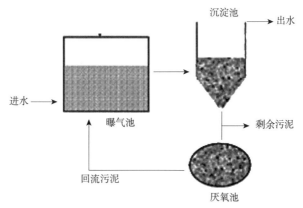

图 10.7　OSA 工艺流程示意图

[转载自 Biochemical Engineering Journal，Vol 49（2），Fenxia Ye，Ying Li，Oxic-settling-anoxic（OSA）process combined with 3，3，4，5-tetrachlorosalicylanilide（TCS）to reduce excess sludge production in the activated sludge system，pp. 229-234，2010，已获得爱思唯尔许可。]

好氧微生物以有机物氧化释放 ATP 的形式获得能量。当处于厌氧环境且食物供应极其有限时，该微生物无法产生所需能量，从而会消耗其保存的 ATP。当再次回到好氧环境中时，增加消耗的 ATP 储备成为首要任务，而不是合成新细胞或合成代谢。换句话说，通过解偶联反应来促进分解代谢并抑制合成代谢，从而减少污泥产生（Chudoba 等，1992）。Chudoba 等人（1992）发现与常规活性污泥法相比，污泥产率显著降低了 38%~54%。OSA 工艺可成功处理剩余污泥高产量问题，这在处理高浓度污水时显得尤为重要，并具有经济可行性（Khursheed & Kazmi，2011）。

该工艺主要优点是：（1）易于将厌氧反应器与常规活性污泥工艺相结合；（2）可抑制丝状菌生长；（3）改善污泥沉降性能和 COD 去除效率；（4）能够应对高有机负荷冲击。

10.2.4　生物捕食

考虑到污水生物处理过程是一个人工生态系统（细菌和其他生物共存体系），可通过捕食细菌来减少污泥产量。活菌体和死亡菌体均可被高等微生物用于摄取营养（作为食物来源），例如原生动物（纤毛虫、鞭毛虫、变形虫和太阳虫）和后生动物（轮虫和线虫），如图10.8所示。原生动物被认为是最常见的细菌捕食者，约占污水生物质总干重的5%（其中70%为纤毛虫）（Perez-Elvira等，2006）。混合液生物群由细菌、原生动物和后生动物组成，其中细菌是主要被捕食者，可被原生动物和后生动物捕食。原生动物包括纤毛虫（自由游动的、爬行的和无柄的）、鞭毛虫和变形虫。后生动物主要有轮虫、线虫和仙女虫。通常，原生动物是活性污泥系统中的主要捕食者，后生动物是生物滤池中的主要捕食者。捕食者的存在可抑制分散细菌生长，并促进絮体形成。因此，大部分污泥仍然不受捕食活动的影响（Khursheed & Kazmi，2011）。

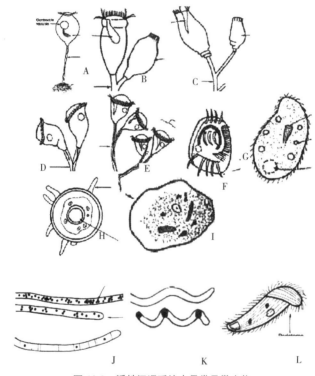

图 10.8　活性污泥系统中最常见微生物

A—钟虫，B—累枝虫，C—盖纤虫，D—独缩虫，E—聚缩虫，F—楯纤虫，G—斜管虫，H—表壳虫，
I—变形虫（泥生变形虫），J—贝日阿托氏菌，K—螺旋菌，L—扭头虫

研究发现，通过在不同活性污泥工艺改造中利用原生动物和后生动物等高等微生物捕食细菌会导致污泥产量减少。据 Ratsak 等人（1993）的报道，利用具纤毛的梨形四膜虫捕食荧光假单胞杆菌，生物质总量减少了12%~43%。同样，Lee 和 Welander（1996）观察到，在混合微生物培养过程中使用原生动物和后生动物，生物质总量减少了60%~80%。

由于过程的不确定性，后来有关生物捕食进行污泥减量的研究从原生动物和后生动物转向了寡毛纲动物。蠕虫（寡毛纲）技术由于成本低、无二次污染等特点，近年来日益受到重视。

活性污泥系统和生物滤池中存在的蠕虫主要有仙女虫、颤体虫和颤蚓（Khursheed & Kazmi，2011）。然而，长时间内维持蠕虫高密度，且未明确运行条件（停留时间、温度、污泥负荷）和蠕虫生长之间的关系，是扩大该技术应用的主要挑战。含有蠕虫的生物滤池中污泥减量率为 10%~50%，而不含蠕虫的滤池中仅为 10%~15%。Ratsak（1994）研究表明，蠕虫（哑口仙女虫、吻盲虫和红斑颤体虫）大量繁殖导致 SVI 降低，氧气供应能耗降低，污泥处置量减少（污泥减量 25%~50%）。Wei 等（2003b）发现，在以较高浓度（2600~3800 颤体虫 /mL）混合液为蠕虫密度的两级重力浸没式 MBR 系统中，污泥产率很低（0.10~0.15kgSS/kgCOD）。将颤蚓（17600g/m^3）反应器与立体循环（HRT：13.2~15.4h；DO：1.0~2.5mg/L）一体化氧化沟（HRT：15.4h；DO：0.5~3.0mg/L；20℃）相结合进行集成化研究，可实现剩余污泥减量（第一段）和回流污泥稳定化（第二段）。结果表明，第一段剩余污泥减量率为 46.4%，第二段集成系统平均污泥产率为 6.19×10^{-5}kgSS/kgCOD（Song 等，2007）。

采用蠕虫进行污泥减量很有前景，扩大该技术应用的前提是系统控制参数的建立，但目前尚未建立。因此，在后续研究中必须综合考虑污水处理的不同参数（F/M 比、SRT、MLSS浓度、处理温度、溶解氧浓度等）与种群的增长和密度。该技术的主要优点是目前已在大型项目中采用。缺点是：（1）蠕虫生长仍不可控，尤其是在实际规模应用的情况下；（2）投资和运行成本高（Perez-Elvira 等，2006）。

10.2.5　污水厌氧处理技术（ANANOX 工艺）

ANANOX 工艺是为了获得良好的出水水质，同时将污泥产量和能源需求降至最低而开发的工艺集成范例。该工艺第一段采用厌氧折流板反应器（anaerobic baffled reacotr，ABR），包括两个悬浮污泥床、一个缺氧污泥床（用于反硝化）和一个污泥收集器（旨在避免污泥从反应器中大量逸出）。第二段由活性污泥曝气池和沉淀池组成（图 10.9）。最终出水部分回流到缺氧段进行脱氮（Perez-Elvira 等，2006）。

在 ANANOX 工艺中试规模研究中，COD、总悬浮物（TSS）和总氮去除率分别可达到90%、90% 和 81%。此外，污泥产率很低，仅为 0.2kgTSS/kgCOD（Perez-Elvira 等，2006）。

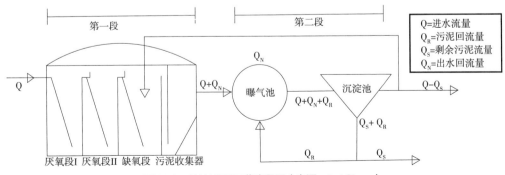

图 10.9　ANANOX 工艺流程图（来源：Act Clean）

在采用规格为 30m³ABR、15m³ 曝气池和 32m³ 二沉池的实际规模研究（Garuti 等，2001）中，最佳操作条件下 COD 和 TSS 去除率分别为 95% 和 92%。ANANOX 工艺主要优点是：（1）可实现污泥产量减少 30%~50%；（2）出水能够达到严格的排放标准；（3）坚固耐用、功能多样、结构紧凑。主要缺点是：（1）必须进行大量实验，以优化厌氧段效率，并确定 ABR 中有机负荷和上流速度容许值；（2）不建议将 ANANOX 工艺用于极低温污水的处理。对极低温污水厌氧处理的研究显示出某些新型反应器的潜力，如膨胀颗粒污泥床（expanded granular sludge bed，EGSB）反应器，目前正在对其进行污水处理应用研究（Perez-Elvira 等，2006）。

10.2.6   污水线中污泥减量技术的相对优缺点

应通过以下要素评估污泥减量方法，才可选择进行实际规模应用：（1）成本分析，包括投资、运行和维护成本，以及通过降低污泥处理量和处置量相应减少的成本；（2）拟采用技术可能带来的环境影响，即臭味问题、营养物释放和出水中痕量化学物质的毒性；（3）必须评估每种技术的缺点，以及随着技术应用可能带来的好处。表 10.2 总结了污水线中污泥减量技术的相对优缺点。目前，臭氧氧化和 MBR 均已成功用于工程实践，而其他基于代谢解偶联和生物捕食的技术仍处于实验室规模研究。由于臭氧产生的运行成本高，即超过总运行成本的 50%（Yasui 等，1996），因此降低污泥处理所需的臭氧量至关重要。减少剩余污泥产生所需的臭氧量取决于气相中臭氧浓度、臭氧氧化模式（连续或间歇投加）、臭氧反应器配置（气泡或气提反应器）以及待臭氧氧化的污泥浓度（Wei 等，2003a）。OSA 工艺因为只需添加厌氧池，故可能是解决剩余污泥问题的一种经济有效的方案。然而，OSA 系统主要缺点是有时由于氧化还原电位（oxidation-reduction potential，ORP）干扰而导致污泥产量增加，以及添加厌氧池所增加的成本。高浓度充氧的应用和效率有限，虽然其无需任何额外装置，但过程经济和能量平衡需要进行进一步评估（Khursheed & Kazmi，2011）。膜材料开发、膜组件设计、膜对微生物群落的影响、膜污染及其应对措施等方面还有待进一步研究，以降低 MBR 系统投资和运行成本。通过寡毛纲动物进行污泥减量是一种有前景且环保的方法，但蠕虫不稳定生长是其主要缺点，必须在扩大化应用之前加以解决（Wei 等，2003a）。

10.3   污泥处理过程中的减量技术

厌氧消化（anaerobic digestion，AD）是最常见的污泥处理方法，主要是由于：（1）污泥产量低；（2）产生富含能源的甲烷气体；（3）获得富含营养的终产物。但停留时间长（20~50d）和消化效率低（20%~50%）限制了 AD 的应用，这是由剩余污泥水解速率慢导致的。可通过使用热、化学和机械等污泥预处理技术的污泥分解工艺来提高污泥水解速率。这些预处理技术易于管理，性能稳定且操作灵活（Liu，2003）。

污水线中污泥减量技术的相对优缺点　　　　　　表10.2

工艺	优点	缺点	来源
臭氧氧化	·成功用于工程实践	·运行成本高 ·臭氧损耗	Yasui 等（1996）
氯氧化	·运行成本低于臭氧氧化	·COD 去除率下降 ·污泥沉降性能差 ·生成三氯甲烷	Saby 等（2002）
热处理或热化学处理	·操作相对简单	·设备腐蚀 ·需酸碱中和 ·臭味问题	Rocher 等（2001）
高浓度 DO 和纯氧氧化	·操作简单、稳定、可靠，易于实现 ·污泥沉降和浓缩性能较好 ·氧气传输效率高	·曝气成本高 ·工艺效能不确定 ·机理不完全明确	Abbassi 等（2000）， McWhirter 等 （1978）
维持代谢 MBR	·操作灵活，出水水质好，占地面积小 ·可保持非常高的 MLSS 浓度 ·已用于工程实践 ·可实现污泥量零增长	·膜污染造成运行成本高 ·污泥沉降和脱水较为困难 ·氧化效果差：曝气增加成本 ·在完全保留污泥的情况下操作不可行，但要尽量减少污泥损失 ·能量需求问题	Rosenberger 等 （1999）
OSA	·可对常规活性污泥工艺厌氧区进行简单改造 ·可抑制丝状菌生长 ·提高 COD 去除率和污泥沉降性能 ·可处理高浓度有机污染物而不造成严重的污泥相关问题	·有时污泥产量高 ·工艺有待进一步研究，以获得最佳运行条件来提高工艺效率	Chudoba 等（1992）， Chen 等（2003）
生物捕食	·操作稳定 ·相对简单 ·环境友好	·蠕虫生长不稳定 ·营养物释放 ·反应动力学不明确	Lee & Welander （1996），Wei 等 （2003a）

　　污泥分解方法是通过破坏细胞壁导致微生物溶胞，随后胞内物质（裂解物）被释放到富含可溶性 COD 的环境介质中。有机自生底物在微生物代谢过程中被重复利用，一部分碳作为呼吸产物被释放出来。这导致总体生物质产量减少（Low & Chase，1999）。因此，污泥预处理有助于：（1）提高水解速率和总体工艺速率；（2）缩短厌氧消化池中的水力停留时间，因此可在相同池容条件下提高污泥处理量；（3）提高沼气产量；（4）改善污泥脱水性能。

10.3.1　化学预处理技术

可采用强酸或强碱以及臭氧对污泥进行化学预处理。

1. 酸 / 碱预处理

　　极端碱性或酸性条件会导致污泥细胞破裂，最终导致胞内物质释放到外部液体环境中。通常，采用盐酸和硫酸进行污泥酸性预处理。在 0.5~1.0g 硫酸 /gTSS 投加量和 30s 反应时间条件下，污泥溶解度可高达 50%~60%（Woodard & Wukasch，1994）。然而，酸化污泥进料至厌氧消化池前，需调节 pH 值。

污泥碱性预处理最常用的化学药剂是石灰、氢氧化钾和氢氧化钠。由于脂质的皂化作用，细胞膜被溶解。多项研究表明，在不同氢氧化钠投加量和反应时间下，污泥溶解度大大提高（COD 增溶 28%~63%），最终提高了 COD 和 VS 去除率以及气体产量，改善了污泥脱水性能，也提高了病原体杀灭率（Lin 等，1997；Penaud 等，1997；Heo 等，2003；Neyens 等，2003）。很少有研究提及碱性预处理比酸性预处理更为有效（Chen 等，2007）。污泥碱性和酸性预处理被认为是一种操作简单、节能且高效去除病原体的方法，其主要缺点是臭味产生、设备腐蚀以及预处理污泥需调节 pH 值（Tyagi & Lo，2011）。

2. 臭氧氧化

臭氧预处理使污泥溶解，随后将可溶性有机物矿化并产生二氧化碳（Lee 等，2005）。臭氧投加量范围被广泛研究，从 $0.05gO_3/gTSS$ 到 $20mgO_3/gTSS$ 不等。在早期研究中，臭氧预处理使 COD 增溶、VS 去除和沼气产生方面均有显著改善（Liu 等，2001；Braguglia 等，2012；Bougrier 等，2006；Chu 等，2009）。考虑到处理成本和污泥减量能力，建议最佳臭氧投加量为 $0.03~0.05gO_3/gTSS$。然而，据报道，臭氧预处理并不能有效杀灭病原体（Chu 等，2008；Carballa 等，2009）。反应时间和有机质含量决定的臭氧需求量也被认为是控制病原体去除速率的重要因素。臭氧预处理是一种被充分研究且成功用于工程实践的技术。臭氧的其他好处在于可改善污泥沉降性能，并有效控制污泥膨胀和起泡，但缺点是能耗较大。

3. 芬顿氧化

芬顿氧化使胞外聚合物（EPS）溶解、细菌细胞壁破裂，导致胞内物质释放到外部液体环境中。利用亚铁盐（Fe^{2+}）活化 H_2O_2 进行该氧化反应。研究发现，芬顿氧化反应可有效溶解污泥，并提高沼气产率（Dewil 等，2007）。然而，该技术需采用强腐蚀性化学药剂，且由于运行和维护费用较高而导致价格昂贵（Tyagi & Lo，2011）。

10.3.2　热处理

通过高温分解污泥，热处理可提高污泥可生化性和沼气产量，并降低消化池热量需求。热处理可通过两种方法实现，即常规加热和微波加热。

1. 常规加热

热处理通过破坏细胞壁和细胞膜中的化学键，使细胞物质溶解（Apples 等，2008）。相比于碳水化合物和脂类，蛋白质因受到细胞壁保护而不被酶水解，导致其难以被降解。在 60~180℃ 温度范围内，加热预处理可破坏细胞壁，使蛋白质可被生物降解。前期研究表明，在 160~180℃ 最佳温度和 30~60min 处理时间范围内，加热预处理显著提高了 COD 增溶率（最高 80%）、VS 去除率（最高 55%）和沼气产率（最高 92%）（Stuckey & McCarty，1978；Tanaka 等，1997；Valo 等，2004；Perez-Elvira 等，2008）。据报道，加热预处理在改善污泥沉降性能（Bougrier 等，2008）

和提高病原体去除率（Carballa 等，2009）方面也很有效，如表 10.3 所示。

"Cambi" 工艺被用于项目实践，其中关于污泥加热预处理的前期研究表明，沼气产量和 VS 去除率显著提高，污泥脱水性能也得到改善。该工艺通过蒸汽将污泥预加热至 100℃，可最大限度地减少操作和腐蚀问题以及难降解化合物产生（Kepp 等，2000），如图 10.10 所示。

然而，加热预处理是一种高能耗、高运行维护成本且很可能产生臭味的方法。此外，另一个主要缺点是换热器结垢（Perez-Elvira 等，2006）。

2. 微波加热预处理

微波（microwave，MW）工作原理是直接快速加热，减少了能量传递过程中的能量损失。微波采用频率为 300MHz~300GHz 的电磁波，相应波长范围为 1m~1mm（Banik 等，2003）。家用和工业微波炉的微波工作频率均为 2.45GHz。常规加热和微波加热的工作原理区别如图 10.11 所示。均匀微波场通过振荡电场中偶极子重排而产生能量，主要由于分子摩擦而在暴露物质的内部和表面产生热量（Tyagi & Lo，2011）。

采用加热预处理的研究　　　　　　　　　　　　表10.3

处理条件	厌氧消化	研究成果	来源
170℃，60min	连续搅拌反应器 CSTR，HRT 为 5d，35℃	·VSS 降解率提高 3%，甲烷产率提高 100%	Li & Noike（1992）
180℃，60min	序批式反应器，8d，37℃	·甲烷产量提高 90% ·VSS 增溶率为 30%	Tanaka 等（1997）
121℃，30min	序批式反应器，7d，37℃	·VS 去除率提高 30% ·沼气产量提高 32%	Kim 等（2003）
170℃，60min	序批式反应器，24d，35℃	·沼气产量提高 45%	Valo 等（2004）
170℃，30min	CSTR，HRT 为 20d，35℃	·沼气产量提高 61%	
170℃，30min	序批式反应器，24d，35℃	·沼气产量提高 76%	Bougrier 等（2006）
200℃，30min，20MPa	两级 UASB，HRT 为 3.8d，35℃	·甲烷产量提高 15%	Yang 等（2010）

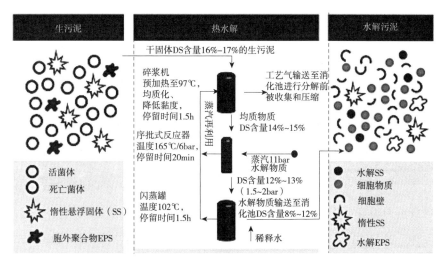

图 10.10　Cambi 工艺分解污泥机理（来源：康碧循环能源公司）

能量传递：由外向内　　　　　　　　　　　　能量传递：由内向外

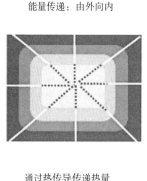 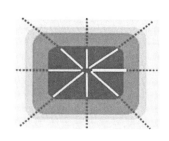

举例

通过热传导传递热量　　　　　　　　　通过介电极化和离子传导传递热量

_____

常规加热　　　　　　　　　　　　　　　　　微波加热

图 10.11　常规加热和微波加热的区别

由于含水率高，污泥可吸收微波（Qiao 等，2008）。微波取向效应主要是由于大分子极化部分与电磁场两极对齐，导致氢键断裂（Loupy，2002）。微波加热预处理可破坏污泥的聚合物网络，导致胞外和胞内物质释放到液相中（Eskicioglu 等，2006）。近年来，为了提高污泥厌氧消化率，微波加热预处理得到广泛研究，这主要是由于微波加热比常规加热速率快，且能量效率更高（表 10.4）。

微波处理对厌氧消化性能的影响　　　　　　　　　　　　　　　　表10.4

处理条件	厌氧消化	研究成果	来源
91.2℃，7min	35℃，SRT 为 15d	· VS 去除率为 25.9% · TCOD 去除率为 23.6% · TCOD 去除率和甲烷产量分别提高 64% 和 79%；微波预处理污泥的厌氧消化 SRT 从 15d 缩短至 8d	Park 等（2004）
96℃，总固体 TS 含量 3%	序批式反应器，33℃，SRT 为 5d	沼气产量比对照反应器提高 30%，VS 去除率提高 26%	Eskicioglu 等（2007）
175℃，TS 含量 3%	中温序批式反应器，35±1℃	沼气产量比对照反应器提高 31%	Eskicioglu 等（2009）
170℃，30min	序批式反应器，35℃，SRT 为 30d	沼气产量比对照反应器提高 25.9%，VS 去除率提高 12%	Qiao 等（2010）

微波加热预处理具有加热速率快、能耗低、占地面积小等优点。在 91~175℃温度范围内，微波预处理可显著提高 COD 增溶率（最高 35%）、VS 去除率（最高 36%）和甲烷产率（最高 80%）（Park 等，2004；Eskicioglu 等，2008；Eskicioglu 等，2009）。相比于常规加热的污泥，经微波预处理的污泥具有更好的脱水性能（Pino-Jelcic 等，2006）。此外，微波预处理还可高效去除病原体。研究表明，微波预处理的污泥（预处理温度 65℃）经过中温厌氧消化可产生 A 级生物固体（Hong 等，2004）。

10.3.3　机械处理

在污泥机械分解过程中，所需能量以压力、平动能或转动能形式传递（Neyens & Beyens，2003）。采用机械法分解污泥非常有效，但大多数机械法能耗都较高（Tyagi & Lo，2011）。

1. 高压均质器（high-pressure homogeniser，HPH）

在 HPH 中，污泥在高压低速下被泵入均质器，由于严重的湍流作用、压差大、剪切力强，导致细菌细胞破裂。当污泥流出 HPH 时，胞内细胞质和 EPS 被释放到外部溶液中（Kleinig & Middelberg，1998），如图 10.12 所示。在 60MPa 和较低能量水平（30~50MJ/m³）下，污泥压缩可使细胞分解率达到 85%（Harrison，1991）。HPH 是实际项目应用中最常用的技术，已由英国 CSO Technik 公司申请名为 BIOGEST® Crown 分解系统的专利。

表 10.5 对各种研究成果进行了总结，以分析高压均质器预处理对污泥增溶和后续生物消化的影响。

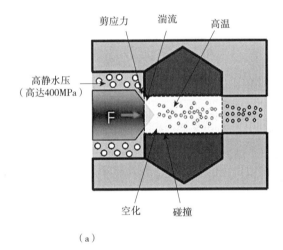

（a）

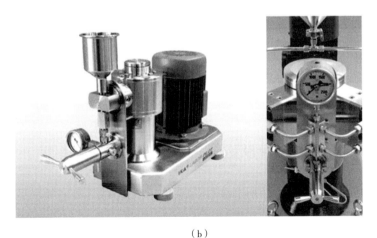

（b）

图 10.12　高压均质器

（a）高压均质过程中同时影响污泥的各种物理现象（来源：田纳西大学）和（b）商业化 HPH 设备（IKA®）

高压均质器对污泥增溶和后续厌氧消化的影响　　　　　　表10.5

处理条件	厌氧消化	研究成果	来源
压强 400bar	固定床生物反应器，HRT 为 2.5d，35℃，SRT 为 3d	VS 去除率提高 28%	Muller 等（1998）
压强 400bar	固定床生物反应器，HRT 为 2.5d，35℃，SRT 为 13d	VS 去除率提高 87%	
压强 300bar，750kJ/kgTS	CSTR，HRT 为 10-15d，35℃	沼气产量提高 60%	Englehart 等（1999）
压强 600bar	CSTR，HRT 为 20d，36℃	沼气产量提高 18%	
压强 600bar	CSTR，HRT 为 20d，35℃	沼气产量提高 18%	Barjenbruch & Kopplow（2003）

前期研究指出，经 HPH 预处理的污泥在厌氧消化过程中，剩余污泥产量减少了 23%，沼气产量提高了 30%。HPH 技术具有臭味小、安装简便、处理后的污泥脱水性能好等优点，缺点是病原体去除率低且能耗高（Tyagi & Lo，2011）。

2. 超声预处理

在超声处理中，微气泡形成、生长和随后的破碎过程均在短时间（毫秒）内发生，称为空化（图 10.13）。在液体介质中，这最终导致局部高温（超过 1000℃）和高压力梯度（500bar），从而破坏细胞膜和 EPS 复合物并将胞内物质释放到外部液体中（Pilli 等，2011）。

污泥超声处理在小型实验和实际规模应用中得到广泛研究，列举如表 10.6 所示。

前期研究表明，在不同超声强度和比能量输入条件下对污泥进行超声预处理，可显著提高 COD 增溶率（最高 47%）、VS 去除率（最高 25%）和甲烷产率（最高 76%）（Wang 等，1999；Bougrier 等，2006；Apul & Sanin，2010；Braguglia 等，2012；Salsabil 等，2010）。当强度为 0.33W/mL 时，超声预处理可有效去除病原体（Jean 等，2000；Chu 等，2001）。污泥超声预处理的实际规模应用研究表明，厌氧消化池的污泥处理量可提高 3 倍，沼气产量增加 50%，同时污泥脱水性能得到显著改善（Hogan 等，2004）。

超声预处理主要优点是：无臭味，运行可靠，污泥脱水性能好，污泥增溶率高，后续沼气产量高，病原体去除率高，结构紧凑，易于对现有系统进行升级改造。但超声的能耗、投资和运行成本均较高（Tyagi & Lo，2011）。

3. 搅拌球磨机

在搅拌球磨机中，采用的两种主要方法是 Kady 磨机（其中两个反向旋转的平板产生剪切力）和湿磨机（由几乎充满研磨珠的圆柱形研磨腔构成）。在湿磨机中，研磨珠在搅拌器作用下强制旋转，产生剪切力和压力使得细菌细胞分解（Tyagi & Lo，2011）。

前期研究表明，在 1~1.25kW/m³TS/d 和 2000kJ/kgTS 不同能量输入条件下，COD 增溶效果

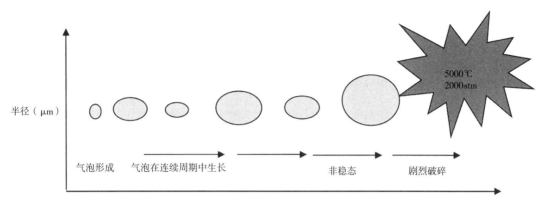

图 10.13　空化气泡的发展和破碎过程

（转载自 Ultrasonics Sonochemistry，Vol18（1），Sridhar Pilli，Puspendu Bhunia，SongYan，R.J. LeBlanc，R.D.Tyagi，R.Y. Surampalli，Ultrasonic pretreatment of sludge：A review，pp.1－18，2011，已获得爱思唯尔许可。）

超声预处理对污泥增溶和后续厌氧消化的影响

表10.6

处理条件	厌氧消化	研究成果	来源
42kHz，120min		·VS 去除率为 38.9% ·剩余污泥沼气产量为 4413L/m³	Kim 等，2003
20kHz，180W，60s	序批式反应器，28d，35℃	·沼气产量提高 24%	Bien 等，2004
20kHz，7000 和 15000kJ/kgTS	序批式反应器，16d，35℃	·沼气产率提高 40%	Bougrier 等，2005
5000kJ/kgTS	半连续流反应器，HRT 为 20d	·沼气产率提高 36%	Braguglia 等，2008
20kHz，108000kJ/kgTS	序批式反应器，50d，37℃	·沼气产率提高 84% ·TSS 去除率为 22.3%，VSS 去除率为 29.7%	Salsabil 等，2009
30kWh/m³ 污泥	·序批式反应器	·沼气产量提高 42%	Perez-Elvira 等，2009
	·连续流反应器，HRT 为 20d	·沼气产量提高 37% ·VS 去除率提高 25%	
1.5W/mL，30min		·COD 增溶率为 15.11%	Xu 等，2010
1.5W/mL，60min		·COD 增溶率为 20.76%	

显著（47%），VS 去除率高（42%~47%）（Baier & Schmidheiny，1997；Kopp 等，1997）。该方法具有污泥分解率高、产生臭味可能性小、运行可靠（由于研发水平高）等优点，其缺点是能耗高、研磨腔内侵蚀严重和堵塞问题（Perez-Elvira 等，2006）。

4. 裂解浓缩离心技术

该浓缩离心机产生的离心力专用于细胞裂解。浓缩污泥中细胞会连续破裂（Tyagi& Lo，2011）。此前有研究报道，该技术可使沼气产量提高 86%。在较短污泥停留时间和较高厌氧活性条件下，污泥消化效果最佳（Dohanyos 等，1997）。该技术在捷克共和国布拉格某污水处理厂进行了实际规模应用，沼气产量提高了 26%（Dohanyos 等，2004）。Elliot 和 Mahmood（2007）采用该技术发现，中温消化池沼气产量提高了 15%~26%，有机质去除率 50%。该技术优点是无臭味产生、安装相对简单，其主要缺点是污泥分解率低、能耗高、设备易磨损（Perez-Elvira 等，2006）。

5. 喷射碰撞法

在喷射碰撞法中，通过机械射流使细胞壁破裂，并在加压条件下（5~50bar）使细胞粉碎（Choi 等，1997）。在 30bar 压强下对污泥进行预处理后，COD 增溶率提高 5~7 倍，VS 去除率达 30%~50%，沼气产率高达 850L/kgVS（Choi 等，1997；Nah 等，2000）。然而，喷射碰撞法的主要缺点是高昂的安装成本和技术尚处于初级研发阶段。

10.3.4　预处理组合技术

预处理组合技术是两种不同方法的结合，以加快污泥增溶和后续的生物消化过程。它可以是热－化学、化学－机械、热－机械和化学－化学的结合，且两种不同方法耦合对于污泥分解可能产生协同效应。

1. 热－化学预处理

（a）常规加热－碱化／酸化

酸或碱的添加并结合热处理可最大限度地降低对高温的需求，以达到更高的污泥增溶率。表 10.7 总结了热－化学预处理对污泥增溶和后续厌氧消化的影响。

研究发现，在 pH 值为 12（采用 NaOH 调节）和 140~170℃ 温度范围条件下，热－化学组合预处理可实现较高 COD 增溶率（高达 71%）（Penaud 等，1999；Tanaka & Kamiyama，2002；Andreottola & Foladori，2006）。在温度为 100℃、pH 值为 10（Ca(OH)$_2$ 调节）、反应时间为 60min 条件下对污泥进行预处理，病原体去除率可达 100%（Neyens 等，2003）。一项名为"Kreprocess"的热－化学技术被应用于浓缩污泥（DS 为 5%~7%）的实际规模处理，在 H$_2$SO$_4$ 酸化（pH=1~2）、温度为 140℃（3.5bar）条件下反应 30~40min，污泥增溶率提高，可达 40%（Odegaard，2004）。

热–化学预处理对污泥增溶和后续生物消化的影响　　　　表10.7

处理条件	厌氧消化	研究成果	来源
300meqHCl/L，175℃，60min	序批式反应器，25d，35℃	甲烷产量提高 56%	Stuckey & McCartey（1978）
300meqNaOH/L，175℃，60min	序批式反应器，25d，35℃	甲烷产量提高 62%	
0.3gNaOH/gVSS，130℃，5min	序批式反应器，10d，37℃	·污泥增溶率 50% ·甲烷产量提高 31%	Tanaka 等（1997）
7gNaOH/L，121℃，30min	序批式反应器，7d，37℃	·SCOD 去除率 67.8%，VS 去除率 30% ·沼气产量提高 38%	Kim 等（2003）
45meqNaOH/L，55℃，240min	序批式反应器，20d，35℃	·COD 增溶率 38% ·甲烷产量提高 88%	Heo 等（2003）
1.65gKOH/L，pH=10，130℃，60min	序批式反应器，24d，35℃	甲烷产量提高 30%	Valo 等（2004）
1.65gKOH/L，pH=10，130℃，60min	CSTR，HRT 为 20d，35℃	甲烷产量提高 75%	

热 – 化学法优点是污泥增溶率高、加药量低，出料中含有碳源有利于营养物质的去除，但该技术主要缺点是运行维护成本高、腐蚀和臭味问题（Tyagi & Lo，2011）。

（b）微波 – 碱化 / 酸化

由于可节省能源和时间，微波加热比常规加热更受欢迎。据报道，在 120~170℃温度范围内和 pH 值 12 的条件下，该方法可实现较高 COD 增溶率（34%~80%）、挥发性固体增溶率（40%~70%）和 TSS 去除率（高达 35%），并提高沼气产量（16%~44%）（Qiao 等，2008；Dogan & Sanin，2009；Chang 等，2011）。此外，在 70℃下预处理 5min 后，未检出大肠菌群和大肠杆菌，因此处理后的污泥可作为 A 级生物固体被再利用（Park 等，2010）。

（c）微波强化高级氧化技术

在提高污泥增溶率和后续沼气产量方面该方法也非常有效。在较低温度 80℃和 H_2O_2 投加量为 1g/gTS 条件下，COD 增溶率显著提高（18%~34%）。此外，在 70℃和 H_2O_2 投加量 0.08% 的条件下，粪大肠菌群被完全去除（Lo 等，2008；Eskicioglu 等，2008）。

2. 化学 – 机械预处理

（碱化 – 超声和臭氧氧化 – 超声）

碱化预处理可弱化细胞壁结构，使其更易被超声波破坏。在 pH 值为 12（NaOH 或 KOH 调节）、超声比能量为 7500~12000kJ/kgTS 条件下，碱化 – 超声组合预处理可使 COD 和 VS 增溶率提高 51%~70%（Liu 等，2008；Jin 等，2009；Cho 等，2010）。

臭氧是一种强氧化剂，与超声结合可对污泥进行有效预处理。前期研究表明，经臭氧处理（投加量 0.6g/L）60min 结合超声处理（0.26W/mL）60min，COD 增溶率可提高 40 倍（Xu 等，2010）。

10.3.5　污泥处理流程中的污泥减量技术的相对优缺点

对所有已开发的预处理技术进行严格评估和详细分析，发现每种技术都各有利弊。表 10.8 对污泥处理流程中各技术优缺点进行了总结与比较。

一方面，预处理对于污泥增溶、提高沼气产量和病原体去除率、改善污泥脱水性能等方

不同预处理技术的比较　　　　　　　　　　　　　　　　　表10.8

预处理技术		COD增溶率	脱水性	病原体去除率	应用（实验室/中试/实际规模）	投资	运行维护成本	能量需求
化学法	酸化 – 碱化	高	好	高	实验室 / 中试规模	低	中等	低
	臭氧氧化	高	好	低	实验室 / 中试 / 实际规模	高	高	高
热处理	常规加热	高	好	高	实验室 / 中试 / 实际规模	高	高或低	高
	微波加热	高	好	高	实验室规模	中等	中等	中等
机械法	高压均质器	高	好	低	实验室 / 中试 / 实际规模	中等	中等 – 高	低
	超声	高	好	高	实验室 / 中试 / 实际规模	高	高	高
	电脉冲法	高	—	—	实验室规模	高	高	高

续表

预处理技术		COD增溶率	脱水性	病原体去除率	应用（实验室/中试/实际规模）	投资	运行维护成本	能量需求
机械法	伽马辐射	高	—	高	实验室规模	高	高	高
	搅拌球磨机	高	好	无	实验室/中试/实际规模	高	高	高
	裂解浓缩离心技术	低	—	—	实验室/中试/实际规模	低	中等	低
	喷射碰撞法	高	—	—	实验室/中试规模	高	高	高
	高速转盘工艺	高	—	—	实验室规模	高	高	高
组合技术	热－化学法	高	好	高	实验室/中试/实际规模	中等	高	中等
	机械－化学法**	高	—	—	实验室/中试/实际规模	中等	中等	低
	热机械法*	高	—	—	实验室/实际规模	高	高	高
	湿式氧化（Aqua Reci）	高	—	—	中试/实际规模	高	高	高

*（热力、爆炸性减压和剪切力）；**（碱化－高压均质器）

面都是有效的。然而，主要问题是投资和运行维护成本高以及能耗高。预处理组合技术（热－化学、热－机械、机械－化学）显示了一定的应用前景，但这些成果大多还处于实验室研究阶段，需要进行大量研究和开发以扩大技术的应用规模（Tyagi & Lo，2011）。

习题

1. 污泥源头减量的三种途径是什么？

2. 对污水处理过程中污泥减量技术的优缺点进行比较评价。

3. 什么是溶胞－隐性增长？如何通过该过程实现污泥减量？

4. 详细阐述 ANANOX 和 OSA 污泥减量工艺。

5. 为什么污泥水解是污泥消化过程中的难点？污泥预处理为何有利于提高污泥消化率？

6. 污泥化学预处理技术有哪些？描述碱化和臭氧氧化预处理的机理。

7. 说明污泥加热预处理的方法。常规加热和微波加热有什么区别？写出两种方法的优缺点。

8. 超声技术如何对污泥进行预处理？污泥增溶可达到什么程度？描述影响污泥超声预处理的主要因素。

9. 影响污泥预处理的主要因素有哪些？

10. 预处理组合技术有哪些？与其他预处理技术相比有何优势？

11. 描述污泥处理过程中污泥减量技术的优缺点。

12. 最终废弃物处理处置过程中用于污泥处理的技术有哪些？

13. 污泥预处理技术的主要优缺点是什么？

14. 哪些污泥预处理技术已用于工程实践？

第 11 章

污泥消毒和热干化技术

11.1 污泥消毒

（Metcalf & Eddy，2003；Mitsdorffer 等，1990）

11.1.1 概述

污泥在土地利用前必须进行消毒，主要是因为污泥中存在病原微生物。污泥消毒可最大程度的降低病原体污染的风险，确保公共卫生安全。

杀灭污水和脱水污泥中的病原体有多种方法。除稳定化以外，以下方法也被用于实现病原体的减少：

1. 70℃下巴氏消毒 3min；

2. 高 pH 处理，通常投加石灰使 pH 升高到 12.0 以上，处理 3h；

3. 液态消化污泥的长期储存（20℃下 60d 或 4℃下 120d）；

4. 高于 55℃完全堆肥，且熟化过程至少 30d；

5. 添加氯对污泥进行稳定和消毒；

6. 其他化学品消毒；

7. 高能辐射消毒。

一些稳定化过程也可以完成消毒，包括氯氧化法、石灰稳定法、热处理和高温好氧消化（thermophilic aerobic digestion，TAD）。

厌氧和好氧消化（TAD 除外）不能对污泥消毒，但可大大减少病原微生物的数量。液态好氧和厌氧消化污泥的消毒，最好通过巴氏消毒或者长期储存来完成。脱水后的好氧和厌氧消化污泥最有效的消毒方法应是长期储存和堆肥。

11.1.2 巴氏消毒

液体污泥巴氏消毒的两种方法包括（1）直接注入蒸汽和（2）间接热交换。

由于热交换器容易结垢或被有机物污染，因此直接注入蒸汽是更有效的方法。然而，目前由于污泥巴氏消毒的投资费用高，对于处理能力低于 0.2m³/s（5Mgal/d）的小型处理厂来说可能不具有成本效益。小型处理厂可以通过对运输污泥到处置场的罐车直接注入蒸汽来实现巴氏消毒。

11.1.3 污泥储存

液态消化污泥（即未脱水）通常储存在贮泥池。储存需要有足够的土地。在土地利用系统中，由于天气或作物等原因而不能使用污泥时，通常需要储存污泥。在这种情况下，储存设施也可以通过提供消毒来实现双重功能。由于储存污泥的潜在污染风险，必须特别注意这些贮泥池的设计，以限制污泥渗滤及其臭味扩散（另见 10.3.2 节）。

11.2 污泥热干化

（Keey，1972；Marklund，1990；Metcalf & Eddy，2003；Turobskiy & Mathai，2006）

污泥热干化的主要目的是蒸发水分，使污泥含水率低于传统脱水工艺，以便将其更有利于焚烧或加工成优质肥料。

11.2.1 概述

只有通过减少要蒸发的水量，即增加干固体的百分比，才能改善热平衡并提高生产率。污泥干化是一个通过将水蒸发到空气中来降低含水率的单元操作。在污泥干化床（参看 6.3.1 节）中，蒸汽压差导致水蒸发到大气中。在机械干化装置中，提供辅助热源以增加周围空气的蒸汽持有量，并提供蒸发潜热。

从经济性考虑，通过离心或其他方式进行机械脱水不能满足含水率要求的，需以单独工序进行额外污泥干化。并根据最终用途（例如直接焚烧、焚烧燃料储存或肥料储存），将干化至 40%~60% 之间含固率的污泥直接焚烧，干化至 90% 含固率的污泥储存。

当污水污泥作为商业肥料出售时，通常将其含水率加热干化至低于 10%，以便研磨污泥减轻其重量，并避免发生生化反应。在污泥焚烧（见 12.3 节）之前还应进行加热干化，以提高效率。污泥焚烧可独立提供热干化以及其他操作所需要的热量。

11.2.2 工艺理论

在恒速干燥的平衡条件下，传质和（1）暴露的湿表面积、（2）干空气的含水量和污泥 – 空气界面湿球温度下的饱和湿度之差，以及（3）其他因素成正比，例如用传质系数表示干空气的速度和湍流。相关方程为：

$$\omega = k_y\,(H_s - H_a)\,A \qquad\qquad (11.1)$$

式中　　ω——蒸发率（kg/h）；

k_y——气相传质系数 $[kg/(m^2 \cdot h \cdot \Delta H)]$；每单位湿度差 $\Delta H=(H_s-H_a)]$；

H_s——污泥 – 空气界面的饱和湿度（kg 水蒸气 /kg 干空气）；

H_a——干燥空气的湿度（kg 水蒸气 /kg 干空气）。

显然，污泥与气流的接触面不断更新，可使细碎污泥更快干化。此外，为保证 ΔH 最大值，必须确保干空气和湿污泥呈最大接触。这些因素是选择污水处理厂污泥干化设备时必须考虑的。

11.2.3　工艺机制

1. 热干化

污泥热干化分为两种：直接干化和间接干化（图 11.1）。

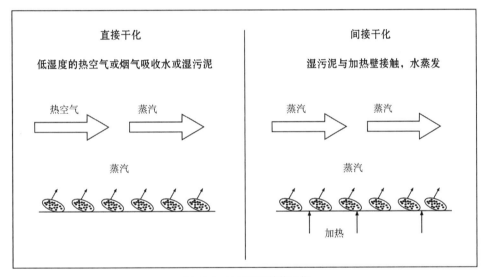

图 11.1　生活污泥的热干化

在直接干化系统中，热空气、烟气或蒸汽通过污泥层，蒸发湿污泥中的水分。在使用热蒸汽的封闭系统中，多余蒸汽在冷凝器中冷凝，而在开放系统中，载气（比如蒸汽或烟气）离开干化机。

对于间接干化，系统是封闭的，所需的热量通过容器壁传递。饱和蒸汽或导热油可作为加热介质。通过使用旋转器，污泥在加热壁上快速交换。污泥中的水分蒸发后被载气带走，因此不会产生臭味的问题。

2. 连续式薄层污泥干化机

薄层处理工艺原理众所周知，并在蒸发和蒸馏技术中得到了实践。在加热表面上利用机械搅拌产生薄层的相同原理也应用于溶液、泥浆、糊状物的连续干化产物。液体进料，宜采用立式薄层干化机。泥浆或饼状原料的干化，宜采用卧式薄层干化机。

11.2.4　热干化机

污泥干化所需的热量通常来自燃烧过程。某些干化过程中,废气通过直接接触将热量传递给污泥。

此类直接干化机的示例如下:

- 带式干化机;
- 多膛炉干化机;
- 转鼓式干化机;
- 流化床干化机;
- 气流式干化机;
- 研磨式干化机。

在干化结束后,将得到废气和水蒸气的混合物,该混合物通常包含一定量的呈颗粒和蒸汽形式的干化产物,这类干化产物大部分是有机物。被污染的气体蒸汽混合物难以净化。

间接干化系统通过加热表面和中间传热介质(例如蒸汽、热水或者导热油)将废气的热能传递到污泥中。干化机的逸散排气和蒸发气被单独收集。干化机的逸散排气通过常规工艺进行净化。蒸发气中仅含有少量的污泥颗粒,可以进行特殊的净化处理。间接干化机的示例如下:

- 螺旋式干化机;
- 圆盘式干化机;
- 薄层式干化机;
- 捏合式干化机。

为了节约成本和能源,实现自持燃烧,该设备无一例外是紧凑型的。燃料的热值,包括燃烧空气的热量,应满足以下过程的热量要求:(1)水的蒸发和过热、(2)烟气过热至至少800℃;(3)热损失。

11.2.5　机械干化

图11.2为机械干化污泥的一般工艺流程图。干化机排出的蒸汽通过直接接触新鲜污泥吸收冷凝热,进行冷凝。通过将污泥加热到58℃,其脱水能力显著改善。多余的蒸汽被不断的排出并吹入燃烧室。整个蒸汽系统(包括干化机),为避免恶臭,应保持轻微真空状态。干化机和整个蒸汽系统都采用耐腐蚀材料,其中蒸汽管道须经过加热及绝缘处理。

干化后的污泥通过刮板输送设备输送到两个焚烧炉,并通过燃烧室顶部的竖井掉落,直接进入加热的流化床锅炉。当温度在800~855℃之间时,烟气离开燃烧室。最后,在约200℃时,烟气通过静电除尘器,细灰颗粒在此处沉淀。灰分储存在筒仓中,并在运输前润湿。

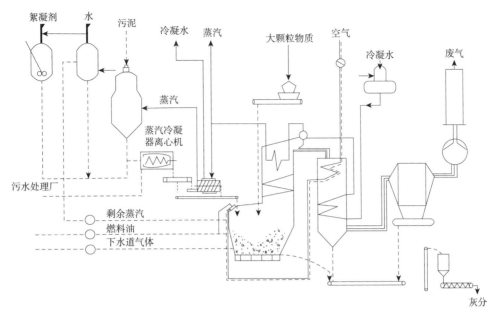

图 11.2　机械式污泥干化机流程图

11.2.6　热干化的替代技术

如果污泥干化床开启时间充分，则可以发挥热干化过程的功能。另还有五种机械方法可用于污泥干化：（1）闪蒸干化机；（2）喷雾式干化机；（3）旋转式干化机；（4）多膛炉干化机；（5）Carver-Greenfield 工艺或油浸脱水。闪蒸干化机是污水处理厂最常用的类型。污泥干化机使用前通常先进行污泥脱水。

1. 闪蒸干化机

闪蒸干化是通过将污泥喷射或注入到热蒸汽中快速去除水分的技术，包括在笼式粉碎机中粉碎污泥或在有热气情况下使用雾化悬浮技术。其中一个操作涉及笼式粉碎机，该粉碎机接收湿污泥或泥饼与回收的干污泥的混合物，这就是它也被称为流体－固体热干化系统的原因（图 11.3）。该混合物包含约 50% 的水分。热气和污泥被压进一个管道里，大部分的干化发生在这里，然后进入一个旋风分离器，分离蒸汽和污泥。这一过程可将含水率降低到 8%~10%。干化后污泥温度约为 71℃，废气的温度为 104~149℃。干化后的污泥可作为肥料，也可在焚烧炉中以掺烧比 100% 以内的任何比例进行焚烧。废气处理装置包括除臭预热器、燃烧空气加热器、引风机和气体洗涤器。当旋风分离器中的气体温度在除臭预热器中升高时，气味会被消除，吸收的部分热量在燃烧空气预热器中回收，然后气体通过洗涤器除去灰尘，随后排放到大气中。闪蒸干化是一种高能耗需求及高运营成本的高能耗工艺。

2. 喷雾式干化机

喷雾干化机使用高速离心碗状雾化器，污泥料液进入该雾化器。离心力将污泥雾化成细颗粒，并将其喷洒到干燥室的顶部，然后水分被持续地转移至高温气体中，如图 11.4 所示。

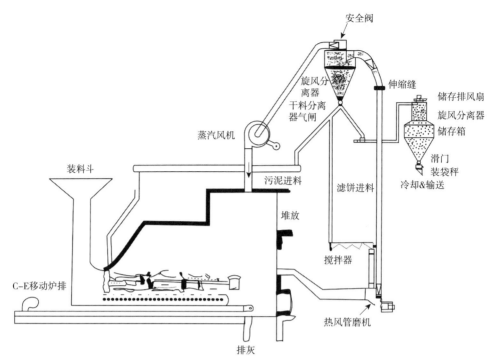

图 11.3　污泥闪蒸干化系统

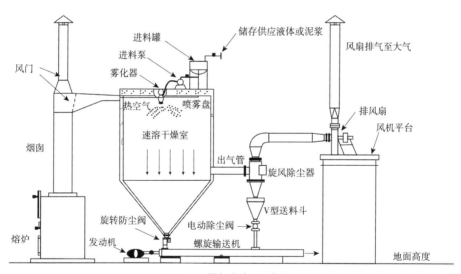

图 11.4　平行流喷雾干化机

如能避免喷嘴堵塞，可使用喷嘴代替碗状雾化器。

3. 旋转式干化机

　　回转窑干化机已应用于多个污水处理厂的污泥干化及市政固废与工业废弃物的干化和燃烧（图 11.5）。转鼓干化机是旋转干化系统的主要组成部分，其安装方向与水平方向呈 3°~4°的倾角。在重力作用下，污泥沿着滚筒从升高（进料）端移动到下（排出）端。滚筒的旋转

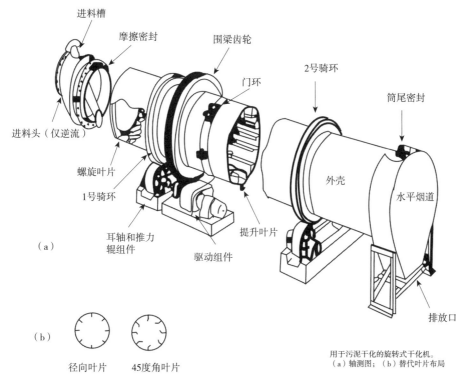

用于污泥干化的旋转式干化机。
（a）轴测图；（b）替代叶片布局

图 11.5　用于污泥干化的旋转式干化机
（a）轴测图；（b）替代叶片布局

速度为 5~8rpm。转鼓干化系统的辅助组成部分包括搅拌器（用于混合原始脱水污泥和返混的干污泥）、转鼓进料螺旋、熔炉（带燃料燃烧器用于加热空气）、旋风除尘器和洗涤器（可从热废气中分离颗粒物）、热交换器、干污泥提取螺杆和储料仓。直接和间接旋转式干化机均已开发应用于工业生产过程。在直接加热干化机中，热气通过钢壳与干燥材料分离。在间接加热干化机中，作为热源的气体充斥在包含污泥的中心壳体中，温度降低后排出。制造商生产多种型号的产品，直接干化机蒸发量为 1000~10000kg/h，间接干化机蒸发量为 350~2000kg/h。煤、油、气、市政固废或干污泥本身可用作燃料。当滚筒旋转时，可以安装鳍片（叶片）或导叶来提升和搅拌物料。

4. 多膛炉干化机

如图 11.6 所示，多膛炉干化机由一个圆柱形耐火钢外壳组成，其中包括一系列水平耐火炉膛，每个炉膛彼此叠置（图 11.6 中有六个炉膛）。进料系统包括带式输送机、带式螺杆和大通量输送机。炉膛内有三个燃烧区：顶部干燥区、中部燃烧区、底部冷却区。炉膛内每个区域的温度大约在图 11.6 所示的范围内变化。

多膛焚烧炉通常用于干化和燃烧（即焚烧）通过真空抽滤实现半干化（脱水）的污泥。粉碎的细污泥被加热的空气和燃烧物不断逆流穿过，这些细碎的污泥不断被扰动并变换干化表面。

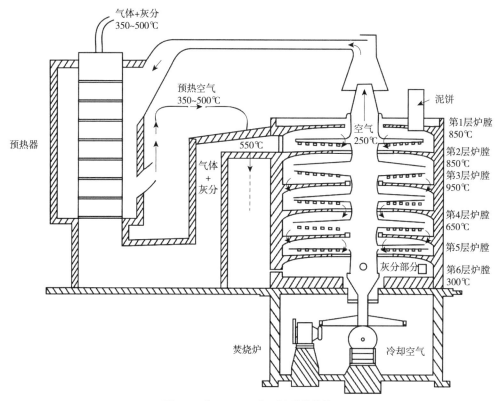

气体+灰分
350~500℃

预热空气
350~500℃

泥饼

预热器

550℃

气体
+
灰分

空气
250℃

第1层炉膛
850℃

第2层炉膛
850℃

第3层炉膛
950℃

第4层炉膛
650℃

第5层炉膛

灰分部分

第6层炉膛
300℃

焚烧炉

冷却空气

图 11.6 "Herreshoff" 型多膛焚烧炉

在多膛焚烧炉中，泥饼从最上面的炉床进料，并通过垂直于中空轴的水平中空（用于空气冷却）臂上的导叶或耙齿翻动，从一个炉床移动到另一个炉床，并先后完成干化、点燃、燃烧和冷却四个过程。在焚烧炉的中心，炉床温度升到最高值。废气通过预热器或者换热器，将加热的空气吹入焚烧炉以支持燃烧，冷却空气通过中心轴排出。

辅助燃料被注入到焚烧炉上部的几个炉床中。消化污泥一般需要补充燃料。烟气和飞灰在离开预热器（对进入燃烧腔的空气进行预加热）后，通过洗涤器，飞灰将被水夹带沉降后除去，同时尾气被释放到大气中（McCarty 等，1969）。

热量需求取决于污泥温度、含水率和锅炉效率。基于全热量回收（包括烟气和蒸发潜热）和总热量的模型考虑，锅炉效率通常为 45%~70%。多膛焚烧炉蒸发和焚烧的综合效率约为55%。原始污泥，即由新鲜的滤池污泥或活性污泥组成的混合物，在经过化学调理，经自然沉淀后采用真空过滤进行脱水形成的泥饼，通常具有足够的热值进行自持燃烧。然而，大多数消化污泥难以自持燃烧，需要添加辅助燃料（如沼气）。市政垃圾焚烧炉可作为一种提供热能的方式进行污泥焚烧。

5. 油浸脱水机

污泥干化也可通过专利的油浸工艺来完成，该工艺被称为 Carver-Greenfield 工艺。操作上，将轻质油与脱水污泥混合。油泥混合物很容易被泵送且能最大程度减少腐蚀和结垢，然后通过四级降膜蒸发器进行蒸发。由于水的沸点比载体油低，所以水分在蒸发器中被去除。水分蒸发后，基本剩下的是油和干污泥的混合物。通过离心机将干污泥分离出来，将剩余的油与过热蒸汽接触，可以将其分离成轻质油和重油残渣。

干污泥应进一步处理（例如造粒处理后作为一种燃料）或处置。在评估 Carver-Greenfield 工艺时，应研究利用焚烧炉、热解反应器或汽化炉从干污泥中回收能量和热量的可行性。从干污泥中回收的热量可用于提供工艺所需能量。如污泥进行填埋处置，可将其与离心或真空过滤后的污泥进行混合，以降低脱水成本。

6. 常规考虑要素

飞灰收集和臭味控制是污泥热干化相关的两个重要控制要点。旋风分离器的效率为75%~80%，适用于温度高达 340℃或 370℃的排气。湿式除尘器的效率更高，且可以凝结排气中的一些有机/挥发性物质，但可能会携带水珠。污泥完全焚烧的温度在 650~760℃（焚烧过程见 12.2.1 节），在焚烧过程中，污泥干化大约在 370℃发生。为消除臭味，废气温度必须达到约 730℃。因此，如果干化过程中产生的气体在焚烧炉中被重新加热到高于 730℃，臭味将会被消除。在较低的温度下，产生臭味的化合物可能会发生部分氧化，导致臭味增大（Metcalf & Eddy，2003；Shen，1979）。

11.2.7　设计考虑要素

热干化技术设计的主要特点概述如下：

进料污泥的含水率。为了降低进料污泥含水率，必须首先进行有效脱水。与机械脱水法相比，污泥热干化需要更多能源，因此污泥含水率低可确保污泥干化高效节能。

储存。脱水污泥和干化污泥需要储存。对于脱水污泥,建议至少考虑 3d 的储存容量？然而，干化污泥的储存取决于最终的处置计划。干化污泥通常是季节性出售，所以 90d 的储存容量应该足够。

废气排放和臭味控制。污泥干化和储存设施必须配备适当的废气排放和臭味控制设备。湿式除尘器、旋风分离器和袋式除尘器，或它们的组合，可以从空气中去除颗粒物。二燃室和化学洗涤器通常用于臭味控制。

火灾和爆炸危险。污泥中的固体由蛋白质、碳水化合物和脂质组成，如果有充足的氧气和足够的温度，固态污泥很容易燃烧。袋式除尘器、湿式除尘器和旋风分离器可用于去除空气中的易燃颗粒物。此外，训练有素的操作人员、适当的安全管控和有效的监督，可减少火灾或爆炸相关事故的发生。

侧流。干化机中水蒸气冷凝产生恶臭的液体侧流，含有有机物和氨。该液体必须定期回流到污水处理厂的进水段。

热量回收。污泥干化机应能回收所产生的热量并将其再利用，使工艺更加节能。回收的热量可用于进料污泥和助燃空气的预加热，也可支持其他污水处理厂的加热需求。此外，由于其良好的燃料价值，干污泥本身也可作为一种热源（Turobskiy & Mathai，2006）。

习题

1. 污泥处置前为什么必须消毒？

2. 污泥干化对污泥管理有何帮助？

3. 如何理解污泥热干化？描述其机制。

4. 干化机是什么？描述其类型。它们如何帮助实现污泥干化？

5. 热干化技术设计考虑要素有哪些？

第 12 章

热处理技术和污泥处置

12.1 引言

（Metcalf & Eddy，2003；Stathis，1980）

可通过以下方式实现借助热处理技术减少污泥量：

1. 通过热解将有机固体部分氧化和挥发，得到有热值的最终产物；

2. 通过焚烧或者湿式氧化法将部分或整体有机固体转化为主要是二氧化碳和水的最终氧化产物。

通常热处理的污泥是未经处理的脱水污泥。焚烧前，一般不需要污泥稳定化。事实上，焚烧前进行污泥稳定化是不利的，因为稳定化（特别是好氧和厌氧消化）降低了污泥中挥发性有机物的含量，也因此增加了辅助燃料的需求。但焚烧前可进行热处理，因为经过热处理的污泥非常容易脱水。通常热处理使污泥自持燃烧，即不需要辅助燃料维持燃烧过程。污泥可单独或与市政固废混合进行热处理。

12.3 节论述的热处理工艺包括多膛炉焚烧工艺、流化床焚烧工艺、快速焚烧工艺、协同焚烧工艺、热解工艺、湿式氧化工艺和重复煅烧工艺。讨论这些工艺前，综述热处理工艺的一些基本原理是有帮助的。

12.2 热处理技术分类

本节介绍了运用热处理技术的各种污泥减量工艺，即完全燃烧工艺、不完全燃烧工艺和热解工艺。

12.2.1 焚烧

污泥焚烧意味着污泥中所有有机质的完全燃烧。污泥挥发性有机物的组成包括碳水化合物，脂肪和蛋白质，主要元素是碳、氧、氢和氮（C-O-H-N）。这些元素的近似比例可在实验室通过元素分析技术确定。

完全燃烧所需的氧气量可根据对其成分的了解来确定，假设碳和氢被氧化的最终产物是 CO_2 和 H_2O。则计算公式为：

$$C_aO_bH_cN_d+(a+0.25c-0.5b)O_2=aCO_2+0.5cH_2O+0.5dN_2 \quad\quad (12.1)$$

空气的理论量是氧气计算量的 4.35 倍，因为按重量计算，空气由 23% 的氧气组成。为确保完全燃烧，约需要理论量 50% 的过量空气。

所需要的热量包括灰分中的显热 Q_s，且显热需将烟气温度升高至 760℃（即 1400 ℉）或者任何更高的操作温度，用于完全燃烧和去除臭味，将少量热量回收到预热器或者换热器。还必须提供潜热 Q_1，以蒸发污泥中所有水分。所需要的总热量 Q 可以表示为：

$$Q=\varepsilon Q_s+Q_1=\varepsilon C_pW_s(T_2-T_1)+W_w\lambda \quad\quad (12.2)$$

式中　C_p——灰分和烟气中每种物质的比热；

　　　W_s——每种物质的质量；

　T_1 和 T_2——初始温度和最终温度；

　　　λ——蒸发潜热 / 千克。

显而易见，降低热量需求的主要方法，可通过脱水和 / 或干化污泥降低污泥含水率，并决定是否需要辅助燃料支持燃烧。

焚烧工艺的主要优缺点（Turobskiy & Mathai，2006）：

优点：

- 减少湿泥饼约 95% 的体积和重量，降低处置要求；
- 彻底杀灭病原体；
- 可通过燃烧废弃产物回收能量，降低总能源消耗。

缺点：

- 投资和运营成本高；
- 降低生物固体的潜在利用价值；
- 需要高技能水平和经验丰富的操作和维修人员；
- 如果残留物（灰分）超过最高规定污染物浓度，可能归类为危险废弃物，需要特殊处理；
- 排放到大气中的烟气（颗粒和其他有毒有害的排放物）需进行综合处理，确保环境安全。

12.2.2　不完全燃烧

湿式燃烧法工艺，是指在高温高压条件下，向装有液态污泥的压力容器注入压缩空气，污泥中的有机质被氧化。该工艺源于挪威、最早应用于纸浆厂废弃物处理，但现在也被用于从初沉池或浓缩池直接泵送、未经处理的污水污泥的氧化处理。此过程为不完全燃烧，平均燃烧完成率为 80%~90%。因此，可在最终产物中检测到一些有机物和氨。不完全燃烧反应可用下列公式表示：

$$C_aH_bO_cN_d+0.5(ny+2s+r-c)O_2=nC_wH_xO_yN_z+sCO_2+rH_2O+(d-nz)NH_3 \qquad （12.3）$$

式中　　r —— $0.5[b-nx-3（d-nz）]$；

　　　　s —— $a-nw$。

从反应式中得到的结果也可用污泥的 COD 近似表示，约等于燃烧所需的氧气量。每 1kg 空气燃烧所释放的热量范围为 2.6 至 3.0 MJ。此系统的最高工作温度为 175~315℃不等，设计工作压力介于 1~20MN/m²。

12.2.3　热解

由于大多数有机物热稳定性差，在无氧环境中加热时，可通过热裂解和缩合反应的组合，分解为气态、液态和固态组分。通常用术语热解描述此过程。其与燃烧过程截然相反，燃烧过程是高放热的，而热解过程是高吸热的。因此，常用干馏作为热解的替代术语。

热解产生三个主要产物的特点：

1. 裂解气。主要包括氢气、甲烷、一氧化碳、二氧化碳和其他各种气体，具体取决于被热解物质的有机特性。

2. 焦油和 / 或油分。室温下是液态，并含有诸如乙酸、丙酮和甲醇等化学物质。

3. 焦炭。几乎是纯碳，及任何可能进入该过程的惰性物质一起组成。

对于纤维素（$C_6H_{10}O_5$），用下式代表热解反应：

$$3(C_6H_{10}O_5)=8H_2O+C_6H_8O+2CO+2CO_2+CH_4+H_2+7C \qquad （12.4）$$

方程式 12.4 中，液态焦油和 / 或油类化合物通常用 C_6H_8O 表示。实践证明，产物的组分类型和比例随热解温度变化。

12.3　热处理工艺

（Brechtel & Eipper，1990；Liao，1974；Metcalf & Eddy，2003；Negulescu，1985；Shen，1979；Turobskiy & Mathai，2006）

本节描述几种热处理工艺的使用，即多膛炉焚烧工艺、流化床焚烧工艺、回转窑焚烧工艺和新兴的焚烧工艺（飞灰焚烧工艺、协同焚烧工艺、湿式氧化工艺和混合热解工艺）。

12.3.1　多膛炉焚烧工艺

多膛炉焚烧工艺可将脱水泥饼转变为惰性灰分。由于工艺复杂且需经专门培训人员操作，通常多膛炉焚烧炉只用于处理能力大于 720m³/h 即 0.2m³/s（5Mgal/d）的污水处理厂。当污泥处置的土地有限时，它们也可被用于处理量较小的污水处理厂。同样也适用于化学处理厂，进行石灰稳定污泥的重新煅烧。

如图 11.6 所示（并在 11.2.6（4）节中进行了说明），泥饼从炉床顶部进料，被缓慢耙送到中心。泥饼从顶层的中心掉落至第二层炉床，此层耙齿将其移动到外围。泥饼从第二层炉床的外围掉落至第三层炉床，被再次耙送到中心。中间炉床温度最高，污泥在此处燃烧，辅助燃料也在此处燃烧，使熔炉升温并支持燃烧。预热空气从炉床最底部进入，在上升时经过燃烧区——中间炉床，被污泥进一步加热。最后空气到达炉床顶部后被冷却，其释放的热量用于干燥顶部进入的污泥。

在炉床顶部，加热含水率最高的污泥，一部分水被蒸发，空气中的湿度最高。空气两次通过焚烧炉，最初冷却空气被吹入中心柱和中空耙柄，以防止其燃烧。从顶部中心柱排出的大部分空气，会再循环到最底部炉床。此焚烧炉也可作为干化机（见 11.2.6（4）节），在这种情况下，焚烧炉需要提供热空气，且污泥和热空气同向通过焚烧炉向下流动。产品和热空气平行流动常用于干化操作，以防止局部燃烧或烧焦热敏材料。

需要注意的是，由于焚烧炉最大蒸发量的限制，进料污泥含固率必须高于 15%。通常当进料污泥含固率为 15%~30% 时，需要辅助燃料。当进料污泥含固率高于 50% 时，可能会造成温度超过标准焚烧炉的耐火和冶金极限。在有效炉床面积里，湿泥饼的平均容载率约为 40kg/（$m^2 \cdot h$），可在 25~75kg/（$m^2 \cdot h$）范围内。

满足空气排放标准，除脱水外还需要辅助工艺，包括除灰系统和某些类型的湿式除尘器。烟气经过洗涤器，接触洗涤水去除废气中大部分颗粒物。处理后的烟气 BOD 和 COD 为零，剩余的悬浮颗粒浓度与除尘器的效率有关。

飞灰处理分为湿法处理和干法处理。在湿法处理系统中，飞灰落入位于焚烧炉底部的集灰斗，与废气洗涤器的洗涤水混合、搅拌后，灰浆泵送至干化塘或进行机械脱水。在干法处理系统中，灰分通过斗式提升机机械输送至储料斗，卸入卡车，最终进行填埋处置。通常飞灰采用湿法处理。

多膛焚烧炉的优点包括可以焚烧初沉和二沉污泥、筛网垃圾、沉淀池和油分离器的浮渣、沉砂池中的脏砂和工业废弃物；当泥量、泥质显著变化时，多膛焚烧炉的维护简单，运行可靠、稳定；可露天安装。缺点包括投资成本高、占地大、高温区存在旋转机械、耙设备故障频繁（Turobskiy & Mathai，2006）。

12.3.2　流化床焚烧工艺

Dorr-Oliver 开发的流化床污泥焚烧法，也被称为"Fluo-solids"，已在炼油、化工等行业应用较长时间，最近开始应用于污泥焚烧领域。焚烧炉主体由金属圆筒和流化床组成，流化床内部为惰性固体（如砂子），流化气体 - 空气通过流化床持续吹入焚烧炉。

燃烧时，惰性固体和气体发生剧烈混合，使内部温度恒定。由于接触面很大，气体和固

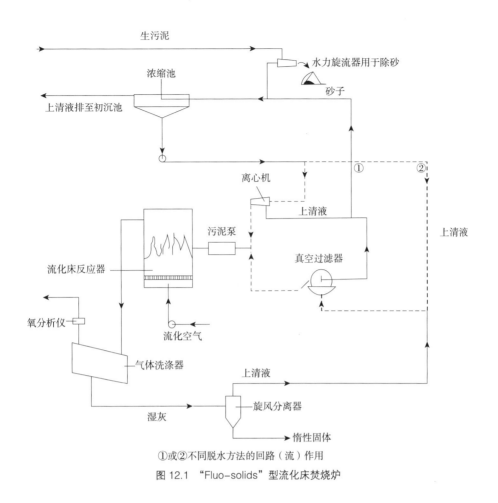

①或②不同脱水方法的回路（流）作用

图 12.1　"Fluo-solids"型流化床焚烧炉

体之间热传导极快（Shen，1979）。流化床焚烧炉原理如图 12.1 所示。

　　当可燃固体进入流化床时，由于传热速率高，颗粒迅速升温至燃点。同时，从焚烧炉底部连续吹入流化空气中的氧气，与可燃固体快速反应。该反应释放的热量被流化床吸收。进入焚烧炉的污泥，通常是初沉污泥，首先通过水力旋流器去除砂粒，之后被送入浓缩池，然后进入离心机（或真空过滤器）进行良好的脱水，最后送入焚烧炉。焚烧炉的灰分和废气或直接通过洗涤器（灰分被旋风分离器截留，气体被释放到空气中），或先通过预热器，在其中对流化和助燃的空气进行加热，最后进入洗涤器。进入的流化空气和助燃空气被来自焚烧炉的热废气加热到 540℃。与多膛焚烧炉类似，流化床焚烧炉也有外部辅助燃料。虽然预加热大大降低了燃料成本，但预热系统的投资成本约为流化床焚烧系统整体投资额的 10%~15%。此外，与其他辅助设备相比，预热系统的维护费相当高。

　　流化床系统容量是表面空速或迫使流化气体通过流化床速率的函数。选择空速要满足给定的进料条件，一般在 0.6~1.1m/s 范围内。通常焚烧市政污水处理厂的污泥采用直径不大于 10m、不高于 15m 的装置（Liao，1974）。

流化床焚烧工艺通过改变污泥进料速率和进入反应器的气流来控制燃烧过程，以完全氧化所有有机质并消除污泥消化需求。如果工艺连续运行或对未处理污泥进行短时间停机，则开机后不需要辅助燃料。

与多膛炉一样，流化床虽然很可靠，但是系统复杂且需要训练有素的操作人员。因此，通常流化床焚烧炉用于大型污水处理厂，但对于污泥土地利用受限的地区，也可用于低流量的污水处理厂。

流化床焚烧炉的主要优点：

（1）污泥和助燃空气混合良好；

（2）高温下，干化和燃烧在流化区及悬浮区内同时发生，从而减少了潜在的空气污染问题；

（3）焚烧炉没有移动部件；

（4）由于砂床的储热功能，流化床可在需要重启的情况下每天运行 4~8h，并几乎无需再加热；

（5）由于焚烧炉的灰分已经被向上流动的燃烧气体排出，因此不再需要机械除尘系统。

Dorr-Oliver 还开发了一种卧式螺旋流燃料焚烧炉，特别适合小型污水处理厂的需求。在此工艺中，当浓缩污泥进入燃烧室时，被压缩空气强烈的冲击波雾化。污泥颗粒被迅速氧化，并以灰分形式与燃烧气体一起被排出。然后以与 Fluo-Solids 同样的工艺方式分离、处置灰分。

12.3.3　回转窑焚烧工艺

（Turobskiy & Mathai，2006）

回转窑焚烧炉（或转鼓式焚烧炉）最常用于水泥熟料和黏土煅烧，以及污泥和市政固废的掺烧（协同焚烧）。在安装转鼓时，焚烧炉下端与水平方向有 2°~4° 的倾角。焚烧炉呈圆柱形，内衬耐火砖，并配备油气燃烧器。脱水污泥（与市政固废混合进行协同焚烧）从转鼓的上端进料。污泥在干燥区被干燥，在燃烧区燃烧并释放热量。热灰通过开孔落入炉外腔，并进入空气冷却器，冷却灰通过气动运输从空气冷却器进入接收料斗，然后运送到灰料斗中。将灰分冷却到 100℃后，换热后的热空气进入炉腔用于燃烧。在干燥区，废气温度为 200~220℃，污泥含水率从 65%~85% 减少到 30%~40%。通常燃烧区长度不超过 8~12m，温度达到 900~1000℃。

回转窑焚烧炉的优点包括废气所携带的热量和粉尘颗粒少，可处理高灰分高含水率污泥，可露天安装回转窑的旋转部分（加热段和进料室一般在室内）。其缺点是设备体积大且笨重、投资成本高、操作相对复杂。

12.3.4　快速焚烧工艺

在快速焚烧工艺中，通过快速干化装置将部分或全部污泥进行干化，并可灵活控制污泥进行焚烧的比例。当干化污泥可用作肥料时，可通过焚烧部分污泥提供干化热量以减少燃料需求。当肥料没有市场时，则需焚烧所有的污泥。与多膛炉或流化床焚烧工艺相比，用快速焚烧工艺焚烧所有污泥不具竞争力，且预计未来该工艺不会大范围推广。

12.3.5　协同焚烧工艺

协同焚烧是将污水污泥和市政固废共同焚烧的工艺。主要目标是降低污泥和固废焚烧的综合成本。目前，协同焚烧工艺尚未被广泛应用。其优点为可以利用焚烧产生的废热以蒸发污泥中的水分，使污泥和固废的焚烧实现自持，并可能提供多余的热量以产生蒸汽，如果需要可进行厂内发电，甚至可不需要提供辅助的化石燃料。在设计合理的系统中，焚烧过程产生的热气可去除污泥中的水分，使含水率降至 10%~15%。可使用静电除尘器净化废气。研究发现，将含水率 70%~80% 的污泥滤饼直接输送到移动或往复式炉排内进行焚烧是无效的。在无余热回收、正常操作情况下，掺烧比为 0.5kg 干污水污泥 /2.25kg 固废。对于有余热回收的水冷壁锅炉，掺烧比约为 0.5kg 干污泥（工业污水处理厂）/4.0kg 固废。

12.3.6　湿式氧化工艺

Zimmerman 工艺（图 12.2）是指在高温高压下对未经处理的污泥进行湿式氧化。该工艺与热处理工艺（见 6.2、11.2 节及图 11.1）中讨论的一样，高温高压下可使挥发性固体更完全氧化。未经处理的污泥被粉碎并与指定数量的压缩空气混合。混合物被泵送经过一系列热交换器后进入反应器，加压反应器，以保持水在 175~315℃的操作温度下为液相。高压机组可在高达 20MPa 的压力下工作。最终气体、液体和灰分的混合物离开反应器。

液体和灰分的混合出料通过热交换器加热进入的污泥，然后通过减压阀流出系统。由压降释放的气体，在旋风分离器中分离并排放到大气。在大型设施中，通过涡轮式膨胀发动机对膨胀气体进行能量回收可能是经济的。液体和稳定化的污泥通过换热器被冷却，然后通过干化塘、沉淀池或砂床被分离。液体回流到初沉池，污泥被填埋处置。当使用未处理污泥时，该工艺可实现热量自平衡。当需要辅助热量时，可向反应器内注入蒸汽。

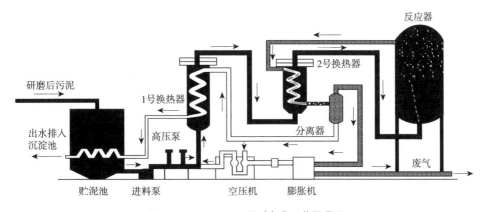

图 12.2　Zimmerman 湿式氧化工艺原理图

此工艺的主要缺点是产生高浓度循环液。该液体可造成处理系统高有机负荷。该液体 BOD 浓度可达未处理污泥的 40%~50%，COD 一般为 7000~10000mg/L。据报道，部分 COD 难降解，且难以通过物理或化学方法（如混凝和活性炭吸附法）去除。

自 20 世纪 60 年代初，引进湿式氧化工艺以来，该工艺仅在少数装置中使用。其中一些装置后来已停止使用。最近的创新可使该工艺更容易被接受。在创新系统中，进料污泥预处理是通过加酸使 pH 值降至 3。从而，该工艺可在低压 4MPa 及 230℃温度下运行。一般而言，湿式氧化系统不适用于处理量小于 0.2m³/s（即 5Mgal/d）的污水处理厂。

12.3.7　混合热解工艺

热解是在没有空气或其他气体支持燃烧的情况下，在温度范围 370~870℃内对有机污泥进行干馏和分解。与焚烧相同的是，热解可减少固废体积，产生无菌的最终产物。与焚烧不同的是，它具有消除空气污染和产生有用副产物的潜在优势。

目前，市政固废热解数据远远多于其与污水污泥混合热解数据。为了使混合热解工艺经济可行，有必要开发热解产物（如燃气、油类和焦炭）最佳生产量运行参数。商业规模下运行热解设备，需要确定热解装置的操作温度、压力和停留时间。固废和污泥混合热解的典型流程图如图 12.3 所示。

除残余焦炭和废水外，还需要处理工艺中排出的可燃气体。建议这些系统使用以水为洗涤介质的气体洗涤器。热解工艺残余的焦炭或固体物质，如果不用作燃料或道路建设的砂石

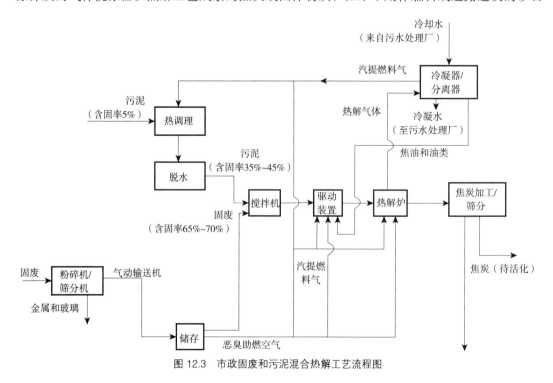

图 12.3　市政固废和污泥混合热解工艺流程图

材料，则建议采用填埋处置。由于热解反应器产生的焦炭或灰分具有惰性，且过程中产生的灰分数量相对较少，废气成为需要处理的主要污染物。

12.4　工艺进展

12.4.1　污泥熔融处理

（Perry，1973）

1. 引言

随着污水处理系统的普及和污水量的增加，污泥产量逐年递增。然而，适合污泥处置的场所有限，最终处置已成为一个严重的问题。

污泥熔融处理是解决此问题的方法之一，已引起广泛关注，尤其在日本。熔融处理可减少污泥量，稳定铬及其他有害物质，并可有效利用产生的熔渣作为建筑材料。

2. 基本系统构建

污泥旋流熔融系统一般分为两大类：

（1）碳化熔融系统（carbonizing-melting systems，CMS）；

（2）干燥熔融系统（drying-melting systems，DMS）。

其中，碳化熔融系统（如图 12.4 所示）较为普遍。

3. CMS 基本配置

CMS 的基本配置为：

（1）脱水泥饼进入流化床炉膛，在燃烧空气比为 1.0 或更低的还原气氛中被碳化。

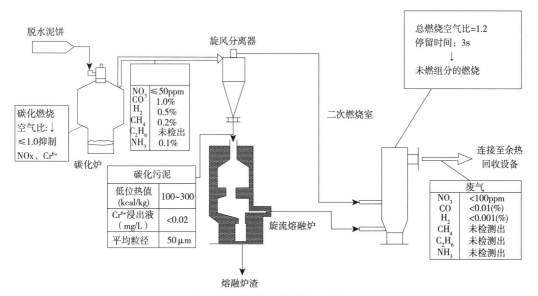

图 12.4　碳化熔融系统的基本配置

（2）利用旋风分离器将还原气氛中的分解残留物从废气中分离并收集。残留物中，未燃组分主要由残余炭组成，热值在100~300kcal/kg之间。该热能可用于熔融污泥。

（3）通过旋风分离器分离和收集的残留物排入旋流熔融炉（热进料），不需降低温度。

（4）残留物在旋流熔融炉中熔化成炉渣。

（5）碳化炉和熔融炉排出的废气在二次燃烧室中混合，使总燃烧空气比达到1.3左右，实现完全燃烧。

4. 系统特性

具有上述配置的系统特性包括：

（1）由于碳化炉可抵抗泥饼性质波动，稳定进行熔融处理，碳化污泥性质得以稳定。

（2）减少碳化污泥体积，使熔融炉更紧凑（约为干泥饼熔融炉尺寸的1/3）。

（3）碳化污泥性能最适用于旋流熔融炉，因其非常容易操作和维护。

（4）可抑制NO_x和Cr^{6+}的产生。将碳化炉中燃烧空气比控制在1.0或更低，可抑制Cr^{6+}和NO_x的产生。

（5）可选择焚烧或熔融。

碳化过程可单独进行焚烧和/或熔融。

12.4.2 持续冲击波等离子体（sustained shockwave plasma，SSP）破坏技术

（Mathiesen，1990）

1. 引言

当填埋场稀缺时，一种可能的污泥处理理想方式是在产生污泥的地方，以其产生速度进行同步破坏，只留下洁净的空气和无害可用的残留物。

无论是多膛炉焚烧还是流化床焚烧，污泥焚化速度都太慢，而且需考虑的工艺参数很多，例如在一定条件下，仅以污泥和辅助化石燃料作为能源，工艺参数取决于维持燃烧反应的需求。这种不灵活性，加上不可避免的过程干扰，导致了尾气排放的难以控制或无法控制。此外，燃烧残渣（即灰分）是危险废弃物，必须进行处理处置。尽管如此，通过快速和可控的氧化反应进行污泥处理仍是非常有吸引力的。其中需要考虑的因素很多，且可能是互相矛盾的，例如：

（1）破坏二噁英需要温度足够高并维持一定时间，然后猝灭限制其再合成。

（2）保留挥发性重金属需要低温。

（3）污泥干基含高达5%（质量分数）的氮，因此氧化需要低温、低氧分压来抑制NO_x产生。

（4）所有有机质的破坏都需要高温、高氧化还原电位。

因此，在燃烧系统中无法找到解决办法，其唯一可能的过程控制参数是在氧化区充入过量空气降低温度，同时试图实现完全氧化。这一切都可在多级SSP驱动的快通量氧化系统中实现，每一级都可建立最佳条件。其优点是经济、灵活，以适应污泥成分、流量和环境安全的变化。

2.工艺描述

该工艺包括三部分：干化、氧化和气体净化。氧化过程最重要。

（1）干化：含水率80%（质量分数）脱水污泥进入处理厂。在两台串联运行的干化机（回转式干化机及其后的闪蒸干化机）中被进一步干化至8%~10%含水率（质量分数）。干化所需热量来源于处理厂快速氧化部分的空气冷却系统。

干化机废气温度约为90℃，干化污泥达到60℃。干化过程还可将干化污泥粉碎至氧化段所需的粒径大小。

进行干化是为了限制气体流过氧化段，并将等离子体处理阶段的能量输入降到最低。这使得热能在污泥氧化放热过程被快速释放，并用于干化，而非电能。

（2）氧化：氧化室包括三部分：

- 等离子区；
- 主氧化区；
- 二级氧化区。

三个氧化区垂直排列，污泥从顶部进料，下落过程通过三个区域，当惰性物质到达底部时完成所有反应。处理达到完全氧化，从而破坏所有含碳有机物。

氧化室可满足NO_x和CO排放的所有要求。此外，该过程通过在进料中添加碱性或碱土金属盐类，与等离子体还原部分的硫反应，来抑制酸性气体产生。

氧化阶段产物如下：

- 玻璃态污泥，包含重金属。在此阶段去除高达90%的非氧化物质；
- 无碳颗粒，粒径小于$10\mu m$；
- 氧化反应气体，包含大量SO_2、HCl、HF和极少量挥发性金属或金属化合物。

后端气体净化系统用于去除废气所携杂质，将洁净气体排放到大气。

（a）等离子区：持续冲击波等离子体环境，所有污泥颗粒自由下落通过此处，并触发反应。停留时间虽短（约0.9s），但已足够。在等离子环境中，污泥颗粒不仅经历等离子体热能转移，还与存在的声能和电能相互作用。

SSP等离子体可看作是连续的垂直直流放电，通过它从中央阴极发射到一组沿等离子体阴极下端内壁安装的阳极段的叠加高频直流脉冲。建立一个锥形等离子体区域，脉冲放电在其周边以高达100000r/min的速度传播，脉冲发射速率高达100000次/s。

在此完全还原步骤中，等离子体处理的目的是为下一步氧化阶段进行污泥预处理，以便在下面两个氧化室中进行快速氧化。同时，将金属从氧化态还原为金属态，借此使其趋向聚集在一起，从而在很大程度上防止重金属及其化合物的挥发。虽然这一机制不能去除气流中所有金属，但有助于提高后端气体净化工作的有效性。

（b）主氧化区：高反应活性且处于氧化初期阶段的污泥颗粒，进入亚化学计量的主氧化区，在此引入空气，所有可氧化污泥都被气化。固体残渣在此呈熔融态，且固化无碳玻璃态物质在竖井底部被收集。残渣聚集进一步限制金属进入气体的可能性。

收集的固体物质用于水泥生产或用作骨料的有用材料，含有大量污泥中不可浸出的重金属和硫。

（c）二级氧化区：主氧化区产生的气体在这里被处理，使 CO 和 H_2 完全氧化为 CO_2 和 H_2O。二级氧化区排出的气体携带一定污染物，通过气体净化设备去除这些污染物。这一阶段的污染物仅限于极低浓度的酸性气体、颗粒物和金属蒸气。

（3）气体净化：利用湿式洗涤器等、分五个阶段对氧化装置排出气体进行净化，且逐步进行冷却以符合热需求，并达到最佳去除效率。

当浓度高于规定值时，系统中可能存在汞蒸气，尤其当污泥进料中的汞浓度突然增加时。因此，安装硒过滤器可使汞最大排放量低于 $10ng/m^3$。

12.4.3 气化

人类开发和使用非常规能源的必要性及动力与日俱增。当前对使用氢气作为一种替代运输燃料的热情，是建立在期望氢气能以有竞争性的价格从可再生资源中获得的基础上。实现该目标的一种方法是对污水污泥和其他生物质进行蒸汽重整制氢，如以下方程所示：

$$C_6H_{10}O_5+7H_2O \rightarrow 6CO_2+12H_2 \tag{12.5}$$

上述理想化的化学计算方程中，纤维素（以 $C_6H_{10}O_5$ 表示）与水反应产生氢气和二氧化碳，通过催化蒸汽重整化学方法模拟从甲烷制氢工业化过程。实际上，实用型技术必须将生物质原料中的纤维素、半纤维素、木质素和萃取成分转化为富含氢气和二氧化碳的气体，但也包含一些甲烷和一氧化碳。不幸的是，生物质原料不能直接与蒸汽反应产生目标产物。相反，将产生大量焦油和焦炭，并且气体中除所需的轻质气体外，还含有高级烃。Herguido 等（1992）展开的研究很好地说明了这种情况。Herguido 等观察到，常压下运行的流化床，随着床温升高到 650~775℃，木屑蒸汽气化产生的焦炭产率在 20wt%~10wt% 之间，焦油产率下降到 4wt%。但在最高温度下，原料中只有 80% 的碳转化为气体。在 800~875℃ 下通过使用二次硫化床煅烧白云石，Delgado 等（1997）几乎可将所有焦油转化为气体。然而，焦炭副产物没有被转化，这表明了气体的实际损耗。因此，上述方程所设想的生物质原料进行全蒸汽重整仍是一个难以实现的目标。然而，Xu 和 Anal（1998）进行了一项研究，目的是确定产生期望的全蒸汽重整化学反应的条件。结果表明，用 5wt%（或更低）的玉米淀粉在水中可制成半固态凝胶。污水污泥和木屑可与该凝胶混合并悬浮其中，呈稠浆状。这种浆体很容易通过泥浆泵输送到超临界流反应器中。在水的临界压力以上，消化的污水污泥和木屑可通过碳催化剂被蒸汽重整为由氢气、二氧化碳、甲烷和微量一氧化碳组成的气体，且没有焦油副产物。

该反应器出水的 TOC 值较低、pH 值为中性、且无色。该出水可再循环到反应器中。

这项研究工作及 Xu 和 Matsumura 进行的早期实验结果表明，消化污泥的性能与木屑类似，但由于原料灰分高，更易堵塞反应器进料口。且反应器中排出的矿物质含量要低于自来水。

12.4.4　污泥飞灰固化

在没有足够土地利用场所时，污泥在干化后焚烧且进行污泥飞灰处理，以显著减少其体积。飞灰熔融处理是一种较有前景的工艺。但是，熔融过程也有缺点，如需超过 1000℃ 的高温及其工艺设备的复杂性。

另一方面，水热热压（hydrothermal hot-pressure，HHP）工艺是一种凝固污泥飞灰的固化法。HHP 工艺设备简单（见图 12.5 和图 12.6），主要由反应釜、加热器和压缩机组成。固化处理温度低于飞灰熔融处理温度。采用玻璃粉作为固化添加剂，利用 HHP 工艺固化污泥飞灰可能是一种有效的焚烧后处理方法。

采用 HHP 工艺固化处理污泥飞灰和玻璃粉的混合物，其明显的优点是将两种废料一起制成有用的产物。

12.4.5　重要专利技术

本节包含一些摘要，适当说明了根据《专利合作条约》，为处理来自不同国家的污泥而申请的美国专利和已公开的专利。本节中介绍的完整专利内容可从部分参考文献提到的出处获得。

（1）4880586：动物粪便和污水污泥的处理方法

动物粪便处理，尤其是粪液和污水污泥，是将高含水率的原料与干燥添加剂（最好是循环再利用的干燥物料）混合形成压块后，堆放在透气的堆体中进行熟化，熟化过程中采用压块体积主要在 30~50cm³ 之间。压块在压力机中很容易成型，直径 30~40mm 之间、高度 40~80mm 之间。对于较大直径的压块，规定要在其上形成孔状结构。

（2）4902431：污水污泥处理方法

这是一种将污水污泥净化至达到或超过美国环保署要求的工艺水平的方法，进一步降低了病原体含量。将足够数量的石灰或窑灰和 / 或其他碱性物质与污水污泥混合，在预定时间内使混合物 pH 值升高到 12 及以上，对所得混合物进行干化处理。

（3）4881473：含油污泥和炼油厂废料的处理方法及设备

处理含重烃污泥（如炼油厂废料、储油罐污泥和海上邮轮压载水）的方法，是使污泥流通过间接干化机，以蒸发常压下沸点低于 700℃ 的液体，干燥充分的污泥颗粒从干化机中排出。含有重烃（在表层或在污泥内部）的干燥颗粒，被引入燃烧器 / 氧化器中，与高速流动的含氧气流（通常是低压送风）接触，以燃烧污泥中的残留烃并将重金属转化为氧化物。污泥处理系统包括转盘式间接干化机，连接到提升管式燃烧器 / 氧化器，使干燥污泥与含氧空气充分接

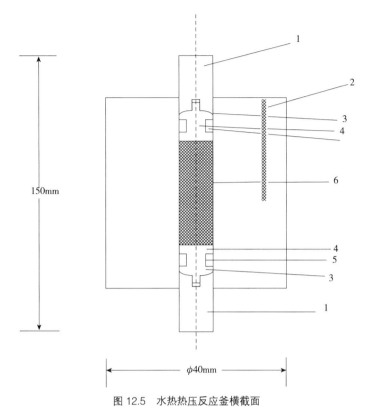

图 12.5　水热热压反应釜横截面
（1）推杆；（2）热电偶套管；（3）密封填料；（4）铸棒；（5）排水空间；（6）样品

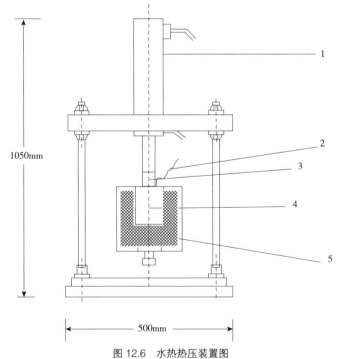

图 12.6　水热热压装置图
（1）推料活塞；（2）热电偶；（3）推杆；（4）反应釜；（5）感应线圈

触。从提升管中排出的气流进入离心机或旋风式气固分离器，且干化机排出的部分干燥污泥会返回到干化机进料口，以降低进入干化机的污泥含水率，尽量减少干化机内部结块及堵塞。

（4）4919775：污泥电解处理的方法及设备

电解槽中以短间隔、并排交替排列多个阳极板和阴极板。处理污泥的循环电流在上述电解槽内产生。所述循环电流包括在各电极板之间向上流动的电流，及在电极板上方沿指定方向靠近污泥表层的表面电流。所述的向上电流使单个电极板间产生的气泡和电极板间的絮体上浮至电解槽表面。然后，通常上浮的气泡和絮体被表面电流携带至电极板上方的表面积外。如此，聚集在电解槽一侧的气泡被其上的污泥冲走。

（5）4925571：污水污泥输送同步巴氏消毒的方法

用于处理具有给定含水率的污水污泥以制备土壤改良剂的工艺，包括：（a）把污泥运输到运载工具上，（b）对运输过程（a）中污泥进行加热至一定温度并保持足够时间，在基本不降低污泥含水率的情况下对污泥进行巴氏消毒。该处理过程可在任何适合的运载工具上进行，如船舶、铁路公路两用汽车或卡车。污泥巴氏消毒所需的热量可从运载工具的发动机余热和／或辅助热源中获得。车辆从一个目的地到另一个目的地运输过程中对污泥进行巴氏消毒，因此污泥在从车辆上卸料前无需单独进行巴氏消毒。与现有技术的传统工艺相比，本发明保护公众健康并节省时间和金钱。

（6）4926764：污水污泥处理系统

来自用于处理污水污泥的造粒干化机的排放气体，部分直接返回燃烧室，燃烧室产生的废液被送入干化机。气体洗涤器和后燃器的容量需减少到满足未返回燃烧室的排放气体体积。将浓缩污泥与一定数量的脱水颗粒物混合，然后输送至旋转造粒干化机。燃料和空气经过燃烧过程，在燃烧室内与多余空气和部分排放气体混合，从而产生热气态流出物并直接通过干化机。该流出物可去除浓缩污泥和脱水污泥颗粒的混合物以及排放气体中的水分。首先通过旋风分离器从排放气体中分离携带物。气体流量比例阀设置在连接旋风分离器、气体洗涤器和燃烧室的管道系统中，以将一部分排放气体引导回燃烧室。

（7）4936983：气体辅助处理污水污泥

此发明涉及一种在高压容器中处理污水污泥的装置，该装置通过向污泥中注入富氧气体使污泥氧化，然后将污泥和富氧气体的混合物分散至高压容器上部，使其在富氧环境中进一步相互作用。通过将富氧气体输送到气体和污泥混合分散组件中，将富氧气体注入污泥。在混合物从通道中被分散之前，气体和污泥在组件中形成的多个通道内混合。

（8）EP 0348707 A1：油泥处理工艺

一种处理炼油厂污泥以产生焦炭状残留产物的工艺，其中，含油的炼油厂污泥中含有沸点高于550℃的有机固体物质，水被加热至温度高于水沸点且低于碳氢化合物热裂解温度，污泥中的水形成蒸汽，用于从有机固体物质（被回收为固体焦炭状残留产物）中提取任何轻质烃。

（9）US 5868942 A：生物固体污泥处理工艺

一种处理含有病原体污泥（细菌、病毒、寄生虫）的工艺，包括将污泥与氧化钙、氨和二氧化碳混合的步骤，从而将混合污泥温度提升到 50~140℃ 之间，并将 pH 值提高到 9.8 以上，加压使混合污泥压强高于 14.7p.s.i.a.，然后排放加压混合污泥。该污泥含水率在 65%~94% 之间（以重量计）。氨以氨气、氨水、碳酸氢铵或作为氧化钙与污泥中水反应的副产物形式添加到污泥中。二氧化碳是以二氧化碳气体或碳酸氢铵反应物的形式添加到污泥中。加压混合污泥是通过将污泥闪蒸穿过限流孔并蒸发闪蒸污泥中的液体组分而排出（Boss & Shepherd，1999）。

（10）US 20020148780 A1：强化生物活性污泥处理污水的方法及由此产生的燃料产物

利用非常简单的在线喷射器注入系统，将纤维素基催化介质引入污水处理系统，以强化生物处理过程、提高生物质沉降性，并产生生物质燃料。纤维素基催化介质颗粒为微生物创造了进食点位，为其提供丰富的食物，包括被吸收的有机质以及天然存在的葡萄糖和蛋白质。此外，纤维素基催化介质天然含有一种被称为糖蓴的碳水化合物，将其作为絮凝剂，可使二沉池中较小的悬浮固体"粘"在一起，形成更大、更重的颗粒。较大、较重的固体颗粒产生生物质污泥，沉降性能更好、沉降速率更快。然后，沉降的生物固体（现在含有纤维素基催化介质的组分）被脱水、干化，以产生生物质燃料（Tiemeyer，2002）。

12.4.6 污泥利用进展

1. 利用污水污泥生产 L- 乳酸

最近已开发出多种生物降解塑料（Doi & Fukuda，1994）。然而，为促进生物降解塑料的使用，业界需解决的一个重要问题，暨为高昂的生产成本。Peimin 等（1997a，b）估算了 L- 乳酸（生物降解塑料前驱体）的生产成本，发现原材料成本约占制造总成本的 40%。因此，降低 L- 乳酸的生产成本主要取决于我们对原材料的选择。因此，如果污水污泥可有效地用作生产聚乳酸的原材料，则可大大降低成本。

从以上观点出发，许多关于由纤维素材料生产生物燃料的研究已经发表。一些研究涉及由纤维素材料生产乳酸，其适用于各种行业（Xavier & Lonsane，1994）。Schmidt 和 Padukone（1997）进行了一项研究，使用由废纸产生的乳酸作为生物降解塑料的原材料。此外，Nagasaki 等（1999）已成功从污水污泥中获得乳酸。研究发现，污泥（来源于造纸厂）中的高浓度纤维素，其转化为 L- 乳酸的效率高达 6~91g/L。要达到如此高的纤维素转化率，污泥必须进行预处理。该预处理包括在污泥经过酶水解后，用乳酸菌 LA1 菌株接种污泥。

2. 通过土地利用回收污水污泥营养物

作为一种经济有效的替代处置方法，将市政污水污泥等有机残留物用于土地利用，包括农地、林地、牧场以及土地复垦地，得到了广泛应用。然而，在许多关于污泥土地利用的长期研究中，物料平衡计算无法解释施用污泥中高达一半的金属在施用后流失了，这对通过土壤将金属长期固化的观念提出了挑战。此外，污泥施用场地中金属的损失可能代表一种环境风险，因此有必要更好地了解控制金属迁移的因素。因此，通过土地利用回收污水污泥（生物固体）中营养物是一个理想的目标，但是施用污泥中微量金属的潜在迁移值得关注，也是目前的一个科研领域。

3. 将污水和污泥转化为电力

英国泰晤士水务公司将污水转化为电能，为英格兰南部 3.8 万户家庭提供电力。泰晤士公司与 Renewable Energy Company 合作，采用两种方法：沼气和蒸汽（通常利用排海废水），为其 22 个处理厂提供可再生能源。在伦敦市中心东部的 Becton 厂和 Bexley 厂，焚烧污泥以提供蒸汽发电。Becton 厂是欧洲最大的污泥处理厂之一，每年最终处理三百万吨污水，供电 60MW。

4. 将污泥转化为建筑板材

根据 Institution of Engineers of Ireland（IEI）的一份文件（1999）显示，英格兰西北部索尔福德大学（Salford University）尝试将 Bridgewater Paper Company 的造纸污泥转化为建筑板材，并在回收系统中用于制砖。该过程涉及将废料收集在一个独立罐体中，并使用絮凝剂以促进其脱水。当切碎、压成平板、再干化后，其已无弯曲强度。然而，污泥中含有细小的分散黏土块，分布于随机排列的纤维团块中。据观察，如果污泥在絮凝前被去除且经过相同的干化步骤，则其可具有良好的弯曲强度。索尔福德研究人员发现，当单独收集富火流并用于制砖时，留下的污泥可用于制板。制砖时，白瓷土的细纤维改善了孔隙结构，可提高砖的耐热性，尽管必须监测燃烧排放物增加的毒性。预絮凝和絮凝后的污泥均可用作石膏板的添加剂。锚固、压痕和耐冲击性得到改善，但耐火性略有降低。完全由废料制板虽看上去很有吸引力，但该材料干化时脱水缓慢且难以保持平整。使用加热板框压滤机可能解决后一个问题，但不适用于含水率超过 40% 的板材，这使得研究人员开始研究其他操作方法。目前，该工厂每年生产 4.5 万 t 纤维素纤维和 5.5 万 t 黏土填料，伴随 10 万 t 废水产生（IEI，1999）。

5. 利用污泥产生生物炭

生物炭中的碳在农业土壤中可抗降解，且可将土壤中的碳与大气隔离数千年。由于生物炭是多孔的，它也可吸收气体。污泥中的炭对任何气体都具有良好的吸收功能，因此，其可用于大规模的空气污染控制。

习题

1. 热处理技术如何减少污泥量？

2. 列举不同的热处理方法，并简要描述。

3. 阐述焚烧过程。其优缺点是什么？

4. 叙述污泥利用进展。

5. 列举污泥处理的三个专利，并简要说明。

6. 如何根据操作条件区分焚烧、热解、湿式氧化工艺、混合热解工艺和气化？

第 13 章

污泥处置方法、问题和应对策略

13.1 引言

自从人类进入大型城镇和城市地区以来，就一直关心有效、安全处置家庭和 / 或商业活动产生的液体和固体废弃物问题。通常，未经处理的废液被排放到溪流、河流或海洋中，但随着人口密度的增加，这种做法越来越不可行。所以，引入处理系统以去除污水中的可溶及悬浮有机质，导致产生约含有 1%~2% 干基的污泥。照惯例，这些污泥随后进行农用或排到贮泥池中，在那里它可被干燥成泥饼。这种粗放的方式不能持续下去的两个主要原因有：第一，随着水处理工艺的广泛采用，污泥产量显著增加，与此同时，传统处置路线的可行性受到限制。第二，现代工业文明导致了许多危险和剧毒物质进入污泥中，因此不适合采用常规处置方法。

污泥处置是一个世界性难题，并且根据地方条件采用了各种各样的处置路线。污泥处置采用的技术以及引起的环境影响，很大程度上取决于选择最终处置地点，可以是土地、大气或水。

污泥土地处置已广泛应用，包括填埋和农用，但主要限制因素为病原体、有毒有机物、重金属以及运输和资源化利用困难。因此，有时要付出相当大的代价，使用各种技术克服上述困难。目前的研究结果表明，土壤中低浓度的有机氯不会转移到农作物中，最终会被土壤微生物降解，而重金属会在土壤中积累并大量转移到食物链中。因此，在以此路线处置污泥前，需要一种经济有效的方法从污泥中去除重金属。然而，由于缺乏合适的地点，以及对危险和有毒物质的控制越来越严格，这种做法正面临越来越大的压力。

将污泥处置后排放到大气中主要采用高温焚烧或热解。焚烧将污泥中存在的所有有机质转化为二氧化碳（CO_2），留下大部分无机质作为灰分。而热解产生液态烃、CO_2 和灰分。在某些情况下，液态烃可直接用作柴油。但是，所有高温操作 / 工艺都需要增加大量设备，例如废气洗涤塔以防止严重的空气污染，因此是资本密集型技术。

将污泥倾倒海洋也得到了广泛实践，但由于其对海洋环境的不良影响，面临被禁止的压力越来越大。污泥倾倒的结果应针对特定地点进行评估，并且受污泥成分范围的严重影响。需关注的成分有有机质、细菌和病毒、有机氯、重金属、石油和油脂，以及硝酸盐和磷酸盐等营养物。在冲刷良好、分散的海洋环境中，主要关注的是有机氯，其富集在食物链中并可对高等生物造成严重的健康影响。另一方面，当存在低浓度的重金属时，似乎不会富集在海洋食物链中。鱼类可以利用金属硫蛋白酶分离和净化低浓度的重金属。通常仅在靠近海滩或贝类养殖场排放时，有机物、油类和油脂以及病原体才会引起问题。在流动和循环受限的封闭沿海水域，主要的环境问题是由营养物质添加引起的富营养化。

13.2　污泥处置问题和应对策略

13.2.1　土地处置

由于多种原因，通常土地处置被认为是污泥处置的理想选择。如果在污泥处理厂 10~15km 以内有可利用的土地，则采用土地处置可避免污泥过度处理，并可回收污泥中的营养成分以及调理土壤。然而，土地处置方案也有一些问题，可归纳为若干条目，如下文所述，即病原体、重金属、有毒有机物，以及运输和应用困难。

1.病原体

当对污泥进行任何处理时，要考虑到原始污水中大部分病原体会浓缩到污泥中，存在相当大的危险。病原体可分为四类：病毒、细菌、原生动物，以及包括人类蛔虫、绦虫和肝吸虫等在内的较大的寄生虫。此类微生物可导致人类疾病，接触和传播可能以多种方式发生，例如吸入污泥气溶胶或粉尘、食用被污泥污染的蔬菜或水果、饮用被排水污染的水，或食用被感染同时牧场经污水污泥蓄养牲畜的肉。由于上述危险的存在，污泥在土地利用前必须经过特殊处理，以大大减少病原微生物的数量，并且必须采用非常谨慎的处理方法和管理技术，最大程度降低感染的风险。

应对策略：污泥灭菌或巴氏消毒可通过第 11 章中论述的多种技术来实现。这些技术可采用高温、延长停留时间和高 pH 的各种组合。采用简单的温度 / 时间组合，例如：65℃至少维持 30min、70℃至少维持 25min、75℃至少维持 20min 或 80℃至少维持 10min。然而，在更高的温度下，通常不允许反应时间少于 10min。此外，污泥在巴氏消毒前必须进行粉碎，以减少大颗粒污泥，从而实现有效的巴氏消毒。

可通过燃气燃烧器或大型连续流微波炉将污泥加热至所需温度。从能量输入的角度来看，一种高效的方法是高温好氧消化，其中氧化细菌产生的热量足以维持在 50~60℃下的自热运行。实现有效的巴氏消毒同样需要一定的温度 / 时间组合。此外，建议采用两级反应器，以避免微生物停留时间过短。对此类系统，在 50~60℃的温度范围内停留 5d，可实现巴氏消毒。

适当隔热时，向脱水污泥中添加生石灰（CaO），可使污泥升温至 55~70℃。这是由于氧化钙与水发生的放热反应。石灰和污泥混合物的 pH 值必须至少达到 12.6，且其温度必须在不低于 55℃下维持 2h，从而实现有效消毒。另一种实现高温的方法是污泥堆肥，这只是高温好氧消化的另一种形式。但是，在这种情况下控制温度更加困难，导致应用条件更加保守。这就需要强制曝气或定期翻抛，以确保在必要反应时间内，每一部分堆料中的有效温度分布均匀。堆料的初始含水率必须在 40%~60% 之间，堆体的反应温度必须至少为 55℃，并持续 3 周。

电子束消毒是一种高效、快速的污水污泥消毒新技术。日本开发了此技术并与高效堆肥工艺结合，生产出一种用于集约型农业的安全材料。此技术依赖于使用 Cockcroft-Walton 加速器产生的电子束照射薄层污泥。一种连续产生薄层泥饼的设备，克服了电子束穿透力低的问题，然后将泥饼送入电子束设备。实验证明，5kGy 辐射剂量足以实现完全消毒，并可以 10kGy/s 的剂量率在 0.5s 内完成。此方法的最大优点是，随后的堆肥操作可在最佳条件下进行有机物转化，且无需考虑消毒，从而将堆肥时间从至少 10d 显著缩短为 4d 左右。此外，可将产生的肥料安全处理，用于集约型农业利用。缺点是产生电子束的设备复杂且费用昂贵。

2. 重金属

重金属是污水污泥农用的主要限制因素。即使在非工业污泥中，锌（植物毒性）、铅、铜、甚至是镉也可能引起问题。特别是发现镉会富集在食物链中，并严格限制了污水污泥中镉的容许水平。

应对策略：为大大降低从污泥中去除重金属所需处理条件的苛刻性，一种途径是使用磁性离子交换树脂。用氧化剂处理污泥，然后将其与磁性可回收树脂充分混合，并用无机酸酸化该混合物。随着 pH 值降低，金属离子被释放到溶液中，且几乎立即被离子交换树脂（通常为螯合型或强酸性）吸附。因此，树脂充当了重金属的吸收槽。从而，在相对温和工艺条件下（例如，pH 值为 2.5 而不是 1），可实现很高的重金属萃取水平。通过磁法从污泥中回收树脂进行再生，以回收浓缩流中的金属，然后树脂可进行再利用。用石灰萃取后，污泥的 pH 值升高。此工艺的运行成本明显低于其他许多常规工艺，前提是可实现该昂贵磁性树脂的高回收率。上述工艺仍有待在完全的商业化应用中得到证明。

3. 有毒有机物

在污泥中发现了许多杀虫剂，如氯丹、狄氏剂和七氯，以及各种其他有机氯化物，如多氯联苯。当被动物摄入后，往往此类化合物富集在身体脂肪中，并可持续数月或数年。由于此类化合物会在每个动物群食物链中逐级蓄积，因此人类面临着这些杀虫剂蓄积至最高浓度的重大风险，且这些杀虫剂已在动物实验中证明有引发癌症的风险。

虽然吸收途径尚未明确，但已知某些植物（如苜蓿、豇豆或燕麦）会吸收有机氯杀虫剂进入其组织。尽管将污染污泥应用于牧场存在潜在问题，但越来越多的证据表明，通常氯代烃不会在土壤中积累，且转移到农作物中的数量有限。德国的一项研究将污染污泥以高比率应用于土壤，发现土壤中多氯联苯含量增加了 5~17 倍，多环化合物增加了 5~10 倍。然而，即使在 mg/kg 级别，也未检测到其有规律地转移到农作物中。作者认为，所研究的有机物无需成为污水污泥农用的限制因素。然而，这项研究需在不同类型土壤中进行更多的实验来证实。

应对策略：如果某一污泥被有机氯残留物严重污染，则只有有限的几种技术可使其解毒。可通过高温焚烧等热处理技术进行完全氧化，或在还原条件下脱氯去除有机氯。然而，此类技术非常昂贵，仅在极端情况下使用。众所周知，某些种类的好氧菌和厌氧菌可将有机氯化合物分解为无害副产物。此类细菌已用于实验室规模污染土壤修复，但关于污水污泥解毒的研究很少。污泥厌氧消化已经被广泛应用。显然，将能降解有机氯的特定厌氧菌添加到此类消化池中似乎是可行的。为了确定这种方法的应用潜力，需要对该领域进行进一步的研究。

4. 运输和应用困难

合适的处置场所越来越少是国内外土地处置方面遇到的主要问题。造成这种情况的原因主要有两个：第一，高人口密度以及污水处理设施的增加，导致污泥产量大幅度增加；第二，对污泥农用的限制导致了将污泥运输到合适的处置地点的距离变长。当然，还有很多其他的方式可以采用。

应对策略：最简单经济的方法是将稳定污泥（通常其含固率为1%~2%）放入由明显的缓冲区环绕的大型储水池中。此外，灌木和树木提供的遮蔽有时对于防止昆虫和异味造成的滋扰是必要的。在温暖干燥的天气里，池塘变干形成固体泥饼，可通过螺旋挖泥机（如 Mud Cat品牌）将其清除。干燥污泥就地储存，直到所有可用的储水池都被填满。

当污泥必须经过长距离的运输时，污泥处置成本将显著增加。如果运输距离小于10km，则含固率2%~3%（质量分数）的液态污泥可进行运输，并通过地面散布或土壤注入处置。相较于其他土地利用方法，土壤注入具有几个优点，包括：气味最小，对地表水污染最小，感官上更易接受，降低了与公众、农场职工及牲畜的接触风险。此外，液态污泥含有更多的氮（以硝酸盐形式），混合后的污泥更易降解，且营养成分可被植物吸收，不需要进行污泥脱水，也无需将污泥犁入土壤中。然而，土壤注入也有一些缺点，包括：昂贵的专用设备，土壤太潮湿时需进行压实，过度的地表扰动和污泥过于干燥时牧场不能放牧，以及季节性的农业需求。

尽管土壤注入具有潜在优势，但地面散布仍然是污泥土地处置最常用的方法。地面散布存在破坏土壤结构的潜在问题，由于其通过使用重型车辆散布污泥，但这对于确保污泥散布均匀且达到目标应用率是必要的。近期关于改进设备设计和操作实践的研究克服了上述许多问题。

污泥地表利用的环境和健康问题主要与气味和通过气溶胶传播疾病的可能性有关。这些问题可通过上文讨论的技术来解决，但仍存在一个尚未被完全理解并解决的潜在问题：氨气挥发及其对全球土壤酸化的潜在影响。据推测，土壤中氨氮含量的增加会以多种方式对植物或树木造成损害。在土壤中，通常根部吸收铵根伴随氧化及氢离子或有机酸的释放。而且，当氨气挥发时，通过叶片吸收铵根，随后以类似方式释放氢离子或有机酸。通过这一复杂机制，有人认为这种工艺与欧洲森林中枯梢病的传播有关。如果这种机制被证实，那么此因素还可能对污泥在农业土壤中的应用形成另一个限制。

如果运输距离远超于 10km，那么汽车运输液态污泥将变得非常昂贵，且需要对污泥进行大量脱水。对污水污泥进行脱水的方法（该主题将在 13.2.2 节气化处置中进行详细讨论）有很多，所有这些都会明显增加处置总成本。但是，这是将污水污泥长距离经济地运输到各个地点的唯一方法。由于取决于距离和道路交通条件，污泥运输可能和一些热处理技术一样昂贵。在这种情况下，就地焚烧脱水污泥成为一个重要的考虑因素。

通常，污泥营养成分含量对植物生长具有有利影响，并被视为一个积极因素。但是，随着污水中的营养物质越来越多地被去除，污泥营养成分含量（特别是磷）可能会显著增加。必须严密监测和控制此类污泥的土地处置，以免渗滤液进入地下水或径流进入地表水，从而在这些接受水体中积聚营养物。例如，在澳大利亚，由于农业径流是水体的主要供给者，富营养化问题正变得越来越普遍。因此，重要的是要确保污泥土地处置不会加重此问题。

13.2.2 气化处置

除了在厌氧消化池中将有机质转化为甲烷外，一般不建议对污泥进行气化处置（即将污泥转化为气态），由于其成本高且对环境产生不利影响。当由于物理或环境原因无法使用其他处置方法时，通过多种方式将污泥高温氧化或热解是最后的选择。日本污泥焚烧比例高的唯一原因是适合土地处置的场所极少，而且在一个严重依赖健康渔业的国家，海洋倾倒被视为一种环境不友好方案。

但是，由于某些优点，利用热处理技术破坏和气化处置污水污泥的项目正在世界范围内迅速增加，优点主要是运输成本大幅度降低，且去除了污泥中的病原体和有毒有机物。重金属通常最终以灰分的形式存在，但是一些易挥发金属（例如汞）可能会出现问题，尽管现代烟气处理系统可从焚烧尾气中去除大部分有毒物质。热处理技术的主要缺点是能耗高（一般用于污泥脱水）、需要昂贵的设备且造成空气污染。

鉴于上述优缺点，似乎只有两种情况可以应用热处理技术。第一种情况在主城区，距离合适的处置地点很远且污泥产量很大，使得其他处置方式难以应用且成本高。第二种情况，当污泥中有毒物质的含量非常高时，其他处置方式应被排除。这种情况可能发生在以化学、采矿或冶金工业为主的城镇。澳大利亚伍伦贡市正在开发一种新颖的污水污泥处理技术，其利用了高温工业过程。在污水处理方面，高炉灰可用作对原污水进行物理化学澄清的助剂，与磁铁矿在 Sirofloc 工艺中的作用方式几乎一样。在污泥处理方面，此处不是从高炉灰的细小颗粒中去除污水污泥，而是将污泥作为合适的碳源，以帮助灰分熔化形成生铁团块。此工艺完全去除了污水污泥及可能含有的有毒有机物，同时将大部分的重金属固定于生铁中。但是，这种工艺可能仅适用于接近大量高炉灰源的情况。

1. 焚烧

焚烧技术现已高度发展。所使用的主要设备是多膛炉和流化床焚烧炉，如第 10 章所述。

焚烧产生的主要污染问题由气体排放和灰分处置引起。通过一系列系统装置可大大减少空气污染。例如，可通过湿式系统（洗涤器）或干式系统（静电除尘器、袋式除尘器或旋风除尘器）去除颗粒物。其中最流行的系统是文丘里洗涤器，因为污泥飞灰的黏性会在其他设备内产生问题。其他气体排放，例如 SO_2 和 HCl，可以通过洗涤器进行控制，而气味和有机化合物可以通过二次燃烧来减少。催化还原是唯一可以去除氮氧化物即 NO_x 的技术。

此外，污水污泥中所含的农药和多氯联苯（polychlorinated biphenyls，PCBs）也引起了人们的注意，其被发现是氯代烃中最耐热的。测试结果表明，达到430℃时PCBs减少了94%，而在600℃下停留0.1s可减少99.9%。通过正确的焚烧炉操作和有效的气体净化系统，污泥中的 PCBs 似乎不会构成重大危险。然而，对于挥发性最强的重金属即汞来说，这种情况似乎并不适用。一项关于污泥焚烧中重金属迁移的研究发现，即使在通过水洗涤系统去除颗粒物后，污泥中仍有 97.6% 的汞排放到了废气中。同时，对于所有其他金属，99% 最终进入灰分或洗涤水中。

焚烧的另一主要产物是灰分，通常将其进行填埋，主要关注的是渗滤液水质。灰分主要由不溶性硫酸盐、硅酸盐、磷酸盐和难熔金属氧化物组成，其中一些可能是可溶的。对焚烧灰分中金属的分析表明，金属浓度范围很广，例如镉浓度为 70~900mg/kg、锌浓度为 900~24000mg/kg。发现仅汞的浓度（2~9mg/kg）较低，这反映了汞转移至废气中的比例非常高。

2. 浓缩和脱水

分别在第4章和第6章中详细讨论的污泥浓缩和脱水过程,是污泥焚烧或填埋的基本要求。虽然两种操作的基本过程相同，但浓缩适用于含固率1%~2%（质量分数）的稀污泥，然而进行脱水的污泥含固率通常高于5%（质量分数）。仅当将污泥脱水至含固率不低于30%~35%的泥饼时，才可能进行无需任何外部能量输入的污泥焚烧，这取决于污泥中的有机质含量。当进行污泥填埋时，应将污泥体积降至最低，以减少运输成本和卸泥区面积。在很多情况下，仅合理改进脱水就足以节省运输成本，另一个原因是要满足填埋场的岩土稳定性要求。

离心是利用离心力加速沉淀过程,可用于污泥浓缩和脱水。过去，离心机主要应用于含固率在1%~2%（质量分数）范围内的稀污泥,产生的污泥含固率在7%~13%（质量分数）范围内。其主要优点集中在全封闭的连续运行上，这大大减少了除臭空气量。从清洁角度看，离心机还具有运行时无污泥粉尘和无需人工接触污泥的优点，且人力需求低。其主要的缺点是磨损率高和随之而来的维修，以及产生的泥饼含水率较高。但是，离心技术的新发展表明，这些传统的缺点很容易克服。通过在关键位置添加表面硬化材料并改进服务，可降低磨损率。

"HI-COMPACT"工艺是对污泥进行强力机械脱水的新发展。该工艺基于在要脱水的物质中引入一种间隙排水系统，即在要脱水物质的小球团表面涂上一层粉状引流物质。压缩这些堆积的球团，紧密的块体与排水层网络交织在一起。然后，球团中的水只有很短的距离可抵抗高流动阻力,直到到达下一个排水层。在排水系统中,水流通过滤布时不会遇到任何强阻力。该工艺在 5MPa 压力下,可将泥饼脱水至含固率 55%~65% 之间,装料时间为 1.5~2min 之间。与现有的压滤技术相比,此结果很有优势,通常后者含固率上限仅为 45%(质量分数)。当到填埋场所的运输距离很远时,"HI-COMPACT"技术的额外复杂性似乎在经济上是合理的。此外,电渗脱水、声波脱水以及真空与电场和超声波的结合等更多新颖的技术都曾用于污泥脱水。然而,这些技术在实践中尚未得到广泛的认可。

3. 湿式氧化法

另一种热破坏技术是湿式氧化法,无需对污泥进行大量脱水。当具有高有机固体含量的液态污泥,在有氧气存在下达到高温(>175℃)、高压(>10MPa)时,会在液相中发生分解反应。有机物被氧化成二氧化碳和水,产生的灰分残留在水中。只要化学需氧量高于 15000mg/L,该工艺可由液态污泥中的氧气浓度来控制,且在液态进料下可保持自热运行。该过程可在高压反应器或被称作 Vertech 反应器的深井中进行。反应器排出物是三相混合物,必须使其通过气固分离系统。此液态排出物包含一定量的醋酸铵和其他易生物降解的成分及可溶性盐。相对于焚烧,只有排除了所有其他处置方式时,才会考虑采用湿式氧化技术。

4. 污泥熔融及其他技术

在澳大利亚地广人稀的条件下,焚烧似乎是一种昂贵且治本的污泥处置方案,但对日本而言,焚烧只是将最终固废量降至最低标准的一个中间步骤。这是由于日本固废处置场所的限制,以至于他们甚至可在高达 1500℃ 的温度下熔融焚烧炉灰。在此温度下,即使是无机固体也会熔融成液渣,然后在适当条件下冷却,形成坚硬、玻璃状、不透水的骨料。这种骨料可成功地用作建筑或结构材料。日本采用的另一种类似技术是将污泥灰分压燃形成连锁砖。该技术将焚化的污泥灰放入金属模具中,在 1t/cm² 的压力下压缩,然后在 1050℃ 的焚烧炉中焚烧 3h。其体积减小到原始灰分体积的 25% 左右,并根据灰分中的铁锰比例,形成了由红色到黑色、坚固的不透水砖。

除焚烧外,另一种可用于脱水污泥的热处理技术是热解。通常该技术会产生液体燃料和灰分,然后可将液体燃料燃烧为污泥干化提供热量。

加拿大环境署提出的"从污泥中提取石油的技术",是该领域最先进工艺之一。在无氧环境中、催化剂作用下,将干化污泥加热至 300~350℃ 约 30min。据推测,催化气相反应将有机物转化为直链烃,非常类似于原油中的烃。产生的蒸汽冷凝形成两种不相溶的物质,即油份和反应水。此过程中,产油率低至 13%(厌氧消化污泥)、高至 46%(混合生污泥)不等。在最佳操作温度下,产焦率的范围可达到 40%~73%。如果油份的纯度足够用作柴油,可从其中获得良好的收益,尽管成本很高,此工艺与焚烧相比还是有优势的。

5. 厌氧消化

与焚烧或热解技术相比,生物技术可利用且经济有效的方式是将污泥转化为宝贵的甲烷资源。虽然只有部分污泥转化为甲烷，此技术仍可归类为气化处置。厌氧消化被广泛用于污水处理厂，其主要目的是在土地或水处置前将有机污泥稳定化。在此过程中，大量厌氧菌会进行各种反应，以分解复杂的有机分子。1983 年，Gujer 和 Zehnder（1983）提出了将高分子量可降解有机物厌氧转化为 CH_4 和 CO_2 的六步体系。这些阶段包括：（1）蛋白质、脂质和碳水化合物的水解；（2）糖类和氨基酸的发酵；（3）长链脂肪酸和醇类的厌氧氧化；（4）挥发性脂肪酸（乙酸除外）等中间产物的厌氧氧化；（5）醋酸盐转化为 CH_4；（6）H_2 转化为 CH_4。

如第 7 章所述，这一系列复杂反应涉及多种微生物，它们间的相互关系和依赖性仍然是一个有待研究的问题。尽管缺乏了解，但工程学的发展已经提供了进行消化过程的各种设备。反应器设计的主要类别为非附着型生物质和附着/固定型生物膜工艺。非附着型生物反应器的示例包括简单的连续搅拌反应器（即在接触过程中，不断将沉淀生物质循环到搅拌器中）和上流式厌氧污泥床（其中生物质形成致密颗粒，然后在上流式流化床中缓慢流化）。附着型生物膜工艺利用固定床、膨胀床或流化床中的各种填料表面供生物质生长。每种设计在特定情况下都有优点，而中试实验是确定最佳设计的最佳手段。

13.2.3　水处置

人类发现把未经处理的废弃物排放到河流和海洋中很方便。由于河流水量有限，导致了诸如水体缺氧和鱼类死亡等灾难性后果，废弃物排河迅速变得难以为继。然而，废弃物排海一直保持开放，仍在世界范围内广泛采用。污泥倾倒是向海洋处置废弃物的主要组成部分，由于可能会对环境造成不利影响，因此正受到越来越严格的审查。美国环保署完全禁止向海洋倾倒污泥的举措也许最能说明这一趋势（Marshall，1988）。有专家指出，污泥的任一处置途径都会对环境产生影响。因此，有必要认真评估海洋处置方案，以明确界定何种情况（若存在），此处置方案比土地或气化处置更可取。以上考虑肯定会对主要沿海城市产生影响。

将污泥处置到海洋中的主要优点：简单性及低成本，但是如需向深海倾倒，低成本因素可能会被推翻。例如，在纽约，当倾倒场从离岸 12 英里转移到 106 英里的地点时，为了控制每天驳船的航行里程，需额外增加污泥脱水设备以减少污泥处置量。当然，海洋倾倒的主要缺点是其可能对环境造成的不利影响，如后文所述。

污泥海洋处置对环境的影响

污水污泥中许多成分可能引起海洋环境问题，包括有机物、油类和油脂（特别是烃类残留物）、细菌和病毒、重金属、有机氯和营养物质。

（1）有机物：主要问题是当其被水中细菌分解时，容易造成溶解氧含量的下降。与注入的陆地细菌相反，海洋细菌（有机营养菌）是海洋中有机物的主要分解者。海洋细菌利用动植物残渣中的颗粒性有机质以及溶解性有机质（部分来源于光合作用和排泄过程）。随着有机营养菌对有机物的分解（即矿化），二氧化碳和营养物质以简单的可溶性无机离子形式释放出来，可被植物和浮游植物利用。同时，化能无机营养菌通过氧化还原性无机物，如将氨和硫化氢氧化为硝酸盐和硫酸盐，以获取能量。但污水成分的矿化速率可能相当快，远超海洋来源数倍。这可能引起氧垂现象，从而导致海洋生物死亡。为了将此影响降到最低，应精心选择污泥倾倒点，以最大限度分散污泥，避免海底堆积任何沉积物。

（2）油脂：污水污泥中的油脂虽然更难降解，但仍可被海洋中的细菌代谢。但如不能有效分散，污泥中的油脂会累积形成漂浮的油脂球。此种形式的油脂一定程度上可免受降解，并可长期保存完整。因此油脂球中的细菌和病毒也将得到保护，所以如果被冲刷到人口密集的海滩，可能会造成严重的环境危害。若对污泥进行预处理（如厌氧消化）可以大大降低污泥中油脂的含量。

（3）细菌和病毒：对倾倒入海的污水污泥中存在的细菌和病毒的主要顾虑直接关系到公共卫生。尽管已知源于人类活动产生的细菌会在海洋中相对迅速地消亡，但一些证据表明病原体会传播到在轻度污染海域中沐浴的婴幼儿（不超过4岁）。据观察，传统的一级、二级污水处理工艺不能显著去除病原体，而是将这些微生物浓缩到污泥中而使其基本未受损害。因此，污泥海洋倾倒确实向海洋环境中注入了大量病原体。

海洋倾倒污泥中病原体的主要危险似乎来自其在贝类中的富集，及随后人类的食用。尽管贝类自身似乎并未受到微生物的损害，但人们发现贝类中各种微生物的富集系数是7~10倍。因此，正确选择倾倒场才可有效避免病原体向人类的任何重大转移。

（4）重金属：经实验室研究证实，重金属的急性毒性效应主要通过金属和动物组织酶的相互作用产生。由于污水中的重金属主要集中在污泥中，因此人们对污泥海洋处置表示担忧。关于哪种金属的毒性更强，目前未形成一致观点，但主要关注以下金属：汞（Hg）、镉（Cd）、铅（Pb）、银（Ag）、铜（Cu）、锌（Zn）、锡（Sn）、铬（Cr）和硒（Se）。

海洋中重金属污染的主要问题是生物积累，其中金属通过海洋食物网不断富集。但在美国东海岸和西海岸进行的大量研究表明，以前许多关于金属对海洋生物毒性的观念是错误的。研究表明，动物组织中高浓度的有毒金属不一定是海洋生物代谢紊乱的原因。用来解释这种结果的论据为：尽管浓度很低，但重金属在海洋中一直存在，而鱼类通过发展自己的解毒系统来应对。这意味着，如果严格限制污泥中的重金属含量，则污泥海洋处置不会对海洋生物造成任何显著的亚致死毒性作用。另外，如果在捕捞和处理鱼类和贝类时采取适当的措施，则可以控制海产品中有毒化合物的摄食量。

（5）有机氯：有机氯化合物，即狄氏剂、七氯、六氯苯和多氯联苯（PCBs），通过多种途径进入海洋。造成这一问题的原因，包括：进入河流的农田径流、大气沉降和通过排水系统的工业污水。与重金属一样，污水中的有机氯也主要集中在污泥中，因此随后向海洋中倾倒的污泥大大增加了水中局部的有机氯含量。此类物质在海洋食物链中的生物积累一直是人们关注的主要问题。但与重金属情况相反，迄今积累的证据表明有机氯确实是一个问题。

开蓬（十氯酮）、滴滴涕（DDT）和 PCBs 是氯代烃，由于它们对沿海和河口环境的影响而受到更多关注。由于在水中的溶解度低，这些持久性化学物质主要附着在细小的悬浮颗粒上，但会进入海洋生物的脂肪组织中。在海洋生物中已记录了与这些物质接触有关的各种亚致死效应，如鳍腐病。

上述考虑并不能完全排除向海洋倾倒污水污泥的可能性，而是强调需要通过严格控制含有此类化合物的工业污水排放到污水管道。同时，还需要注意控制有机氯的扩散源，例如农田径流和大气沉降。此外，研究有机氯的经验也使人们对海洋中其他合成有机化合物的影响产生疑问。目前对海洋中洗涤剂降解产物（如壬基酚）的长期归宿几乎一无所知。但是，过去的经验提醒我们需保持谨慎。

（6）营养物质：虽然大多数污水处理厂的设计并不是为了去除无机营养成分，例如氮（N）和磷（P），这些元素（特别是 N）大量地有机结合在污水污泥中。此外，即使营养物质对海洋生物的生长繁衍必不可少，但过多的营养物最终可能会减少局部多样性。这是由于氮和磷化合物的过度积累导致的富营养化，其特征是少数藻类和浮游植物的产量增加，而其他种类物种将随之减少。发生这种情况的原因是，大部分过度生长的植物物质（即藻类和浮游植物）无法被捕食者采食，而是被细菌分解。此过程降低了水体中可用的氧含量，并且随着氧气供应的减少，捕食性物种消失。在海水中发现了一些急性富营养化和缺氧的例子，主要是在一些水循环受到限制，从而限制了营养物质的稀释和溶解氧的补充的区域。封闭的沿海水域是发生此类现象的主要场所。

由于渔业的敏感性，日本和欧洲都开始特别关注富营养化问题。在澳大利亚，部分封闭的沿海水域的富营养化同样是一些地区的基本问题。例如，菲利普港湾是一个典型的封闭沿海水域。此外，由于与海洋水域的交换有限以及珊瑚礁生态系统的脆弱，大堡礁泻湖现在似乎正面临着显著的富营养化问题。在这样的地区，污泥海洋倾倒将是极其有害的。但是，这种情况并不能完全排除海洋倾倒的可能性。在与海洋有大量物质交换、冲刷良好的深海，几乎不可能发生富营养化问题。

13.3　相关案例

13.3.1　堪培拉污水处理厂（澳大利亚）

对于一个真正与众不同的去除营养物质的污水处理厂来说，在澳大利亚没有任何一个污水处理厂能像堪培拉污水处理厂——莫隆格罗下城的水质控制中心（Lower Molonglo Water Quality Control Centre）那样。该污水处理厂旨在保护马兰比吉河（Murrumbidgee River）的水质。其利用物理、化学和生物工艺相结合的方法，产生非常高质量的出水（BOD<5mg/L，总磷 <0.15mg/L）。

该处理工艺首先在初沉池对原污水进行石灰澄清，然后在传统的延时曝气活性污泥系统中进行生物脱氮。当剩余活性污泥回流到处理厂前端时，主要从初沉池排放剩余污泥。在平均旱季流量为 75000m³/d 的莫隆格罗下城处理厂，每天约产生 4t 砂粒、0.15t 浮渣和 45t 污泥（以干重计）。来自初沉池的污泥通常含固率为 6%~8%，这一偏高数值直接归因于石灰含量。将该污泥送入卧式连续转鼓离心机中，通过定量投加聚合物，脱水至约 35% 的含固率。

该水厂的初步设计是在 1971~1972 年间完成的，早于 20 世纪 70 年代中期，石油产品价格急剧上涨的阶段。最初的污泥工艺设计基于两级离心操作，其中第一级是回收富含石灰的污泥，然后将其进料至 1100℃ 左右运行的多膛炉中。目的是将碳酸钙转化为氧化钙，以便在该过程中进行循环利用。较高的有机组分残留脱水液将在第二级离心中进行最大程度的脱水处理，脱水后的污泥进行焚烧处置，焚烧后的无菌灰分送至填埋场。20 世纪 70 年代石油产品价格快速上涨，导致石灰回收变得不经济。因此，将离心机产生的污泥直接在两台多膛炉的其中一台中进行焚烧，产生灰分的重量约为原始污泥的 20%。通过精细操作焚烧炉可将燃油消耗量降至约 800L/d。随后，该项目实现污泥自持焚烧，但相对而言，这种工艺的整体运行成本较高。而且，灰分仍然需要处置。

此外，中央土壤调查研究组织（Central Soil Investigation and Research Organization，CSIRO）进行了一项研究，验证莫隆格罗下城处理厂的污泥直接农用的可行性。这些调研包括考虑将焚烧炉灰进行土地处置。CSIRO 研究发现，尽管灰分中的钙含量低于作为浸灰剂销售的所需值（仅有 16%，未达到 30%），但由于含有磷和痕量金属，在三叶草牧场上它比石灰或白云石更有效。由于澳大利亚的酸性土壤通常需要调节 pH 值，因此灰分的施用量可高达 20t/hm²，而不会产生毒性问题，并且显著提高了苜蓿作物的产量。但是，当施用量达到 10t/hm² 时，黑麦草会出现一些毒性问题。

CSIRO 试验的主要目的是研究将离心机泥饼施用于土壤中的影响。该处置途径旨在减少或消除污泥焚烧量，从而大大降低成本。事实证明，污泥能有效增加作物产量，且是一种有效的土壤浸灰剂，比农用石灰反应更快。污泥还提供了氮，需注意的是氮在焚烧后的灰分中不存在。高达 80t/hm² 干重的污泥施用量，对试验作物没有毒害作用。且微量元素的存在（如铜、锌和硼）是有利的，特别是对普遍缺硼的首都行政区林区。研究发现，莫隆格罗下城处理厂的污泥进行土地处置的主要限制是运输成本。只有在有限的区域内处置污泥才是经济的，而太小的区域无法接收每天产生的 140t 湿污泥。因此，莫隆格罗下城仍然进行污泥焚烧，并将灰分供应给农民。

13.3.2　含油污泥回用农田（印度）

石油炼制过程会产生大量含油污泥。此类污泥一般源于罐底沉积物、设备清洗操作、污水处理和炼油厂地面由于少量泄露而被污染的土壤。技术和经济因素不鼓励除了蒸汽锅炉之外的污泥中油分的回收途径，因为这会带来处置问题。迄今为止，在印度，处理含油污泥最常用的技术是填埋。然而，在发展中国家，土地耕作被广泛用于处置含油污泥。印度的古吉拉特邦炼油厂进行了一个为期两年的田间规模项目，为研究含油污泥的替代处置方法，将其施用于种植作物（小米）的土壤。为了该实验目的，在炼油厂内选择了约 $1000m^2$ 的区域。清除了灌木、石头等，并用拖拉机彻底耕犁。该场地已发展成五个大型样地，每个样地包含四个 $4m \times 4m$ 的实验床。在第二个实验周期中增加了更多样地。

实验结果表明，经过一定时间后，含油污泥最高施用量（$100L/m^2$）的样地土壤样本，与较少含油污泥施用量（$50L/m^2$）的样地土壤样本相比，其中的含油量相同。实际上，经过 5 个月和 10 个月，从不同深度土壤样本中测定的含油量结果表明，在深度达 165cm 时，浸出的油量微不足道。可以看出，对于两种施用率，油的浸出都非常有限。因此，施用污泥后，油的初始降解率很高，这可能是由于存在毒性最低且最易生物降解的正烷烃、正烷基芳香族化合物和 C10~C22 范围的芳香族化合物；也可能是由于含油污泥初期散布相对不均匀，因此可能平均样本不完全具有代表性；或者，可能是由于在施用初期的 15 天左右，轻质油的挥发和光化学氧化所致。众所周知，高达 20%~40% 的原油可能会从土壤中挥发。因此，污泥施用后含油量的急剧下降，不能完全认为是生物分解的结果。后面的研究发现，含油污泥的生物降解 / 分解速率约为 0.0025kg 油 /（kg 土壤·月）。对于含油量为 80% 的污泥，容积面负荷率可采用 0.94L 污泥 /（m^2·月）。因此，每年留出两个月进行土壤恢复和准备，污泥的每年允许施用量为 9.4L 污泥 /（m^2·年）。可以推断，以此施用率，大部分含油污泥将在一年内降解，土壤可保持其生产力。

应该指出，以上建议的 9.4L 污泥 /（m^2·年）的施用率是针对含油量 80% 的污泥。但是，对于蒸汽反应器处理好的污泥，其含油量低得多，污泥的施用率相应较高。例如，蒸汽反应器处理后的污泥含油量为 20%，污泥施用率可采用 37.6L 污泥 /（m^2·年）。然而，据观察，随着重复施用，农田土壤中会出现碳氢化合物的积累。该残留物主要由高分子量和相对惰性的蜡和沥青化合物组成，这些化合物最终会被氧化或腐败，但该过程需很长时间完成。

结果表明，在本研究中，由于非常高的含油污泥施用率（50L 油泥 /m^2·年相较于 9.4L 油泥 /m^2·年），对农业生产力产生了负面影响。然而，以小于 9.4L 油泥 /（m^2·年）的施用率，预计对生产力的影响最小，并且可能从土地中获得有用的产物，但是对于食用作物要谨慎，因为存在积累有害成分（如重金属）的潜在风险。也可采用上述建议的施用率（37.6L/ m^2·年）将蒸汽反应器处理的污泥用于炼油厂周围的绿化带，这将降低污泥处置的土地要求。如果对含油污泥采用这种处置方法，需要定期进行监测。

13.3.3 科夫斯港：敏感的海洋环境（澳大利亚）

在澳大利亚的科夫斯港，许多当地社区产生的污水，在排入海洋前要经过处理。污水排放进入敏感的海洋环境，使得科夫斯港成为一个有趣且引起争议的案例。事实上，该地区已被列为海洋国家公园。其独特性在于，在该地区，来自北部的温暖沿岸洋流与来自南部的寒冷洋流相遇。

海洋环境的敏感性使排海废水需要进行深度处理。科夫斯港不仅具有常规的生物二级处理设施，同时还具有通过化学沉淀和生物硝化 / 反硝化作用完全去除营养物质的设施。经过该处理后，在氧化塘中进行深度处理，以产生高质量的出水（即 SS 为 10mg/L、BOD 为 10mg/L）排放到海洋中。但是，值得注意的是，尽管处理水平如此之高，关于海洋排放与土地处置的问题仍然争论不休。不幸的是，由于科夫斯港的天气模式——季节性降雨量大，使得海洋处置在一年中的某些月份几乎不可避免。

13.3.4　加拿大某大型污水处理厂的污泥可持续管理

在加拿大新不伦瑞克省的 11.5 万 m³/d 污水处理厂，针对污泥管理和资源化利用问题，大蒙克顿污水处理委员会制定了一个综合、长期、可持续，且具有经济效益的计划，即：堆肥、矿区开垦、填埋场覆盖、土地农用、树木种植、草场基地（作为土壤增肥）、表层土生产。

污泥作为农业土壤添加剂：该委员会积极推动污泥作为农业土壤添加剂的资源化再利用。委员会免费将污泥运送到农田，而农民则进行污泥的散布。重要的是，污泥必须符合金属限制。

草皮种植场：在草皮种植场中使用污泥，取代了从商品肥料中获得氮和磷，并提供了所需的有机物，从而改善了土壤结构。此外，添加到污泥中的石灰还有助于降低土壤酸度。

填埋场覆盖土：该委员会在资源化利用方面具有成功的经验，即利用污泥作为蒙克顿和萨克维尔的垃圾填埋场的覆盖土。填埋场现在集成了步行、远足和自行车道的功能。使用污泥作为填埋场覆盖土，可减少对表层土的需求，而通常表层土是从当地农场剥离出的。

矿区修复：位于新不伦瑞克省中部的采矿场，正考虑用石灰稳定的污泥进行施用量为 3 万 t/hm² 的修复。

高尔夫球场：堆肥污泥被用于土壤改良，以建造当地由家族所拥有的高尔夫球场。该项目不仅为该家族企业节约了大量资金，同时消除了引进表层土的需求。

树木种植：污泥堆肥产物和表层土的混合物被成功用作苗圃的种植基质及移栽基质。树木幼苗生长得更快，损失则保持在最低限度。广大的林业产业为其提供了巨大的潜力，并可从石灰稳定化污泥的应用中获益。在当地圣诞树农场获得的实践经验将使其在更大范围内得到应用。此外，还可用于恢复遭受狂风灾害区域的树木，提高树木生长速率。

13.4　小结

污水污泥是污水处理厂的副产物，可以被处置到土地、空气和水体这三个最终处置场所中的任何一个。每个处置路径都会造成环境影响，需要详细了解各个污泥成分的影响，才能综合准确评估这些影响。例如，有机氯残留物通过生物富集对水生生物造成严重问题，但似乎并未通过农业土壤转移到植物中。另一方面，有毒重金属通过食用作物累积，但是几乎没有证据表明其在海洋中以低浓度存在时会引起问题。因此，有效的污泥处置策略需要考虑到所有详细的科学知识，但同时要认识到知识不足的其他领域。简言之，随着环境标准的提高，世界各地的污泥处置方案都受到了限制。这一趋势将增加对具有经济效益技术的重视，以解决与每一处置途径相关的环境问题。此外，仍然需要开发其他不同的污泥处置途径以解决不断增加的污泥量。

习题

1. 污泥处置的相关主要问题是什么？

2. 定义污泥气化处置及水处置。

3. 污泥进行海洋处置对环境有何影响？

4. 什么是有机氯？其对环境健康有何危害？

5. A 级生物固体和 B 级生物固体之间的区别是什么？

6. 在污泥处理过程中，去除病原体的方法有哪些？

7. 描述以下任意两个案例：

    a. 堪培拉污水处理厂（澳大利亚）

    b. 含油污泥回用农田（印度）

    c. 科夫斯港：敏感的海洋环境（澳大利亚）

    d. 加拿大某大型污水处理厂的污泥可持续管理

第 14 章

污泥能源和资源回收

14.1 引言

过去通常会看到详细展示水处理流程的示意图，并在末尾用箭头简单表示"污泥外运处置"。然而，随着污泥产量的不断增加，目前情况完全不同，污泥的正确管理对于废弃物管理机构来说是一大挑战，这主要是由于污泥再利用和处置法规的日益严格。人口快速增长导致大量污水产生，以及污水处理设施的增加。活性污泥法是处理污水通用的二级生物处理系统，事实上超过 90% 的污水处理系统使用的都是传统活性污泥法。当前全世界每年产生约 5000 万 t 绝干污泥，到 2017 年将增加到 8300 万 t 绝干污泥。污泥管理的主要瓶颈是：

- 污泥处理及处置占污水处理厂总运营成本的 40%~60%；
- 污泥土地利用受病原体、新兴污染物、重金属等限制；
- 焚烧是污泥减量的有效方法，但其主要问题是投资成本高、产生灰分并向大气中排放重金属、CO_2 和 N_2O；
- 由于高昂的建设、运营和土地成本，以及产生棘手的排放物和资源损失，填埋场正面临压力。

干化和填埋处置是温室气体排放量最多的污泥处理处置方案。以处理量为 10 万 m^3/d 的典型城市污水处理厂为例，脱水污泥（80% 含水率）的产量为 80t/d；用每年的二氧化碳当量（t）来表示碳足迹。当前在欧洲和美国，污泥处理产生的温室气体排放被视为评估污泥处理替代技术的重要基准（亚洲开发银行，2012）。同时，能源需求的不断增加导致化石燃料储备减少和燃料价格上涨。因此，以下因素驱使人们增加从污泥中回收资源的兴趣：（1）全球污泥处置法规逐渐趋严；（2）污泥处理问题；（3）燃油价格飙升和化石燃料储量减少；（4）对气候变化的关注；（5）公众意识。

营养物质（主要是氮和磷）和能源（碳）是污泥中的两个重要组成部分，在技术和经济上可实现其回收利用（Campbell，2000）。各种回收污泥能源和资源的途径有：

（1）生化法：厌氧消化、微生物燃料电池、厌氧 – 好氧处理；

（2）热化学法：焚烧和协同焚烧、气化、热解、湿式氧化、超临界水氧化、水热处理；

（3）机械化学法：超声波处理。

可使用上述技术路线回收以下产物：沼气、燃气、合成气、生物柴油、电能、营养物质（氮和磷）、重金属、水解酶、生物农药、生物塑料、商业肥料和建筑材料（图 14.1）。

14.2　污泥成分

污水处理厂会产生两种类型污泥：（1）初沉污泥，通常含有 5%~9% 的总固体（TS）；（2）二沉污泥或剩余污泥，其含固率范围为 0.8%~1.2%。初沉污泥和二沉污泥有机质含量分别为 60%~80% 和 59%~88%（%TS），有机质可分解并产生令人讨厌的臭气（图 14.2）。市政污泥由无毒的有机碳化合物（约占干基的 60%）、氮（1.5%~4%TS）、磷（0.8%~2.8%TS）组成。污泥中的无机化合物有硅酸盐、铝酸盐、钙镁化合物。污泥中还存在少量重金属（Zn、Pb、Cu、Cr、Ni、Cd、Hg）。污泥含水率从百分之几到超过 95% 不等。其能量储存于挥发性固体中，占干固体（DS）的 65%。1 磅干污泥的热值为 6000~9000BTU（英国热量单位）。

14.3　建筑材料

污泥可再利用于生产建筑材料，例如砖、水泥、浮石、熔渣和人造轻骨料。污泥中的有机和无机化合物为生产建筑材料提供了宝贵的资源。剩余污泥可以以脱水污泥、干污泥或污泥焚烧灰渣的不同形式使用。在日本，尝试将污泥中的无机化合物进行热固化，以产生有益的产物。在固化过程中，污泥焚烧飞灰于 1000℃ 的高温下进行处理（Rulkens，2008）。

对于波特兰水泥制造业来说，最具前景和快速应用的方法是将脱水污泥直接引入波特兰水泥窑。该方法被认为具有良好经济效益，主要因为它既不需要新的焚烧炉，也不增加运营成本。对于人造轻骨料（artificial lightweight aggregates，ALWA），将焚烧灰、水（23% 质量百分比）和少量酒精蒸馏废渣（一种黏结剂）的混合物输送至离心造粒机中。粒料在 270℃ 下干燥 7~10min，然后进入流化床焚烧炉在 1050℃ 下进行处理。此后，球形颗粒经风冷，表面形成硬膜，但其内部仍然是多孔结构。由于其相对密度较小、球形度较大、抗压强度较低，ALWA 的主要再利用是在于透水路面、种植土壤、绝热板、花瓶添加剂、快滤池的无烟煤滤料替代品以及人行道。

炉渣是减少污泥量和固定重金属的另一种选择。风冷和水冷炉渣是两种不同的玻璃态炉渣，可达到混凝土用碎砾石标准，但其抗压强度低于天然砾石。风冷炉渣可用作混凝土骨料和回填材料，用于预拌的混凝土骨料、路基材料、透水路面、连锁砖。污泥浮石的制造方法与砖相似，增加了筛分和破碎步骤。污泥浮石主要用作运动场草坪垫层，主要由于其具有快

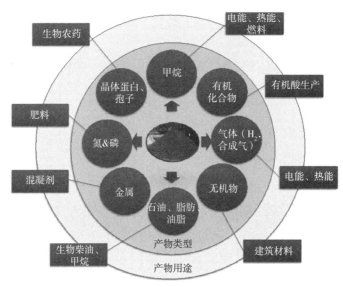

图 14.1　污泥资源化再利用

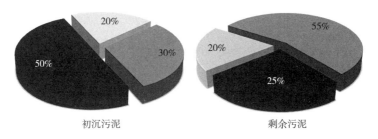

图 14.2　初沉污泥和剩余污泥成分
数据来源：美国国家净水机构协会 NACWA，2010.

速排走多余水分、同时保留适宜水分的特性，从而维持了田径场地的必要条件。

可通过将污泥灰分与黏土混合来制砖，其产物在物理性能和外观上与常规砖相似，但质量较常规砖重。在东京，1991 年第一家工业规模的污泥制砖厂投产，每天使用 15t 焚烧污泥灰制造 5500 块砖。即使在酸性环境中（pH<3），污泥砖也没有重金属浸出（Spinosa，2004）。

14.4　营养物

在污泥中，磷和氮是人们关注的关键营养物，主要以蛋白质类物质的形式存在。磷的自然资源正在快速地消耗，并可能在未来一段时间消耗殆尽。污泥是当今可用磷的主要来源之一，因此有必要开发从污泥中回收磷的生物提炼厂。

目前，通过结晶法进行污泥磷回收已取得一些进展。污泥的溶解及其携带的氨和磷酸盐，可用于生产磷酸钙和磷酸铵镁（鸟粪石），其可用作植物肥料。在不同处理条件下，采用不同的处理方法，如热处理（常规处理、微波处理）、化学处理（酸化、碱化、高级氧化处理）和两者联合处理（热化学处理），以将污泥中的磷酸盐和氨释放到主体溶液中。在严格的热处理、化学处理或热化学处理条件下，细菌细胞和难降解的有机化合物可被分解，最终将储存的磷、聚磷酸盐和含氮化合物释放到主体溶液中。据文献报道，磷（总磷、正磷酸盐）和氮（总氮、氨氮、总凯氏氮）的释放范围分别为 38%~96% 和 36%~53%。超临界水氧化（super critical water oxidation，SCWO）处理污泥过程中产生的灰分材料，是从污泥中回收磷酸盐的简单途径之一。Aqua-Reci工艺已在实验室和中试规模上得到应用，通过苛性碱 - 酸萃取法从污泥灰分中回收磷酸盐。

　　Crystalactor、SEPHOS、P-RoC、Phostrip、Aqua-Reci、BioCon、OSTARA、KREPO 和 Kemicond[TM] 等污泥磷回收的商业技术，基于热化学法、物化法和热处理法来溶解污泥，将磷释放到溶液中并通过沉淀反应回收。瑞典开发的 KREPO 技术包括以下步骤：酸化、蒸汽加热、加压反应器中的水解、有机污泥分离以及从浓缩物中沉淀出磷酸铁。Kemicond[TM] 是一种改良 KREPO 工艺，包括用 H_2SO_4 和 H_2O_2 进行酸化，随后进行两级脱水，由于不需要高温高压反应器，且减少占地和碳足迹，因此降低了系统复杂性。德国开发并尝试工业化应用的 Seaborne 技术，涉及焚烧、酸化处理、脱硫、产甲烷、重金属分离和鸟粪石沉淀（Berg & Schaum，2005）。该技术的主要优点是，可回收多种不包含重金属及有机污染物的营养物和不含 H_2S 的沼气（Müller 等，2007）。BioCon 工艺和 SEPHOS 工艺是利用污泥焚烧灰进行磷回收的其他新兴技术，分别回收磷酸、磷酸铝和磷酸钙。但是，目前尚未对它们进行工业化应用研究。由 ThermoEnergy 公司商业化推广的 ARP（氨回收工艺）技术，使用专有的树脂系统从富含氮的污泥测流中提取商业级肥料（硫酸铵）。1998 年，在纽约对该技术进行了中试，并对其进行了可行性研究。但是，有关该技术发展的近况尚未更新（Kalogo & Monteith，2008）。

14.5　重金属

　　以工业污泥为主的污泥，是回收镉（Cd）、铬（Cr）、镍（Ni）、锌（Zn）、铅（Pb）、铜（Cu）和汞（Hg）等重金属的良好资源。含金属的污泥土地利用受限主要是由于浸出问题，导致土壤和地下水污染，并最终影响人畜健康（Tyagi & Lo，2013）。因此，在处置前需对含金属污泥进行处理，以提取金属离子或处置前将金属稳定为固态。

　　单独或组合使用热法（常规方法、微波处理）、化学法（酸化）和机械法（超声处理），可以从污泥中浸出并提取金属离子。据报道，在不同热处理和化学热处理条件下，重金属 Cu（高达 93%）、Ni（高达 98.8%）、Zn（100.2%）回收效果显著。Li 等研究了超声 - 酸化浸取法对从印刷电路板废弃污泥中分离和回收重金属的影响（2010）。结果表明，在接触时间为100min、超声波功率为 100W、pH 值为 4.0 的情况下，Cu（97.42%）、Ni（98.46%）、Zn（98.63%）、Cr（98.32%）和 Fe（100%）的回收率显著升高。超声波引起的空化作用可吹散污泥表面，形成高反应活性表面，在表面产生瞬时的高温高压，引起表面凹陷和变形，形成细颗粒并增加易碎固相载体的表面积，将物料喷射到溶液中，从而增加离子从金属结合化合物表面向液相的迁移速率，并提高污泥浸出液中的金属浸出率。

14.6 生物燃料

14.6.1 沼气

在污水处理设施中，由厌氧消化生产沼气是稳定有机物、减少污泥量和病原体并回收富能甲烷气体的常见做法。厌氧消化产生的沼气中含有高比例的富能甲烷气体（60%）及剩余的二氧化碳（40%）。沼气在污水处理厂用于发电和供热。污水处理厂的用电成本高达总运营成本的80%，而通过甲烷回收能源约可节省一半成本（Deublein & Steinhauser，2008）。沼气应用广泛，例如供热和发电、车用燃料、化工生产和热电联产。

沼气是热电联产（combined heat and power，CHP）的理想燃料。由热电联产合伙企业完成的一项分析表明，如果在美国544座污水处理设施中全部设置CHP（进水流量 >5mgd（百万加仑/日），并运行厌氧消化器），则可产生约340MW（340000千瓦时）电能，足够为261000户家庭供电（NACWA，2010）。沼气可用作燃料，利用发动机驱动型发电机、涡轮机或燃料电池来发电。可以使用低排放、效率可与火花点火型发动机相媲美且维护少的燃气轮机（微型涡轮，25~100kW；大型涡轮，4100kW）；混合燃料发动机应用也很广泛，具有良好的动力效率。电力生产过程中产生的热量可用于房屋供暖或制冷，也可用于处理过程本身。燃料电池被认为是未来的小型发电厂，具有实现超高效率和低排放的潜力。对沼气的关注点集中在热燃料电池（>800℃），其中 CO_2 不会抑制电化学过程，而是充当热载体。沼气可用作车用燃料，前提是将其纯度提高到天然气品质，才能应用于使用天然气的车辆上。

由于污泥结构复杂，水解在污泥厌氧消化过程中是一个限速步骤。为了促进沼气产生，开发了几种增强污泥溶解度的方法（预水解）：采用单独或组合的热、化学、机械技术。据观察，Cambi（160~180℃、600kPa、30min）和 BioThelys（150~180℃、800~1000kPa、30~60min）工艺分别可使沼气产量提升50%，污泥减量80%。MicroSludge 是一种物化法，采用投加苛性钠和随后的高压均质处理以溶解污泥，发现其可将污泥在厌氧消化器内的停留时间减少至9d，主要是由于预处理后污泥的快速水解。研究发现，基于空化现象的 CROWN 超声波污泥分解工艺，通过在局部高温高压和冲击波的共同作用下导致污泥分解，可有效增加34%沼气产量，污泥减量24%。

14.6.2 合成气

合成气可用作发电中化石燃料的清洁替代品，或用于生产甲醇、二甲醚和合成柴油等液体燃料。污泥热解涉及在没有空气或缺氧环境中加热污泥，从而产生生物气体燃料。污泥热解具有以下优点：能源回收（高达 80%），温室气体（NO_x 和 SO_x）排放少，热解过程中不会产生有毒有机化合物（如二噁英），污泥减量效果显著（高达 93%）。在适当的操作条件下（1000℃），污泥会发生热解及气化，并产生高 CO 和 H_2 含量的气体。活性炭被用作微波吸收剂，以加快合成气生产速率。研究结果表明，使用活性炭可使热解气（热值为 12.930MJ/Nm^3）中 H_2+CO 的浓度增加 60%。为使热解气产量最大化并评估其作为氢气或合成气（H_2+CO）来源的品质，Lvetal（2007）研究了使用微波（1000W、10min、1040℃）作为热源、石墨和炭作为微波吸收剂时污泥的热解，此时两种气体的产生比例均较高，其中 H_2 最大值为 38%、H_2+CO 最大值为 66%。此外，该热解气中 CO_2 和 CH_4 浓度较低，分别为 50% 和 70%。

14.6.3　氢气

作为最小化使用或零使用碳氢化合物且高能量产率（122kJ/g）的可持续能源，氢气是一种具有前景的化石燃料替代品（Rifkin，2002）。与化学法相比，通过光合作用和厌氧发酵法进行生物制氢，更节能且环境友好（Han & Shin，2004）。部分研究者分析了在不同处理条件下污泥厌氧发酵制氢效能（表 14.1）。研究在剩余污泥厌氧消化过程中，通过热处理、紫外照射和超声波预处理来增加污泥溶解及随后的产氢量。与未预处理污泥相比，预处理后的污泥在厌氧消化过程中的产氢量明显升高。

不同预处理条件对生物制氢的影响　　　　　　　　　　　表14.1

污泥种类	厌氧消化	处理条件	产氢量	参考文献
初沉污泥	中温连续搅拌反应器（CSTR）	70℃，加酶催化 1h（体积比 5%）	27L 氢气 /kg 挥发性固体（VS）比未预处理污泥的产氢量高 82%	Massanet-Nicolau 等（2010）
家禽屠宰场污泥（总固体 TS 为 5%）	序批式发酵	微波加热，850W，3min	12.77mL 氢气 /g 总化学需氧量（TCOD）（预处理污泥）0.18mL 氢气 /gTCOD（生污泥）	Thungklin 等（2010）
剩余污泥	中温分批发酵，35℃	紫外照射，25W，15min	138.8mL 氢气 /g TS（预处理污泥）比未预处理污泥的产氢量高 82%	Wang 等（2010）
厌氧消化污泥	—	超声能量 79000kJ/kgTS 温控条件（<30℃）	产氢量增加 120%	Elbeshbishy 等（2010）
厌氧消化污泥	—	超声强度 130W/L，10s	产氢量增加 1.30~1.48 倍	Guo 等（2010）

14.6.4　生物油

生物油由正烷烃、α-烯烃和芳香族化合物组成，可被提炼为高质量的烃类燃料。在 425~575℃ 下，污泥热解的主要产物是生物油，产油率为污泥重量的 30%~40%（Cao & Pawlowski，2012）。此前的研究曾尝试将污泥热转化为液体和固体燃料，结果表明产油率在 13%~46%。据 Tian 等（2011）报道，热解（微波、400W、6min）最高产油率为 49.8%（质量分数），所得生物油具有高热值（35.0MJ/kg）、较好的化学组成（单环芳烃质量分数为29.5%）和低密度（929kg/m³）。Dominguez 等（2003）研究发现，可在1000℃下使用石墨作为微波吸收剂，通过热（微波）处理来完成污泥热解，从而产生具有高热值的热解油。使用石墨和炭作为微波吸收剂，可在几分钟内达到1000℃的高温。与在相同温度下（1000℃）通过常规加热产生的油相比，微波热解产生的油具有较多脂肪族化合物和含氧量。

EnerSludge™ 和 SlurryCarb™ 是两种基于污泥热解回收生物油的商用方法。在 EnerSludge™ 工艺中，污泥将近45%的能量转化为油分。但是，由于在运行期间对液化石油气的持续需求，该工艺成本较高（大温哥华地区，2005）。SlurryCarb™ 工艺将污泥转化为燃料，其被称为 E-燃料（炭），可用作水泥窑燃料（EnerTech，2006）。美国和日本以中试和示范规模对 SlurryCarb™ 进行了充分的研究。

14.6.5 生物柴油

利用污水污泥生产生物柴油可能是一种可盈利的选择，由于污泥富含脂类（甘油三酯、甘油二酯、单酸甘油酯、磷脂和游离脂肪酸），上述物质是生产生物柴油的主要原料（Kargbo，2010）。

生物柴油，是指在均相碱性催化剂存在下，由甘油三酯（由甘油和三种脂肪酸反应形成的酯，是脂肪的主要形式）和甲醇（MeOH）通过酯交换反应生成的简单烷基脂肪酸酯。脂肪酸甲酯是在酯交换过程中采用甲醇作为醇时制得的生物柴油。甲醇是最便宜的醇，因此被广泛用作生产生物柴油的醇。酯交换率取决于多种因素，包括催化剂种类（碱性、酸性、酶或非均相催化剂）、醇/植物油的摩尔比、温度、反应时间、含水率和游离脂肪酸含量（Siddiquee & Rohani，2011）。

据 Dufreche 等（2007）的研究报道，如果将美国50%现有城市污水处理厂中的脂类提取工艺与所提取脂类的酯交换反应相结合，可产生约18亿加仑的生物柴油，约为全国石化柴油年需求的0.5%。采用干污泥生产生物柴油的成本约为3.11美元/加仑，而最近的石化柴油成本为3.00美元/加仑（Kargbo，2010）。生物柴油生产估算成本的分解见表14.2。

污泥生产生物柴油的主要缺点是投资成本高和工艺运行的复杂性。而其核心优势在于：回收易于使用和储存的液体燃料、产生碳信用额、降解有机氯化合物、完全控制重金属、碳足迹少（Spinosa，2004）。

14.6.6 生物甲醇

由于其单位体积能量比化石燃料高，生物甲醇在不久的将来可作为合成燃料发挥关键作用。因为污泥富含碳（甲醇的主要成分），利用污泥制甲醇将可能是一个不错的选择。氢是甲醇的第二成分，可由气化过程中存在于污泥中的水获得。根据 Ptasinski 等（2002）的研究报道，污泥中的碳转化为甲醇的总转化率为57%。污泥制甲醇的两个关键控制因素是污泥干固体含量（最佳质量分数：80%）和气化温度（最佳值：1000℃）。

生物柴油生产估算成本的分解　　　　　　　表14.2

	每加仑成本（美元）
离心机运维（O&M）	0.43
干化运维（O&M）	1.29
提取运维（O&M）	0.34
生物柴油加工运维（O&M）	0.60
人工	0.10
保险费	0.03
税	0.02
折旧	0.12
资本保赔（P&I）服务	0.18
总成本	3.11

注：假设整体酯交换率为 7.0%。O&M：运行和维护。P&I：保障与赔偿。

14.7　发电

污泥微生物分解发电是回收污泥能源的另一种有益途径。微生物燃料电池用于发电，同时实现有机物或废弃物的生物降解。

微生物燃料电池阳极室内的微生物会氧化有机底物，并在此过程中产生电子和质子。与直接燃烧过程不同，电子被阳极吸引，并通过外部电路转移到阴极。质子通过离子交换膜或盐桥后，进入阴极室与氧气结合生成水。在氧化有机底物的异化过程中，阳极室的微生物会提取电子和质子。整个过程将有机物分解为水和二氧化碳，同时产电作为副产物。微生物燃料电池反应器可以通过外部电路中由阳极流向阴极的电子流发电。Dentel 等（2004）对单室反应器进行了研究，该反应器在好氧（顶部）和厌氧污泥区（底部）使用石墨箔电极，可产生最大约 $60\mu A$ 的电流及数百毫伏电压。在 Jiang 等（2009）进行的另一项研究中，使用装载超声波预处理装置的双室污泥微生物燃料电池反应器，在运行 10 天期间持续产生电流。污泥发电似乎是一个有吸引力的选择，该过程的成功进行不仅取决于微生物发电过程本身，还取决于该过程对污泥成分和残留污泥量的影响（Rulkens，2008）。

商用燃料电池有两种：低温和高温燃料电池，其总效率在 47%~87% 不等。美国燃料电池的装机容量范围为 200kW 到 1MW。尽管投资成本很高，但燃料电池的核心优势是运行成本低（0.01 美元 /kWh）以及 NO_x 和 SO_x 的排放率低。

14.8　蛋白质和酶

污泥的主要成分是蛋白质(61%)和碳水化合物(11%)，因此可用作蛋白质回收的良好来源。

蛋白质约占细菌细胞干重的 50%（Shier & Purwono，1994），同时是动物饲料中最重要的成分之一，可提供氮和能量。Chishti 等（1992）通过对污泥进行化学处理（NaOH 和 NaCl）、随后沉淀（40% 硫酸铵），回收了 91% 的蛋白质。在碱性条件下，将蛋白质连接到胞外聚合物基质的疏水作用会被破坏。针对经过超声 – 碱预处理（1.65×10^{10}kJ/kgVSS；pH 值为 12，2h）的剩余污泥，Hwang 等（2008）通过沉淀和干化回收了 80.5% 的蛋白质，其营养成分与市售蛋白质相似。然而，由于潜在的金属毒性和致病性，以及有廉价的营养物质（如农工业剩余物）可供选择，利用剩余污泥生产动物饲料并不广受欢迎（Montgomery，2004）。

酶可辅助作为生物催化剂；特别是其可加速化学反应，而在反应过程中未发生任何净化学变化。在厌氧消化过程中，回收的酶可强化污泥降解及随后的沼气产生。可从剩余污泥中回收各种酶，如蛋白酶、糖苷酶、脱氢酶过氧化氢酶、过氧化物酶、α – 淀粉酶、α – 糖苷酶。Nabarlatz 等（2010）采用超声波（3.9W/cm^2，10~20min）辅助提取方法，从剩余污泥中回收蛋白酶和脂肪酶（水解酶），获得较高回收率。酶在食品、制药、精细化工、洗涤剂和诊断行业都有商业用途。从工业角度看，酶的经济有效生产至关重要。工业酶生产成本中，培养基成本占比高达 40%。在这种情况下，用污泥代替商品培养基可获得较高成本效益。

14.9　污泥在全球范围内的资源化再利用

一些国家已经通过循环利用污泥，回收多种有附加值的产物。日本是利用污泥灰分生产建筑材料的先驱。污泥的其他主要再利用途径是热解发电。瑞典的目标是截至 2010 年回收垃圾和污泥中 75% 的磷。运输部门使用污泥衍生的沼气作为生物燃料。在斯德哥尔摩，约有 30 辆公共汽车正在使用沼气运行。在美国，通常利用污水处理厂剩余污泥厌氧消化产生的沼气发电。污泥的另一种主要处置方法是焚烧。污泥焚烧灰用作体育场地和马场的吸水性表面改性剂。热氧化装置产生的灰分用于"制砖"和作为"磷回收源"。在中国，利用包括污泥在内的原料，每年生产甲烷 7.2 亿 m^3，并致力于制砖和其他建筑材料。德国正在开发新的磷回收技术。自 2002 年以来，他们已开发四种中试或实验室规模的技术。英国政府提出一项能源回收计划，包括截至 2020 年，由可再生能源产生 20% 电能。2005 年，英国通过焚烧和沼气发电可再生能源回收率分别是 11% 和 4.2%。荷兰是最早将磷回收技术进行工程实践的国家之一，其旨在用回收磷代替磷矿石消耗量的 20%。目前产生的污水污泥约 32% 用于水泥工业和电厂。在新西兰内皮尔市，政府正在通过使用初沉污泥和木屑来进行污泥堆肥，目的是将堆肥污泥用作土壤改良剂和能源生产的燃料来源。在马来西亚，尝试使用市政污泥作为生产黏土 – 污泥砖的原材料（Kalogo & Monteith，2008）。

处理能力为 450mgd（百万加仑每日）（旱季流量）的 Hyperion 污水处理厂（美国洛杉矶），是从污泥中回收可再生资源（即水、沼气和肥料）的良好典范。在过去的 100 多年，该污水处理厂经历了多次扩建和改造。1925 年，它只有一级处理段，即机械过滤，高度污染的废水经过简单处理就被排入近岸水域，这导致了附近海滩的关闭。1950 年，增加了二级生物处理单元和污泥消化系统，出水排放到海洋，部分处理后的水被用于景观灌溉和工业用途。收集沼气并将其用管道输送到距离不到 1 英里的蒸汽生产站（22.5MW/d）。能量返回到 Hyperion 污水处理厂，为其提供了 80% 的电力供应。平均每天产生 650t 的 A 级生物固体，用作种植玉米、小麦和苜蓿等动物饲料的肥料。

14.10　技术经济和社会可行性

通过一些热化学（焚烧、热解、气化）、生物化学（厌氧消化）和机械化学（超声波）技术回收污泥能源和资源，在技术上是可行的。能量分析数据显示，产生能量高出需求量几倍。例如，Cambi™（沼气回收）和 EnerSludge™（生物油回收）工艺的能量输出比能量投入高 16 倍。磷等资源可通过萃取 – 沉淀法以磷酸钙或鸟粪石的形式回收，回收率为 60%~70% 或更高。

可从投资成本和运行维护成本方面评估技术的经济可行性。对于基于污泥的生物炼油厂，原料充足且几乎免费供应，主要成本是过程中所用的化学品、复杂的设备仪表及其运行与维护。其他重要的成本控制因素包括工艺类型、处理能力、劳动力及土地成本、工艺效率和产品质量。一些能源和资源回收技术实践失败，主要是由于投资和运行维护成本较高。资源回收的关键问题与产品的制造成本和市场价值有关。在瑞典，从污泥中回收磷的成本比市售磷价格高两倍。在日本，利用焚烧污泥灰通过热固化工艺生产建筑材料在技术上是可行的，但生产成本高于市价。

社会可行性是技术开发和推广应用的另一个控制因素。污泥焚烧虽已在美国广泛使用，但仍面临来自公众领域的压力。另一方面，污泥焚烧是一种欧洲国家（德国、瑞士、荷兰）广泛应用的技术，且为公众所接受。该技术使用危险化学品，主要由于对人类健康和环境的潜在风险而更易受到公众抗议。气化之类的技术包括多个工艺环节，被认为是复杂的、能耗大、占用空间大，且投资和运维成本高。导致产生臭味（厌氧消化）和噪声（机械处理，如超声波处理）的工艺，也面临着公众的反对。此外，与处于开发阶段或实验室规模研究的技术相比，成熟的技术更容易被公众认可。

14.11　小结

建立污泥衍生资源回收系统将有助于：

- 生产环境友好型产物；
- 减少对不可再生资源的依赖，从而保护自然资源；
- 减少环境污染（温室气体排放，病原体、重金属、新兴污染物对土壤和地下水的污染）；

- 降低人类健康风险；
- 为剩余污泥的可持续管理提供途径，即：

- 环境友好型；
- 经济可行性；
- 社会可行性。

然而，未来的挑战有：

- 扩大污泥资源回收技术的规模（一些技术仍处于实验室规模）；
- 经济有效地生产增值产品（多种工艺失败是由于运维成本和生产成本高）；
- 供应链管理；
- 环境兼容性。

技术开发及其成功的关键控制因素将是：

- 技术和经济可行性；
- 环境可持续性；
- 市场营销方面；
- 公众认可度。

习题

1. 描述污泥的重要特性。

2. 可从污泥中回收哪些资源？它们有何用途？

3. 说明从污泥中回收和再利用沼气的方案。

4. 描述污泥资源回收的商业化技术。

5. 提供一个世界范围内的污泥资源化综述，即某个国家的污泥再利用和资源化情况。

6. 可从污泥中回收哪些营养物？详细描述磷回收方法。

7. 描述从污泥中回收重金属的方法。通过不同的方法可达到多少回收率？

8. 可由污泥生产哪些生物燃料？

9. 如何利用污泥生产生物柴油？说明工艺细节及效率。

10. 污泥可制备哪些建筑材料？污泥如何转化为建筑材料？

11. 描述规模化回收污泥资源的主要障碍。

习　题

1. 根据下列操作参数，确定污水处理厂的污泥年产量和日产量：

流量 =360m³/h；

悬浮固体 =250mg/L；

去除率 =50%；

挥发性固体比例 =75%；

挥发性固体的比重 =0.970；

非挥发性固体比例 =25%；

非挥发性固体的比重 =2.5；

污泥含固率 =4.0%。

2. 污泥含水率由 99% 降低至 93%。假设污泥包含 80% 有机组分（比重为 1.01）和 20% 无机组分（比重为 2.02），那么体积减少多少？含水率 99% 和 93% 的污泥比重是多少？

3. 确定不同去除率（分别为 40%、50%、60% 和 70%）条件下的污泥年产量和日产量：

流量 =360m³/h；

悬浮固体 =250mg/L；

去除率 =50%；

挥发性固体比例 =75%；

挥发性固体的比重 =0.970；

非挥发性固体比例 =25%；

非挥发性固体的比重 =2.5；

污泥含固率 =5.0%。

绘制污泥年产量与去除率的关系曲线。

4. 当流速为 150m³/h，计算直径为 300mm、长度为 12000m 的管道输送污泥产生的管损：

屈服应力 s_y=1.5N/m²；

刚性系数 η=0.04kg/m·s；

比重 =1.04。

5. 直径为 25m 的重力浓缩器需要多大的表面积才能将污泥从 12g/L 浓缩至含固率 4%？污泥流量为 4000m³/d，污泥沉降速率为 0.4m/h。

6. 设计一个长方形污泥沉淀池：

流量 =15000m³/h（分为两个池体，单独流量为 7500m³/h）；

溢流速率 =20m/d；

深度 =3.5m。

确定沉淀池尺寸。计算表面积、容积（假设长宽比为 3/1）、HRT、水平流速和堰溢流率。

7. 设计一个圆形污泥沉淀池：

确定圆形沉淀池所需的直径。

表面积 A_s=375m²。

8. 进水流量 =50000m³/d；

进水 TSS=350mg/L；

初沉池固体去除率 =65%；

初沉污泥含固率 =6%。

剩余活性污泥流量为 500m³/d，含固率为 0.8%。如果剩余活性污泥也在初沉池中进行浓缩，则沉淀污泥含固率可达 3.8%。

在上述条件下，相比于直接排放初沉污泥和剩余活性污泥至厌氧消化池，每天泵入厌氧消化池的污泥量可降低多少？假设剩余活性污泥在初沉池中 100% 沉降。

9. 污水处理厂流量为 0.6m³/s。当污水厂内沉淀池尺寸达到长 20m、宽 6m、高 3m 时可实现有效沉降。沉降速率为 0.004m/s 的颗粒物能否被完全去除？如果不能，颗粒物去除比例是多少？

10. 如果沉淀池沉降速率为 0.004m/s，那么需要多大面积（A）才能将颗粒物 100% 去除？

流量 =0.6m/s；

宽度 =6m。

11. 流量 =10000m³/d；

初沉池 TSS 去除率 =250mg/L；

沉淀污泥挥发分比例 =80%；

污泥含水率 =95%；

比重 =1.20（无机固体）和 2.40（有机固体）；

污泥停留时间 =15d。

计算：

（a）厌氧消化池容积；

（b）厌氧消化池最小容量，建议负荷参数达 kgVS/m^3·d 数量级。

12. 根据下列数据,计算污泥流量为 800m^3/d 时重力浓缩器的表面积。污泥含固率可达 4.5%。

悬浮固体（mg/L）　　沉降速率（m/h）

悬浮固体（mg/L）	沉降速率（m/h）
4000	2.4
6000	1.5
8000	1.0
14000	0.4
29000	0.1
41000	0.05

13. 设计一个石灰稳定装置。污泥流量为 150m^3/d，含固率为 6.5%，比重为 1.04。池体容积和石灰进料速率分别是多少？

14. 厌氧消化池有机负荷为 420kgCOD/d。按照 80% 废弃物利用率计算，SRT 为 35d 时沼气产量是多少？ Y=0.15，k_d=0.03/d。

15. 设计一个厌氧消化池。利用下列数据，确定消化池容积、甲烷产量和压力为 365kPa 的外罐容积：

消化温度 =35℃；

VSS / TSS=0.75；

VSS 去除率 =45%；

进料 BOD=3000mg/L；

初沉污泥中进料 BOD 所占比例 =0.4；

污泥浓度为进料浓缩污泥浓度的 65%；

流速 =75m^3/d；

含固率 =4.5%；

比重 =1.03；

设计进料 bCOD=3000mg/L；

设计出料 bCOD=500mg/L；

设计安全系数 =5；

系统无回流，101.5kPa 大气压下消化池产气量。

16. 污泥流速为 75m³/d，含固率为 4.5%，污泥比重为 1.03。利用下列数据设计一个厌氧消化池：

温度 =30℃；

VSS/TSS=0.75；

VSS 去除率 =45%；

进料 BOD=3000mg/L；

初沉污泥中进料 BOD 所占比例 =0.4；

污泥浓度为进料浓缩污泥浓度的 65%；

混料方式：沼气搅拌。

17. 每千克生物固体需要多少千克空气才能被完全氧化？绝干生物固体元素分析如下：

元素	比例（%）
C	55.4
O	35.6
H	3.3
N	5.7

18. 厌氧消化池可产生 50m³/d、总含固率为 4.5% 的污泥。如果污泥干化床处理后的污泥含固率为 45%，那么年处理量是多少？

19. 在下列条件下：（a）不添加化学药剂，（b）混凝固体占干固体重量的 15%，初沉污泥的热值是多少？挥发性固体比例为 80%。

20. 好氧消化池产生的污泥总含固率为 4.5%。污水厂设置板框压滤机可实现含固率 20%。如果污水厂当前污泥产量为 45m³/d，设置板框压滤机后污泥产量（以体积计）可降低多少？

21. 厌氧消化池产生 2m³/d、总含固率为 4.4% 的污泥。干化设备处理后必须达到多少含固率，才能将污泥量降低至 0.2m³/d？

22. 设计一个处理初沉污泥与剩余活性污泥混合污泥的重力浓缩器。

污泥类型	比重	含固率（%）	流量（m³/d）
设计平均值			
初沉污泥	1.04	4.0	500

污泥类型	比重	含固率（%）	流量（m³/d）
剩余活性污泥	1.01	0.5	2500
设计峰值			
初沉污泥	1.04	4.1	550
剩余活性污泥	1.01	0.55	2800

23. 根据下列数据，计算以下参数：

a. 消化池容积；

b. 容积负荷；

c. 稳定化比例；

d. 人均产气量。

污水流量 $=40000 m^3/d$；

绝干 VS 去除率 $=0.18 kg/m^3$；

bCOD 去除率 $=0.16 kg/m^3$；

SRT$=15 d$（35℃）；

废弃物利用率 $E=0.80$；

$Y=0.07 kgVSS / kgbCOD$；

$k_d=0.04/d$；

甲烷比例 $=70\%$。

24. 计算下列条件下厌氧消化池中挥发性固体的减少量：

a. 消化污泥与未处理污泥中的非挥发性固体量相当；

b. 厌氧消化过程中仅损失挥发性固体组分。

	挥发性固体（%）	非挥发性固体（%）
未处理污泥	80	20
消化污泥	60	40

25. 设计一个低速消化池，用于处理 25000 人所产生污水通过活性污泥法而产生的剩余污泥。生污泥产量为每天人均 0.11kg 干固体（VS 占干固体的 70%）。污泥中干固体占 5%，比重为 1.01。在消化过程中，65%VS 被去除，而非挥发性固体保持不变。消化污泥中干固体占 7%，湿比重为 1.03。消化池运行温度为 35℃，污泥贮存时间为 45d。假设消化时间为 23d，计算所需的消化池容积。

结　语

随着城市化和工业化的不断加速，已导致世界各地的污水产量的急剧增加。严格的环境标准意味着，大量污水必须经过处理，才能安全排放。污水处理步骤是将污水中的各种污染物富集到污泥中，通常含有质量百分比为 1%~2% 的干固体。由于需处理的原水和污水量急剧增加，因此，大量污泥需要以环境安全的方式进行处理和处置（Priestley，1992）。

污水污泥的性质和产生

污水是一种由人类、家庭和工业来源排水组成的复杂混合物。污水中需处理的成分包括有机物、乳化油和油脂、细菌和病毒、硝酸盐和磷酸盐等营养物质，以及重金属和有机氯。各种工艺已应用于污水处理，但其总体结果或多或少是相同的。从本质上说，他们所做的就是把污水分成两部分；含有约 20~30mg/L 悬浮固体的澄清水，以及 1%~2% 固体干重的污泥流，通常这部分含有原污水中 80%~90% 的污染物。虽然这两部分最终都需排放到环境中，但体积小得多的污泥流对环境的破坏潜力更大。

在某种程度上污泥的性质取决于处理污水的工艺类型。污水处理工艺基本上可分为两种通用类型，一种基于生物技术，另一种基于物理化学技术。有氧生物处理过程（例如活性污泥或生物滤池）主要将未处理污水中的有机物转化为生物质，同时主要通过内源性呼吸产生一些 CO_2。这些生物质在沉淀池中被去除，通常形成含固率为 1%~2% 的污泥。生物处理过程中的污泥主要由微生物细胞组成，难以脱水。这既是因为细胞内的含水量，也因为微生物细胞通常分泌出胞外聚合物，使污泥具有果冻状的稠度。

处理污水的物理化学过程可以从简单的筛选和沉淀，化学混凝到复杂的膜技术，如微滤，筛分技术可将筛孔尺寸降至 0.1mm，并去除污水中的粗颗粒。物化污泥通过简单的压榨技术可以很容易地脱水到高含固率，然后被送往填埋或焚烧。化学混凝过程最适合于去除胶体尺寸范围内（0.01~1pm）的颗粒。对于膜技术，分离完全取决于膜中的孔径，例如错流微滤可去除尺寸小至约 0.1um 的颗粒。

污水污泥的处理和处置

正如每个自来水厂或污水处理厂都不同一样，每个项目产生的污泥也不相同。有些污泥经过厌氧消化，有些没有消化，有些比其他污泥含有更高的营养物质水平。因此，不同类型污泥需要不同处理方法和最终处置方法。也许这就是将各种污泥混合进行处理处置的技术路线没有引起太多关注的原因。截止到目前，大多数关注点都集中在通过陆地或海洋，或焚烧来处理污水污泥，并基于此开展了大量研究工作。

虽然个别的污泥，可能还含有其他具有一定经济价值的物质，但因为含量少并不足以使分离或回收变得有价值。付费的例子很少，例如（Ⅰ）在软化水中回收石灰。（Ⅱ）食品饮料工业的污泥转化为动物饲料。（Ⅲ）从工业污泥中回收脂肪和纤维。除此之外，无论在概念如何不同，能量的利用方式大体可分为：（Ⅰ）燃烧污泥消化产生的可燃气体，或（Ⅱ）焚烧高干度的有机固体。

通常，消化后的污泥被用于农业用途。然而，人们越来越意识到污泥农用对环境产生的潜在负面影响。现已认识到重金属和有机微污染物在土壤中积累的风险并已证明感染的风险。

基于这种认识，在土地利用前污泥需要满足卫生化的要求。传统方法未能满足这一要求。然而，新开发的二级消化过程（高温—好氧和中温—厌氧污泥消化），已被证明在这方面是成功的。在二级消化系统的高温阶段，污泥通过巴氏杀菌；在中温—厌氧阶段，污泥完全稳定。

就生物污泥处理系统优化而言，通过内源性硝酸盐降解进行缺氧消化（ENR，使用硝酸盐而不是氧作为终端电子受体，类似于有氧消化），当应用于缺氧—好氧工艺时，预计将被证明是比传统系统更有前途的方案。与好氧消化相比，厌氧—好氧污泥消化明显降低了耗电量，因为厌氧段只需要搅拌，耗电量降低。然而，从副产物回收和工艺效率的角度来看，高温—好氧加中温—厌氧消化系统似乎是目前新开发和改良的生物污泥处理方法中最佳的替代方案。

从根本上说，污水污泥的最终处置地点可从以下三个方向中任选其一，即陆地、空气或水。污泥的土地处置是一种简单的物理操作，主要的变量取决于施用速率和所涉及的技术。有表面施用、土壤注入和填埋三个主要选择，环境和安全方面的考虑决定了施用速率和预处理程度。空气处置一般涉及某种形式的氧化，将有机物转化为二氧化碳和水。一种间接的途径是使用厌氧细菌将有机物转化为甲烷，然后将甲烷燃烧提取其能量值。可实现污泥完全氧化的工程技术包括焚烧、熔融和湿式氧化。此外，热解技术（例如将污泥转化为油）可产生气态物，并燃烧以产生能量。然而，所有这些热技术也会产生固体灰分，必须进行处理处置。水处置基本上意味着倾倒到大海，主要决定因素是选址。然而，在意识到污泥对海洋环境的不利影响后，一些国家已经禁止污泥的海洋处置。

未来的发展趋势

世界范围内，污水污泥处理和处置方面的进展表明，今后将根据当地经济、社会和环境考虑的需要，采取因地制宜的方法来处理处置污泥。很明显，随着污水处理要求的提高污泥量也在显著增加。与此同时，可用的土地处置场正在迅速减少，而海洋倾倒则面临巨大的环境压力。这些因素都推动了更集约型的污泥处理技术被快速采用，即深度脱水、焚烧、湿式氧化，甚至污泥熔融。

采用热、化学和机械方法进行污泥预处理也可有效促进污泥水解和改善沼气产生、清除病原体、提高污泥脱水能力、减少污泥体积和保证污泥安全处置。然而，主要问题是高投资、运营和维护成本，能源密集性。综合预处理（热—化学、热—机械、机械—化学）显示出一些良好的结果，然而，其中大多数仍是实验室规模的研究，需要广泛的研究和开发来扩大技术规模。

从污泥中回收增值产品，即沼气、生物燃料、建筑材料、金属、营养物质（氮和磷），也为污泥的可持续管理提供了一种选择。通过收获环保产品，降低对不可再生资源的依赖，从而有利于保护自然环境，减少环境污染（水土污染、温室气体排放）和人类健康风险。然而，尽管过去几年资源回收技术迅速发展，但大多数技术仍处于起步阶段，实现高效污泥衍生资源回收的目标仍有很长的路要走。

参考文献

Abbassi, B., Dusllstein, S. & Rabiger, N. (2000) Minimization of excess sludge production by increase of oxygen concentration in activated sludge flocs: Experimental and theoretical approach. *Water Research*, 34 (1), 139–146.

Act Clean (2013) *ANANOX: Process for Biological Denitrification of Wastewaters Using Anaerobic Pretreatment.* Available from: http://www.act-clean.eu/index.php?node_id=100.456&lang_id=1 [Accessed 30th June 2013].

Ahel, M., Giger, W. & Koch, M. (1994a) Behaviour of alkylphenol polyethoxylate surfactants in the aquatic environment-I. Occurrence and transformation in sewage treatment. *Water Research*, 28 (5), 1131–1142.

Ahel, M., Giger, W. & Schaffner, C. (1994b) Behaviour of alkylphenol polyethoxylate surfactants in the aquatic environment-II. Occurrence and transformation in rivers. *Water Research*, 28 (5), 1143–1152.

Ahel, M., Hrsak, D. & Giger, W. (1994c) Aerobic transformation of short-chain alkylphenol polyethoxylates by mixed bacterial cultures. *Archives of Environmental Contamination Toxicology*, 26, 540–548.

Ahmad, S., Haque, I., Kaul, S. & Siddiqui, R.H. (1998) Oily sludge farming. *Indian Journal of Environmental Health*, 40 (1), 27–36.

Albertson, O.E. (1991) Bulking sludge control: Progress, practice and problems. *Water Science and Technology*, 23 (4–6), 835–846.

Anderson, B.C. & Mavinic, O.S. (1984) Aerobic sludge digestion with pH control preliminary investigation. *Journal of Water Pollution Control Federation*, 56 (7), 889–897.

Andreottola, G. & Foladori, P. (2006) A review and assessment of emerging technologies for the minimization of excess sludge production in wastewater treatment plants. *Journal of Environmental Science and Health, Part A*, 4, 1853–1872.

Andrews, J.F. (1975) Anaerobic digestion process. *Water Sewage Works*, 122, 62.

APHA (2005) *Standard Methods for the Examination of Water and Wastewater*. 21st edition. Washington, DC, American Public Health Association (APHA).

Appels, L., Baeyens, J., Degreve, J. & Dewil, R. (2008) Principles and potential of the anaerobic digestion of waste-activated sludge. *Progress in Energy Combustion Science*, 34, 755–781.

Apul, O.G. & Sanin, F.D. (2010) Ultrasonic pretreatment and subsequent anaerobic digestion under different operational conditions. *Bioresource Technology*, 101, 8984–8992.

Aqua Reci (2013) *Super Critical Wet Oxidation Process*. Available from: http://www.stowa-selectedtechnologies.nl/Sheets/Sheets/SCWO.Process.html [Accessed 30th June, 2013].

Asian Development Bank (2012) *Promoting Beneficial Sewage Sludge Utilization in the People's Republic of China*. Mandalungyong City, Asian Development Bank (ADB).

Atherton, P.C., Steen, R., Stetson, G., McGovern, T. & Smith, D. (2005) Innovative biosolids dewatering system proved a successful part of the upgrade to the Old Town, Maine water pollution control facility. In: *Proceedings of the 2005 WEFTEC: The Water Quality Event, Washington, DC*. pp. 6650–6665.

Atlas, R.M. (1991) Microbiol hydrocarbon degradation bioremediation of oil spills. *Journal of Chemical Technology and Biotechnology*, 52, 149–156.

Bahadori, A. (2013) *Solid Waste Treatment and Disposal*. In: Waste Management in the Chemical and Petroleum Industries. Chichester, John Wiley & Sons Ltd.

Baier, U. & Schmidheiny, P. (1997) Enhanced anaerobic degradation of mechanically disintegrated sludge. *Water Science and Technology*, 36 (11), 137–143.

Baier, U. & Zwiefelhofer, H.P. (1991) Sludge stabilization, effects of aerobic thermophilic pretreatment. *Water Science and Technology*, 3, 56–61.

Balmer, P. & Frost, R.C. (1990) Managing change in an environmentally conscious society: A case study Gothenburg (Sweden). *Water Science and Technology*, 22 (12), 45–56.

Bandosz, T.J. & Block, K. (2006) Effect of pyrolysis temperature and time on catalytic performance of sewage sludge/industrial sludge-based composite adsorbents. *Applied Catalysis B: Environmental*, 67 (1–2), 77–85.

Banik, S., Bandyopadhyay, S. & Ganguly, S. (2003) Bioeffects of microwave. *Bioresource Technology*, 87 (2), 155–159.

Bargman, R.D., Garber, W.F. & Nagano J. (1958) Sludge filtration and use of synthetic organic coagulants at hyperion. *Journal of Water Pollution Control Federation*, 30, 1079–1100.

Barjenbruch, M. & Kopplow, O. (2003) Enzymatic, mechanical and thermal pretreatment of surplus sludge. *Advanced Environmental Research*, 7 (3), 715–720.

Bell, P. (1991) Status of eutrophication in the Great Barrier Reef lagoon. *Marine Pollution Bulletin*, 23, 89–93.

Bell, P.E., James, B.R. & Chaney R.L. (1991) Heavy metal extractability in long term sewage sludge and metal amendment soil. *Journal of Environmental Quality*, 20, 481–486.

Benefield, L.O. & Randall, C.W. (1978) Design relationship for aerobic digestion. *Journal of Water Pollution Control Federation*, 50, 518–523.

Berg, U. & Schaum, C. (2005) *Recovery of Phosphorus from Sewage Sludge and Sludge Ashes— Applications in Germany and Northern Europe*. Dokuz Eylul Universitesi.

Beurskens, J.E.M., Stams, A.J.M., Zehnder, A.J.B. & Bachmann, A. (1991) Relative biochemical reactivity of three hexachlorocyclohexane isomers. *Ecotoxicology and Environmental Safety*, 21, 128–136.

Bien, J.B., Malina, G., Bien, J.D. & Wolny, L. (2004) Enhancing anaerobic fermentation of sewage sludge for increasing biogas generation. *Journal of Environmental Science and Health Part, A*, 39 (4), 939–949.

Bishop, B. (2004) Use of ceramic membranes in airlift membrane bioreactors. In: *Proceedings of 8th International Conference on Inorganic Membranes (ICIM8), 18–22 July 2004, Cincinnati, USA*.

Bishop, P.L. & Farmer, M. (1978) Fate of nutrients during aerobic digestion. *Journal of Environmental Engineering*, 104, 967.

Booker, N.A., Keir, D., Priestley, A.J., Ritchie, C.B., Sudannana, D.L. & Woods, M.A. (1991) Sewage clarification with magnetite particles. *Water Science and Technology*, 23, 1703–1712.

Boon, A.G. & Burgess, D.R. (1974) Treatment of crude sewage in two high-rate activated sludge plants operated in series. *Journal of Water Pollution Control Federation*, 74, 382.

Bosma, T.N.P., van der Meer, J.R., Schraa, G., Tros, M.E. & Zehnder, A.J.B. (1988) Reductive dechlorination of all trichloro and dichloroisomers. *FEMS Microbiology Ecology*, 53, 223.

Boss, E.E. & Shepherd, S.L. (1999) *Process for Treating a Waste Sludge of Biological Solids*. Available from: http://www.google.ca/patents/US5868942.

Bouchard, J., Naguyen, T.S., Chomet, E. & Overend, R.P. (1990) Analytical methodology for biomass pretreatment. Part 1: Solid residues. *Biomass*, 23, 243–261.

Bouchard, J., Nguyen, T.S., Chornet, E. & Overrend, R.P. (1991) Analytical methodology for biomass pretreatment. Part 2: Characterization of the filtrates and cumulative distribution as a function of treatment severity. *Bioresource Technology*, 36, 121–131.

Bougrier, C., Albasi, C., Delgenes, J.P. & Carrere, H. (2006) Effect of ultrasonic, thermal and ozone pretreatments on WAS solubilization and anaerobic biodegradability. *Chemical Engineering and Processing: Process Intensification*, 45 (8), 711–718.

Bougrier, C., Carrere, H. & Delgenes, J.P. (2005) Solubilisation of waste activated sludge by ultrasonic treatment. *Chemical Engineering Journal*, 106 (2), 163–169.

Bougrier, C., Delgenes, J.P. & Carrere, H. (2008) Effects of thermal treatments on five different WAS samples solubilisation, physical properties and anaerobic digestion. *Chemical Engineering Journal*, 139 (2), 236–244.

Bowen, P.T., Magar, V.S., Lagarenne, W.R., Muise, A.M. & De Bernardi J.R. (1990) Sludge treatment, utilisation and disposal. *Journal of Water Pollution Control Federation*, 62 (2), 425–433.

Braguglia, C.M., Mininni, G. & Gianico, A. (2008) Is sonication effective to improve biogas production and solids reduction in excess sludge digestion? *Water Science and Technology*, 57 (4), 479–483.

Braguglia, C.M., Gianico, A. & Mininni, G. (2012) Comparison between ozone and ultrasound disintegration on sludge anaerobic digestion. *Journal of Environmental Management*, 95, 139–143.

Brar, S.K., Verma, M., Tyagi, R.D. & Surampalli, R.Y. (2009) Value addition of wastewater sludge: Future course in sludge reutilization. *Practice Periodical of Hazardous, Toxic, and Radioactive Waste Management*, 13 (1), 59–74.

Brechtel, H. & Eipper, H. (1990) Improved efficiency of sewage sludge incineration by preceding sludge drying, IAWPRC. *Water Science and Technology*, 222 (12), 269–276.

Brindell, K. & Stephenson, T. (1996) The application of membrane biological reactors for the treatment of wastewaters. *Biotechnology and Bioengineering*, 49, 601–610.

Brown, G.J., Chow, L.K., Landine, R.C. & Cocei, A.A. (1980) Lime use in anaerobic filters. *Journal of Environmental Engineering*, 106 (4), 837–839.

Buser, H. & Muller, M.D. (1995) Isomer and enantioselective degradation of hexachlorocyclohexane isomers in sewage sludge under anaerobic conditions. *Environmental Science & Technology*, 29, 664–672.

Cabelli, V.J. (1983) *Health Effects of Criteria for Marine Recreational Waters*. Pub. No. EPA-600/1-80-031, Washington, DC, US Environmental Protection Agency.

Caccavo Jr., F., Frolund, B., Van Ommen, Koleke, F. & Nielsen, P.H. (1996) Deflocculation of activated sludge by the dissimilatory Fe(III)-reducing bacterium *Shewanella alga* BrY. *Applied Environmental Microbiology*, 62, 1487–1490.

Calabrese, A., Gould, E. & Thurberg, E.P. (1982) Effects of toxic metals in marine animals of the New York bight, In: Mayer, G.F. (ed.) *Ecological Stress and the New York Bight*. Columbia, SC, Estuarine Research Foundation.

Cambi Recycling Energy (2013) *Unleash the Power of Anaerobic Digestion*. Available from: http://www.cambi.no/wip4/detail.epl?cat=10636 [Accessed 1st July 2013].

Campbell, H.W. (1988) A status report on environment Canada's oil from sludge technology, *CEC/EWPCA International Conference on "Sewage Sludge Treatment and Use"*, 19–23 September 1988, Amsterdam.

Campbell, H.W. & Crescuolo, P.J. (1982) The use of rheology for sludge characterization. *Water Science and Technology*, 14 (6/7), 475–489.

Campbell, H.W. & Crescuolo, P.J. (1989) Control of polymer addition for sludge conditioning: A demonstration study. *Water Science and Technology*, 21 (10/11), 1309–1317.

Canales, A., Pareilleux, A., Rols, J., Goma, G. & Huyard, A. (1994) Decreased sludge production strategy for domestic wastewater treatment. *Water Science and Technology*, 30 (8), 97–106.

Cao, Y. & Pawłowski, A. (2012) Sewage sludge-to-energy approaches based on anaerobic digestion and pyrolysis: Brief overview and energy efficiency assessment. *Renewable & Sustainable Energy Reviews*, 16, 1657–1665.

Carballa, M., Omil, F. & Lema, J.M. (2009) Influence of different pretreatments on anaerobically digested sludge characteristics: Suitability for final disposal. *Water Air and Soil Pollution*, 99, 311–321.

Carrere, H., Dumas, C., Battimelli, A., Batstone, D.J., Delgenes, J.P., Steyer, J.P. & Ferrer, I. (2010) Pretreatment methods to improve sludge anaerobic degradability: A review. *Journal of Hazardous Material*, 183, 1–15.

CCME, Canadian Council of Ministers of the Environment (1991) *Interim Canadian Environmental Quality Criteria for Contaminated Sites*. Ottawa, EPC-CS34, Environment Canada.

Cetin, F.D. & Surucu, G. (1990) Effects of temperature and pH on the settleability of activated sludge flocs. *Water Science and Technology*, 22 (9), 249–254.

Chang, C., Tyagi, V.K. & Lo, S.L. (2011) Effects of microwave and alkali induced pretreatment on sludge solubilization and subsequent aerobic digestion. *Bioresource Technology*, 102 (17), 7633–7640.

Chang, J., Chudoba, P. & Capdeville, B. (1993) Determination of the maintenance requirement of activated sludge. *Water Science and Technology*, 28, 139–142.

Chen, G.H., Mo, H.K., Saby, S., Yip, W.K. & Liu, Y. (2000) Minimization of activated sludge production by chemically stimulated energy spilling. *Water Science and Technology*, 42 (12), 189–200.

Chen, G.H., An, K.J., Saby, S., Brois, E. & Djafer, M. (2003) Possible cause of excess reduction in an oxic-settling-anaerobic activated sludge process (OSA process). *Water Research*, 37 (16), 3855–3866.

Chen, Y.G., Jiang, S., Yuan, H.Y., Zhou, Q. & Gu, G.W. (2007) Hydrolysis and acidification of waste activated sludge at different pHs. *Water Research*, 41, 683–689.

Cheng, C.Y., Updergraff, D.M. & Ross L.W. (1970) Sludge dewatering by high rate freezing at small temperature differences. *Environmental Science & Technology*, 4 (12), 1145–1147.

Chishti, S.S., Hasnain, S.N. & Khan, M.A. (1992) Studies on the recovery of sludge protein. *Water Research*, 26 (2), 241–248.

Choi, H.B., Hwan, K.Y. & Shin, E.B. (1997) Effect on anerobic digestion of sewage sludge pretreatment. *Water Science and Technology*, 35 (10), 207–211.

Chou, T.L. (1958) Resistance of sewage sludge to flow in pipes. *Journal of Sanitary Engineering, ASCE*, 84 (SA1), 1557.

Chu, C.P., Chang, B.V., Liao, G.S., Jean, D.S. & Lee, D.J. (2001) Observations on changes in ultrasonically treated waste activated sludge. *Water Research*, 35, 1038–1046.

Chu, L.B., Yan, S.T., Xing, X.H., Sun, X.L. & Jurcik, B. (2009) Progress and perspectives of sludge ozonation as a powerful pretreatment method for minimization of excess sludge production. *Water Research*, 43 (7), 1811–1822.

Chu, L.B., Yan, S.T., Xing, X.H., Yu, A.F., Sun, X.L. & Jurcik, B. (2008) Enhanced sludge solubilization by microbubble ozonation. *Chemosphere*, 72 (2), 205–212.

Chudoba, J., Grau, P. & Ottova, V. (1973) Control of activated sludge filamentous bulking II: Selection of micro-organisms by means of a selector. *Water Research*, 7, 1389–1406.

Chudoba, P., Chudoba, J. & Capdeville, B. (1992) The aspect of energetic uncoupling of microbial growth in the activated sludge process: OSA system. *Water Science and Technology*, 26 (9–11), 2477–2480.

Chung, Y.C. & Neethling, J.B. (1990) Viability of anaerobic digester sludge. *Journal of Environmental Engineering, ASCE*, 116 (2), 330–343.

Clark, R.B. (1997) *Marine Pollution*. 4th edition. Oxford, Oxford University Press.

Coker, C.S., Walden, R.I. & Shea, T.G. (1991) Dewatering municipal wastewater sludge for incineration. *Water Environment and Technology*, 3, 65–67.

Crawford, P.M. (1990) Optimizing polymer consumption in sludge dewatering applications. *Water Science and Technology*, 22 (7/8), 262–267.

Cummings, R.J. & Jewell, W.J. (1977) Thermophilic aerobic digestion of dairy wastes. In: *Proceedings of 9th Cornell University Waste Management Conference, Syracuse, New York, April 28, 1977*.

Cunningham, G.K. & Duwer, R. (1989) Wet oxidation-a new approach to wastewater treatment. In: *Proceedings of 13th Federal Conference on Australian Water and Wastewater Association, Canberra*. pp. 197–203.

Danesh, P., Hong, S.M., Moon, K.W. & Park, J.K. (2008) Phosphorus and heavy metal extraction from wastewater treatment plant sludges using microwaves for generation on exceptional quality bio-solids. *Water Environment Research*, 80 (9), 784–795.

Datar, M.T. & Bhargava, D.S. (1984) Thermophilic aerobic digestion of activated sludge. *Journal of Institution of Public Health Engineers*, TS III, 22–27.

Datar, M.T. & Bhargava, D.S. (1988) Effect of temperature on BOD and COD reductions during aerobic digestion of activated sludge. In: *Proceedings of the Paper Meeting of the Environmental Engineering Division, Institution of Engineers, Mysore, India, 26–27 April 1986*, pp. 1–6 (EN 147).

de Bekker, P.H.A.M.J. & van den Berg, J.J. (1988) Wet oxidation as the alternative for sewage sludge treatment. In: Dirkzwager, A.H. and Hermite, P.L. (eds.) *Conference on Sewage Sludge Treatment and Use*. Elsevier Applied Science, England.

Delgado, J., Aznar, M.P. & Corella, J. (1997) Biomass gasification with steam in fluidized bed: Effectiveness of CaO MgO, and CaO-MgO for hot raw gas cleaning. *Industrial and Engineering Chemistry Research*, 36, 1535–1543.

Demirbas, A. (2009) Biofuels securing the planet's future energy needs. *Energy Conversion and Management*, 50, 2239–2249.

Dentel, S.K., Strogen, B. & Chiu, P. (2004) Direct generation of electricity from sludges and other liquid wastes. *Water Science and Technology*, 50 (9), 161–168.

Deublein, D. & Steinhauser, A. (2008) *Biogas from Waste and Renewable Resources*. Weinheim, Wiley-VCH.

Dewil, R., Appels, L., Baeyens, J. & Degreve, J. (2007) Peroxidation enhances the biogas production in the anaerobic digestion of biosolids. *Journal of Hazardous Material*, 146, 577–581.

Dewling, R.T., Maganelli, R.M. & Baer Jr., G.T. (1980) Fate and Behaviour of selected heavy metals in incinerated sludge. *Journal of Water Pollution Control Federation*, 52, 2552–2557.

Dhuldhoya, D., Lemen, J., Martin, B. & Myers, J. (1996) Cost-effective treatment of organic sludges in a high rate bioreactor. *Environmental Progress and Sustainable Energy*, 15, 135–140.

Doe, P.W., Benn, D. & Bays, L.R. (1965) The disposal of wastewater sludge by freezing. *Journal of the Institute of Water Engineering*, 19 (4), 251–287.

Dogan, I. & Sanin, F.D. (2009) Alkaline solubilization and MW irradiation as a combined sludge disintegration and minimization method. *Water Research*, 43, 2139–2148.

Dohanyos, M., Zabranska, J. & Jenicek, P. (1997) Enhancement of sludge anaerobic digestion by using of a special thickening centrifuge. *Water Science and Technology*, 36 (11), 145–153.

Dohanyos, M., Zabranska, J., Kutil, J. & Jenicek, P. (2004) Improvement of anaerobic digestion of sludge. *Water Science and Technology*, 49 (10), 89–96.

Doi, Y. & Fukuda, K. (eds.) (1994) *Biodegradable Plastic and Polymers*. London, Elsevier Publishing.

Dominguez, A., Menendez, J.A., Inguanzo, M., Bernard, P.L. & Pis, J.J. (2003) Gas chromatographic-mass spectrometric study of the oil fractions produced by microwave-assisted pyrolysis of different sewage sludges. *Journal of Chromatography A*, 1012, 193–206.

Dowdy, R.H., Latterell, J.J., Hinesly, T.D., Gurssman, R.B. & Sullivan, D.L. (1991) Trace metal movement in an aeric ochraqualf following 14 years of annual sludge applications. *Journal of Environmental Quality*, 20, 119–123.

Drews, A. (2013) *A Schematic of Membrane Bioreactor*. Available from: http://en.wikipedia.org/wiki/File:MBRvsASP_Schematic.jpg [Accessed 30th June 2013].

Drier, O.E. & Obma, C.A. (1963) *Aerobic Digestion of Solids*. Aurora, IL, Walker Process Equipment Co., Bulletin No. 26-5-18194.

Du, Z., Li, H. & Gu, T. (2007) A state of the art review on microbial fuel cells: A promising technology for wastewater treatment and bioenergy. *Biotechnology Advances*, 25, 464–482.

Duarte, A.C. & Anderson, G.K. (1982) Inhibition modelling in anaerobic digestion. *Water Science and Technology*, 14, 749–763.

Dufreche, S., Hernandez, R., French, T., Sparks, D., Zappi, M. & Alley, E. (2007). Extraction of lipids from municipal wastewater plant microorganisms for production of biodiesel. *Journal of the American Oil Chemists' Society*, 84 (2), 181–187.

Ejlertsson, J. & Svensson, B.H. (1996) Degradation of bis (2-ethylhexyl) phthalate constituents under methanogenic conditions. *Biodegradation*, 7, 501–506.

Ejlertsson, J., Nilsson, M.L., Kylin, H., Bergman, A., Karlson, L., Oquist, M. & Svensson, B.O.H. (1999) Anaerobic degradation of nonylphenol mono- and diethoxylates in digestor sludge, land filled municipal solid waste, and land filled sludge. *Environmental Science & Technology*, 33 (2), 301–306.

Ekama, G.A. & Marais, G.V.R. (1986) Sludge settleability and secondary settling tanks design procedures. *Journal of Water Pollution Control Federation*, 85 (1), 100–113.

Ekelund, R., Bergman, A., Granmo, A. & Berggren, M. (1990) Bioaccumulation of 4-nonylphenol in marine animals – A reevaluation. *Environmental Pollution, Series A*, 64, 107–120.

Elliott, A. & Mahmood, T. (2007) Pretreatment technologies for advancing anaerobic digestion of pulp and paper biotreatment residues. *Water Research*, 41, 4273–4286.

Emerging Technologies for Biosolids Management (2006) Office of Wastewater Management U.S. Environmental Protection Agency Washington, DC. Available from: http://www.sswm.info/sites/default/files/reference_attachments/EPA%202006%20Emerging%20Technologies%20for%20Biosolids%20Management.pdf.

EnerTech (2006) Environmental Inc. *Company Information Packet*. Available from: www.enertech.com/downloads/InfoPacket.pdf [Accessed May 2007].

Ensminger, D.E. (1986) Acoustic dewatering. In: Muralidhara, H.S. (ed.) *Advances in Solid Liquid Separation*. Columbia, OH, Batelle Press. p. 321.

Eriksson, L. & Alm, B. (1991) Study of flocculation mechanisms by observing effects of a complexing agent on activated sludge properties. *Water Science and Technology*, 24 (7), 21–28.

Eriksson, L., Steen, I. & Tendaj, M. (1992) Evaluation of sludge properties in an activated sludge plant. *Water Science and Technology*, 25 (6), 251–265.

Eskicioglu, C., Kennedy, K.J. & Droste, R.L. (2006) Characterization of soluble organic matter of WAS before and after thermal pretreatment. *Water Research*, 40, 3725–3736.

Eskicioglu, C., Kennedy, K.J. & Droste, R.L. (2008) Initial examination of MW pretreatment on primary, secondary and mixed sludges before and after anaerobic digestion. *Water Science and Technology*, 57 (3), 311–317.

Eskicioglu, C., Kennedy, K.J. & Droste, R.L. (2009) Enhanced disinfection and methane production from sewage sludge by MW irradiation. *Desalination*, 248 (1–3), 279–285.

Eskicioglu, C., Terzian, N., Kennedy, K.J., Droste, R.L. & Hamoda, M. (2007) Athermal MW effects for enhancing digestibility of WAS. *Water Research*, 41, 2457–2466.

Evans, A. (2006) Biosolid reduction and the Deskin quick dry filter bed. In: *Australia Water Industry Operators Association Annual Conference Proceedings, 220.* Available from: www.wioa.org.au/conf_papers/02/paper10.htm.

Fair, G.M. & Moore, E.W. (1937) Relative time required for 90% digestion of plain-sedimentation, primary sludge at different temperatures. *Sewage Works Journal*, 9, 3.

Fair, G.M., Geyer, J.C. & Okun, D.A. (1968) *Water and Wastewater Engineering*, Vol. 2, John Wiley and Sons, Inc.

Fattal, B., Peleg-Olevsky, E., Yoshpe-Purer, Y. & Shuval, H.I. (1986) The association between morbidity among bathers and microbial quality of seawater. *Water Science and Technology*, 18 (11), 59–69.

Finstein, M.S., Miller, F.C., Hogan, J.A. & Strom, P.F. (1987) Analysis of EPA guidance on composting sludge. *BioCycle*, 28 (4), 56–61.

Fleming G. (1986) Sludge: A waste or a resource. In: *Proceedings of the Scottish Centre's Annual Symposium (Sludge Disposal into the 1990s) at Hamilton* on *10 December, 1986.*

Florencio, L., Nozhevnikova, A., Van Langerak, A., Stams, A.J.M., Field, J.A. & Lettinga G. (1993) Acidophilic degradation of methanol by a methanogenic enrichment culture. *FEMS Microbiology Letters*, 109, 1–6.

Fonts, I., Azuara, M., Gea, G. & Murillo, M.B. (2009) Study of the pyrolysis liquids obtained from different sewage sludge. *Journal of Analytical and Applied Pyrolysis*, 85, 184–191.

Frolund, B., Palmgren, R., Keiding, K. & Nielsen P.H. (1996) Extraction of extracellular polymers from activated sludge using a cation exchange resin. *Water Research*, 30, 1749–1758.

Gale, R.S. & Baskerville, R.C. (1970) Studies in the vacuum filtration of sewage sludges. *Journal of Water Pollution Control Federation*, 69, 514–532.

Ganaye, V., Fass, S., Urbain, V., Manem, J. & Black J.C. (1996) Biodegradation of volatile fatty acids by three species of nitrate-reducing bacteria. *Environmental Technology*, 17, 1145–1149.

Ganczarczyk, J., Hamoda, M.F. & Wong, H.L. (1980) Performance of aerobic digestion at different sludge solid levels and operation patterns. *Water Research*, 14 (6), 627–633.

Garuti, G., Giordano, A. & Pirozzi, F. (2001) Full-scale ANANOX system performance. *Water SA*, 27 (2) 189–197.

Ghadge, S.V. & Raheman, H. (2006) Process optimization for biodiesel production from mahua (*Madhuca indica*) oil using response surface methodology. *Bioresource Technology*, 97 (3), 379–384.

Gildemeister, H.H. (1988) Sludge dewatering technology in perspective. In: Dirkzwager, A.H. and L'Hermite, P. (eds.) *Proceedings of Conference on Sewage Sludge Treatment and Use.* Elsevier Applied Science, England.

Girovich, M.J. (March 1990) Simultaneous sludge drying and palletizing. *Water Engineering & Management*.

Gore and Storrie Ltd. (1977) *Energy and Economic Considerations of Multiple-Hearth and Fluidised-Bed Incinerators for Sewage Sludge Disposal.* Toronto, ON, Study of Ontario Ministry of Environment Energy Management Program.

Gujer, W. & Kappeller, J. (1992) Modelling population dynamics in activated sludge systems. *Water Science and Technology*, 25 (6), 93–103.

Gujer, W. & Zehnder, A.J.B. (1983) Conversion process in anaerobic digestion. *Water Science and Technology*, 17, 127–167.

Gulas, V., Bond, M. & Benefield, L. (1979) Use of exocellular polymers for thickening and dewatering activated sludge. *Journal of Water Pollution Control Federation*, 51, 798–807.

Gunnerson, C.G. (1963) Mineralisation of organic matter in Santa Monica Bay. In: Oppenheirner, C.H. (ed.) *Marine Microbiology*. Springfield, IL, C.C. Thomas Publishers.

Guyer, J.P. (2011) *Introduction to Sludge Handling, Treatment and Disposal*. Stony Point, NY, Continuing Education and Development, Inc. pp. 1–43.

GVRD (2005) *Review of Alternatives Technologies for Biosolids Management*. Report of the Greater Vancouver Regional District, September 2005.

Hall, J.E. (1988) Methods of applying sewage sludge to land: A review of recent developments. In: Dirkzwager, A.H. and Hermite, P.L. (eds.) *Conference on Sewage Sludge Treatment and Use*. Elsevier Applied Science, England.

Han, S.K. & Shin, H.S. (2004) Bio-hydrogen production by anaerobic fermentation of food waste. *International Journal of Hydrogen Energy*, 29, 569–577.

Han, Y. & Dague, R.R. (1997) Laboratory studies on the temperature-phased anaerobic digestion of domestic primary sludge. *Water Environment Research*, 69, 1139–1143.

Han, Y., Sung, S. & Dague, R.R. (1997) Temperature-phased anaerobic digestion of wastewater sludges. *Water Science and Technology* 36 (6–7), 367–374.

Hao, O.J. & Kim M.H. (1990) Continuous pre-anoxic and aerobic digestion of waste activated sludge. *Journal of Environmental Engineering, ASCE*, 116 (5), 863–879.

Harremoes, P., Bundgaard, E. & Henze, M. (1991) Developments in wastewater treatment for nutrient removal. *Journal of Eueopean Water Pollution Control Federation*, 1 (1), 19–23.

Harrison, S.T.L. (1991) Bacterial cell disruption: A key unit operation in the recovery of intracellular products. *Biotechnology Advances*, 9, 217–240.

Hartman, R.B., Smith, D.G., Bennett, E.R. & Linstedt, K.D. (1979) Sludge stabilization through aerobic digestion. *Journal of Water Pollution Control Federation*, 51, 2353–2365.

Hashimoto, M. & Hiraoka, M. (1990) Characteristics of sewage sludge affecting dewatering by Belt Press Filter. *Water Science and Technology*, 22 (12), 143–152.

Hashimoto, S., Nishimura, K., Iwabi, H. & Shinabe K. (1991) Pilot plant test of electron-beam disinfected sludge composting. *Water Science and Technology*, 23, 1991–1999.

Henze, M., Harrenmoes, P., Janesen, J.C. & Arvin, E. (1995) *Wastewater Treatment Biological and Chemical Processes*. Berlin, Springer-Verlag.

Heo, N., Park, S. & Kang, H. (2003) Solubilization of WAS by alkaline pretreatment and biochemical methane potential (BMP) test for anaerobic co-digestion of municipal organic waste. *Water Science and Technology*, 48 (8), 211–219.

Herandez, L.M., Fernandez, M.A. & Gonzalez, M.J. (1991) Lindane pollution near an industrial source in northeast Spain. *Bulletin of Environmental Contamination and Toxicology*, 46, 9–13.

Herguido, J., Corella, J. & Gonzalez-Saiz, J. (1992) Steam gasification of lignocellulosic residues in a fluidized bed at a small pilot scale. Effect of the type of feedstock. *Industrial and Engineering Chemical Research*, 31, 1274–1282.

Heron, G., Crouzet, C., Bourg, A.C.M. & Christensen T.H. (1995) Speciation of Fe(II) and Fe(III) in contaminated aquifer sediments using chemical extraction techniques. *Environmental Science & Technology*, 8, 1698–1705.

Hills, D.J. & Dykstra, R.S. (1980) Anaerobic digestion of cannery tomato solid wastes. *Journal of Environmental Engineering*, 106, 257–266.

Hogan, F., Mormede, S., Clark, P. & Crane, M. (2004) Ultrasonic sludge treatment for enhanced anaerobic digestion. *Water Science and Technology*, 50 (9), 25–32.

Holliger, C., Schraa, G., Stams, A.J.M. & Zehnder, A.J.B. (1993) A highly purified enrichment culture couples the reductive dechlorination of tetrachloroethene to growth. *Applied Environmental Microbiology*, 59, 2991–2997.

Holt, M.S., Mitchell, G.C. & Watkinson R.J. (1992) *Detergents*. In: de Oude, N.T. (ed.) Springer, Verlag, Berlin. pp. 89–144.

Hong, S.M., Park, J.K. & Lee, Y.O. (2004) Mechanisms of MW irradiation involved in the destruction of fecal coliforms from biosolids. *Water Research*, 38 (6), 1615–1625.

Hosh, S.G. & Pohland, E.C. (1974) Kinetics of substrate assimilations and product formation in anaerobic digestion. *Journal of Water Pollution Control Federation*, 46 (4), 748–759.

Hsieh, C.H., Lo, S.L., Hu, C.Y., Shih, K., Kuan, W.H. & Chen, C.L. (2008) Thermal detoxification of hazardous metal sludge by applied electromagnetic energy. *Chemosphere*, 71 (9), 1693–1700.

Hultman, B., Levlin, E., Plaza, E. & Stark, K. (2003). *Phosphorus Recovery from Sludge in Sweden – Possibilities to Meet Proposed Goals in an Efficient, Sustainable and Economical Way*. No 10: 19–28. Available from: www.lwr.kth.se/forskningsprojekt/Polishproject/JPS10s19.pdf [Accessed August 2007].

Huyard, A., Ferran, B. & Audic, J.M. (2000). The two phase anaerobic digestion process: Sludge stabilization and pathogens reduction. *Water Science and Technology* 42, 41–47.

IEI (1999) *Technology Update*. 3, IEI News, September 1999.

IKA® (2013) *High Pressure Homogenizer*. Available from: http://www.ikaprocess.com/Products/High-press-homogenizer-cph-43/HPH-csb- HPH/ [Accessed 1st July 2013].

Jack, T.R., Francis, M.M. & Stehmeier, L.G. (1994) Disposal of slop oil and sludges by biodegradation. *Research in Microbiology*, 145 (1), 49–53.

Jean, D.S., Chang, B.V., Liao, G.S., Tsou, G.W. & Lee, D.J. (2000) Reduction of microbial density level in sewage sludge through pH adjustment and ultrasonic treatment. *Water Science and Technology*, 42 (9), 97–102.

Jenkins, D. (1992) Towards a comprehensive model of activated sludge foaming and bulking. *Water Science and Technology*, 25 (6), 215–230.

Jewell, W.J. & Kabrick, R.M. (1980) Auto heated aerobic thermophilic sludge-digestion with aeration. *Journal of Water Pollution Control Federation*, 52, 512–523.

Jiang, Y.M., Chen, Y.G. & Zheng, X. (2009) Efficient polyhydroxyalkanoates production from a waste-activated sludge alkaline fermentation liquid by activated sludge submitted to the aerobic feeding and discharge process. *Environmental Science & Technology*, 43, 7734–7741.

Jin, Y., Li, H., Mahar, R.B., Wang, Z. & Nie, Y. (2009) Combined alkaline and ultrasonic pretreatment of sludge before aerobic digestion. *Journal of Environmental Science*, 21, 279–284.

Johri, A.K., Dua, M., Tuteja, D., Saxena, R., Saxena, D.M. & Lal, R. (1996) Genetic manipulations of microorganisms for the degradation of hexachlorocyclohexane. *FEMS Microbiology Reviews*, 19, 69–84.

Jones, E.W. & Westmoreland, D.J. (1998) Degradation of nonylphenol ethoxylates during the composting of sludge from wool scour effluents. *Environmental Science & Technology*, 32, 2623–2627.

Kalogo, Y. & Monteith, H. (2008) State of science report: Energy and resource recovery from sludge. *Global Water Research Coalition*. Alexandria, VA, Water Environment Research Foundation. p. 238.

Kamiya, T. & Hirotsuki, J. (1998) New combined system of biological process and intermittent ozonation for advanced wastewater treatment. *Water Science and Technology*, 38 (8–9), 145–153.

Kampe, W. (1988) Organic substances in soils and plants after intensive applications of sewage sludge. In: Dirkswager, A.H. and Hermite, P.L. (eds.) *Conference on Sewage Sludge Treatment and Use*. Elsevier Applied Science, England.

Kappeler, J. & Gujer, W. (1992) Bulking in activated sludge: A qualitative simulation model for *Sphaerotilus natans*, Type 021N and Type 0961. *Water Science and Technology*, 26 (3–4), 473–482.

Kargbo, D.M. (2010) Biodiesel production from municipal sewage sludges. *Energy Fuels*, 24, 2791–2794.

Karpati, A. (February 20–22, 1989) *Wastewater Pretreatment and Sludge Utilization in the Dairy Industry*. Viena, Envirotech.

Karr, P.R. & Keinath, T. (1978) Influence of the particle size on sludge dewaterability. *Journal of Water Pollution Control Federation*, 50 (11), 1911–1930.

Katsiris, N. & Kouzeli-Katsiri, A. (1987) Bound water content of biological sludges in relation to filtration and dewatering. *Water Resources*, 21, 1319–1327.

Katz, W.J. & Mason, G.G. (1970) Freezing methods used to condition activated sludge. *Water Sewage Works*, 117 (4), 110–114.

Keey, R.B. (1972) *Drying Principles and Practices*. London, Pergamon Press.

Keith, J.O., Woods Jr., L.A. & Hunt, E.G. (1970) Reproductive failures in brown pelicans on the Pacific coast. In: *Proceedings of 35th North American Wildlife and Natural Resources Conference*. Washington, DC, Wildlife Management Institute. pp. 56–63.

Kepp, U., Machenbach, I., Weisz, N. & Solheim, O.E. (2000) Enhanced stabilization of sewage sludge through thermal hydrolysis–three years of experience with full-scale plant. *Water Science and Technology*, 42 (9), 89–96.

Khursheed, A. & Kazmi, A.A. (2011) Retrospective of ecological approaches to excess sludge reduction. *Water Research*, 45, 4287–4310.

Kim, J., Kaurich, T.A., Sylvester, P. & Martin, A.G. (2006) Enhanced selective leaching of chromium from radioactive sludges. *Separation Science & Technology*, 41, 179–196.

Kim, J., Park, C., Kim, T., Lee, M., Kim, S., Kim, S. & Lee, J. (2003) Effects of various pretreatments for enhanced anaerobic digestion with WAS. *Journal of Bioscience Bioengineering*, 95 (3), 271–275.

Kim, M.H. (1989) *Anoxic Sludge Digestion of Waste Activated Sludge*. ME Thesis. College Park, MD, University of Maryland.

Kim, M.H. & Hao, O.J. (1990) Comparison of activated sludge stabilization under aerobic or anoxic conditions. *Research Journal of the Water Pollution Control Federation*, 62 (2), 160–168.

Kim, Y. & Parker, W. (2008) A technical and economic evaluation of the pyrolysis of sewage sludge for the production of bio-oil. *Bioresource Technology*, 99, 1409–1416.

Kleinig, A.R. & Middelberg, A.P.J. (1990) On the mechanism of microbial cell disruption in high-pressure homogenization. *Chemical Engineering Science* 53, 891–898.

Knocke, W.R., Glosh, M.M. & Novak, J.T. (1980) Vacuum filtration of metal hydroxide sludges. *Journal of Environmental Engineering*, 106 (2), 363.

Koers, D.A. & Mavinic, D.S. (1977) Aerobic digestion of waste activated sludge at low temperatures. *Journal of the Water Pollution Control Federation*, 49 (3), 460.

Kohno, T., Yoshika, K. & Satoh S. (1991) The role of intracellular organic storage materials in the selection of microorganisms in activated sludge. *Water Science and Technology*, 23 (4–6), 889–898.

Kondoh, S. & Hiraoka, M. (1990) Commercialization of pressurized electro-osmotic dehydrator (PED). *Water Science and Technology*, 22 (12), 259–268.

Kopp, J., Muller, J., Dichtl, N. & Schwedes, J. (1997) Anaerobic digestion and dewatering characteristics of mechanically disintegrated sludge. *Water Science and Technology*, 36 (11), 129–136.

Korsaric, N., Blaszczyk, R. & Orphan, L. (1990) Factors influencing formation and maintenance of granules in anaerobic sludge blanket reactors (UASBR). *Water Science and Technology*, 9 (22), 275–282.

Kravetz, L., Salanitro, J.P., Dorn, P.B. & Guin, K.F. (1991) Influence of hydrophobe type and extent of branching on environmental response factors of nonionic surfactants. *Journal of American Oil Chemical Society*, 68 (8), 610–618.

Lane, G.M. (1990) *Process for Treating Oil Sludge*. Available from: http://www.google.co.in/patents/EP0348707A1?cl=en.

Leavitt, M.E. & Brown, K.L. (1994) Bio-stimulation versus bioaugmentation-three case studies. *Hydrocarbon Bioremediation*, Boca Raton, FL, Lewis Publication, 72–79.

LeBlanc, R.J., Allain, C.J., Laughton, P.J. & Henry, J.G. (2004) Integrated, long term, sustainable, cost effective sludge management at a large Canadian wastewater treatment facility. *Water Science and Technology*, 49 (10), 155–162.

Lee, J. (1997) Biological conversion of lignocellulosic biomass to ethanol. *Journal of Biotechnology*, 56, 1–24.

Lee, J.W., Cha, H.Y., Park, K.Y., Song. K.G. & Ahn, K.H. (2005) Operational strategies for an activated sludge process in conjunction with ozone oxidation for zero excess sludge production during winter season. *Water Research*, 39, 1199–1204.

Lee, N.M. & Welander, T. (1996) Reducing sludge production in aerobic wastewater treatment through manipulation of the ecosystem. *Water Research*, 30 (8), 1781–1790.

Lee, Y.D., Shin, E.B., Choi, Y.S., Yoon, H.S., Lee, H.S., Chung, L.J. & Na, J.S. (1997) Biological removal of nitrogen and phosphorus from wastewater by a single sludge reactor. *Environmental Technology*, 18, 975–986.

Levlin, E., Löwé,n M. & Stark, K. (2004). *Phosphorus Recovery from Sludge Incineration Ash and Supercritical Water Oxidation Residues with Use of Acids and Bases*. No 11. pp. 19–28. Available from: www.lwr.kth.se/forskningsprojekt/Polishproject/JPS11p19.pdf [Accessed August 2007].

Lewis, M.A. (1991) Chronic and sublethal toxicities of surfactants to fresh water and marine animals: A review and risk assessment. *Water Research*, 25, 101–113.

Li, C., Xie, F., Ma, Y., Cai, T., Li, H., Huang, Z. & Yuan, G. (2010) Multiple heavy metals extraction and recovery from hazardous electroplating sludge waste via ultrasonically enhanced two-stage acid leaching. *Journal of Hazardous Material*, 178, 823–833.

Li, Y.Y. & Noike, T. (1992) Upgrading of anaerobic digestion of waste activated sludge by thermal pretreatment. *Water Science and Technology*, 26 (3–4), 857–866.

Liao, P.B. (1974) Fluidised-bed sludge incinerator design. *Journal of Water Pollution Control Federation*, 46 (8), 1895–1913.

Liao, P.H., Wong, W.T. & Lo, K.V. (2005a) Release of phosphorus from sewage sludge using microwave technology. *Journal of Environmental Engineering and Science*, 4, 77–81.

Liao, P.H., Wong, W.T. & Lo, K.V. (2005b) Advanced oxidation process using hydrogen peroxide/microwave system for solubilization of phosphate. *Journal of Environmental Science and Health, Part A*, 40, 1753–1761.

Lin, J.G., Chang, C.N. & Chang, S.C. (1997) Enhancement of anaerobic digestion of WAS by alkaline solubilization. *Bioresource Technology*, 62, 85–90.

Lipke, S. (1990) High solids centrifuges turn out to be surprise dewatering choice. *Water Engineering & Management*, 137 (6), 22–24.

Liu, J.C., Lee, C.H., Lai, J.Y., Wang, K.C., Hsu, Y.C. & Chang, B.V. (2001) Extracellular polymers of ozonized waste activated sludge. *Water Science and Technology*, 44 (10), 137–142.

Liu, X., Liu, H., Chen, J., Du, G. & Chen, J. (2008) Enhancement of solubilization and acidification of waste activated sludge by pretreatment. *Waste Management*, 28, 2614–2622.

Liu, Y. (2003) Chemically reduced excess sludge production in the activated sludge system. *Chemosphere*, 50, 1–7.

Liu, Y. & Tay, J.H. (2001) Strategy for minimization of excess sludge production from the activated sludge process. *Biotechnology Advances*, 19 (2), 97–107.

Lo, K.V., Liao, P.H. & Yin, G.Q. (2008) Sewage sludge treatment using MW-enhanced advanced oxidation processes with and without ferrous sulfate addition. *Journal of Chemical Technology and Biotechnology*, 83, 1370–1374.

Lockhart, N.C. (1986) Electro-dewatering of fine suspensions. In: Muralidhara, H.S. (ed.) *Advances in Solid Liquid Separation*. Columbia, OH, Batelle Press. p. 241.

Logsdon, G. & Edgerley Jr., E., (1971) Sludge dewatering by freezing. *Journal of American Water Works Association*, 63 (11), 734–740.

Lotito, V., Mininni, G. & Spinosa, L. (1990) Models of sewage sludge, conditioning. *Water Science and Technology*, 22 (12), 163–172.

Loupy, A. (2002) *Microwaves in Organic Synthesis*. France, Wiley-VCH.

Low, E.W. & Chase, H.A. (1999) Reducing production of excess biomass during wastewater treatment. *Water Research*, 33 (5), 1119–1132.

Low, E.W., Chase, H.A., Milner, M.G. & Curtis, T.P. (2000) Uncoupling of metabolism to reduce biomass production in the activated sludge process. *Water Research*, 34 (12), 3204–3212.

Lue-Hing, C., Zeng, D.R. & Kuchenither, R. (eds.) (1998) Water Quality Management Library, Vol. 4, *Municipal Sewage Sludge Management: A Reference Test on Processing, Utilization and Disposal*. Lancaster, PA, Technomic Publishing Co.

Lv, P., Yuan, Z., Wu, C., Ma, L., Chen, Y. & Tsubaki, N. (2007) Bio-syngas production from biomass catalytic gasification. *Energy Conservation and Management*, 48, 1132–1139.

Lynd, L.R., Cushman, J.H., Nichols, R.J. & Wyman, C.E. (1991) Fuel ethanol from cellulosic biomass. *Science*, 251, 1318–1323.

Magbanua, B. & Bowers, A.R. (1998) Effect of recycle and axial mixing on microbial selection in activated sludge. *Journal of Environmental Engineering*, 124 (10), 970–978.

Marklund, S. (1990) Dewatering of sludge by natural methods. *Water Science and Technology*, 22 (3/4), 239–246.

Marshall, E. (1988) The sludge factor. *Science*, 242, 307.

Martin, M.H. & Bhattarai, R.P. (1991) More mileage from gravity sludge thickeners. *Water Environment and Technology*, 3 (7), 57–60.

Mastin, B.J. & Lebster, G.E. (2006) Dewatering with Geotube® containers: A good fit for a Midwest wastewater facility? In: *Proceedings of the WEF/AWWA Joint Residuals and Biosolids Management Conference, Cincinnati, Ohio*.

Mathiesen, M.M. (1990) Sustained shockwave plasma (SSP) destruction of sewage sludge – A rapid oxidation process. *Water Science and Technology*, 22 (12), 339–344.

Matsumura, Y., Xu, X. & Antal, M.J. (1997) Gasification characteristics of an activated carbon in supercritical water. *Carbon*, 35, 819–824.

Matsuzawa, Y. & Mino, T. (1991) Role of glycogen as an intracellular carbon reserve of activated sludge in the competitive growth of filamentous and non-filamentous bacteria. *Water Science and Technology*, 23 (4–6), 899–905.

Mavinic, D.S. & Koers, D.A. (1979) Performance and kinetics of low temperature, aerobic sludge digestion. *Journal of the Water Pollution Control Federation*, 51, 2088.

Mavinic, O.S. & Koers, O.A. (1982) Fate of nitrogen in aerobic sludge digestion. *Journal of Water Pollution Control Federation*, 54 (4), 352–360.

McBride, M.B., Richards, B.K., Steenhuis, T.S., Peverly, J.H., Russell, J.J. & Suave, S. (1997) Mobility and solubility of toxic metals and nutrients in soil fifteen years after sludge application. *Soil Science*, 162, 487–500.

McCarty, P.L., Bck, L. & Amant, P. St. (1969) Biological denitrification of waste-waters by addition of organic materials. In: *Proceedings of the 24th Purdue Industrial Waste Conference, Lafayette*.

McClintock, S.A., Sherrad, J.H., Novak, J.T. & Randall, C.W. (1988) Nitrate versus oxygen respiration in the activated sludge process. *Journal of Water Pollution Control Federation*, 60 (3), 342–350.

McWhirter, J.R. (1978) The use of high-purity oxygen in the activated sludge process In: *Oxygen and Activated Sludge Process*. Vol. 1. Boca Raton, FL, CRC Press.

MCZM (Massachusetts Coastal Zone Management Office) (1982) *PCB Pollution in the New Bedford, Massachusetts Area, Boston.*

Messenger, J.R., de Villiers, H.A. & Ekama, G.A. (1990) Oxygen utilization rate as a control parameter for the aerobic stage in dual digestion. *Water Science and Technology*, 22 (12), 217–227.

Metcalf & Eddy (2003) *Wastewater Engineering: Treatment Disposal Reuse.* 4th edition. New York, NY, McGraw-Hill, Inc.

Middeidorp, P.J.M., Zehnder, A.J.B. & Schraa, G. (1996) Biotransformation of alpha-, beta-, gamma- and delta-hexachlorocyclohexane under methanogenic conditions. *Environmental Science & Technology*, 30, 2345–2349.

Milne, B.J., Baheri, H.R. & Hill, G.A. (1998) Composting of a heavy oil refinery sludge. *Environmental Progress*, 17 (1), 24–27.

Mitsdorffer, R., Demharter, W. & Bischofsberger, W. (1990) Stabilization and disinfection of sewage sludge by two-stage anaerobic thermophilic/mesophilic digestion. *Water Science and Technology*, 22 (7/8), 269–270.

Montgomery, R. (2004) Development of bio-based products. *Bioresource Technology*, 91, 1–29.

Moseley, J.L., Patterson, L.N. & Sieger, R.B. (April 1990) *Sludge Disposal.* Dallas style, Civil Engineering.

MSST (1987) *Manual on Sewerage and Sewage Treatment.* 1st edition. New Delhi, CPHEE-Organization, Ministry of Urban Development, Government of India.

Müller, J., Günther, L., Dockhorn, T., Dichtl, N., Phan, L.-C., Urban, I., Weichgrebe, D., Rosenwinkel, K.-H. & Bayerle, N. (2007). Nutrient recycling from sewage sludge using the seaborne process. In: *Proceeding of the IWA Conference on Biosolids, Moving Forward Wastewater Biosolids Sustainability: Technical, Managerial, and Public Synergy, June 24–27, 2007, Moncton, New Brunswick, Canada.* pp. 629–633.

Muller, J., Lehne, G., Schwedes, J., Battenberg, S., Naveke, R., Kopp, J., Scheminski, A., Krull, R. & Hempell, D.C. (1998) Disintegration of sewage sludges and influence on anaerobic digestion. *Water Science and Technology*, 38, 425–433.

Murakami, T., Ishida, T., Sasabe, K., Sasaki, K. & Harada, S. (1991) Characteristics of melting process for sewage sludge. *Water Science and Technology*, 23, 2019–2028.

Muralidhara, H.S., Senapati, N. & Beard, R.B. (1986) A novel electroacoustic separation process for fine particle separations. In: Muralidhara, H.S. (ed.) *Advances in Solid Liquid Separation.* Columbia, OH, Batelle Press. pp. 335–374.

Murray, K.C., Tong, A. & Bruce, A.M. (1990) Thermophilic aerobic digestion-A reliable and effective process for sludge treatment at small works. *Water Science and Technology*, 22 (3/4), 225–232.

MWST (March 1991) *Manual on Water Supply and Treatment.* 3rd edition. New Delhi, Ministry of Urban Development, Government of India.

Nabarlatz, D., Vondrysova, J., Janicek, P., Stüber, F., Font, J. & Fortuny, A. (2010) Hydrolytic enzymes in activated sludge: Extraction of protease and lipase by stirring and ultrasonication. *Ultrasonics Sonochemistry*, 17, 923–931.

NACWA (National Association of Clean Water Agencies) (2010) *Renewable Energy Resources: Banking on Biosolids.* Available from: www.nacwa.org.

Nagasaki, K., Akakura, N., Adachi, T. & Akiyama T. (1999) Use of waste-water sludge as a raw material for production of L-lactic acid. *Environmental Science & Technology*, 33, 198–200.

Nagasawa, S., Kukuchi, R., Nagata, Y., Takagi, M. & Matsuo, M. (1993) Aerobic mineralization of γ-HCH by *Pseudomonas paucimobilis* UT 26. *Chemosphere*, 26, 1719–1728.

Nah, I., Kan, Y., Hwang, K. & Song, W. (2000) Mechanical pretreatment of WAS for anaerobic digestion process. *Water Research*, 34 (8), 2362–2368.

Ndon, U.J. & Dague, R.R. (1997) Ambient temperature treatment of low strength wastewater using anaerobic sequencing batch reactor. *Biotechnology Letters*, 19, 319–323.

Nealson, K.H. & Saffarini, D. (1994) Iron and manganese in anaerobic respiration: Environmental significance, physiology, and regulation. *Annual Review of Microbiology*, 48, 311–343.

Negulescu, M. (1985) *Municipal Wastewater Treatment*. New York, NY, Elsevier Science Publishers.

Neyens, E. & Baeyens, J. (2003) A review of thermal sludge pretreatment processes to improve dewaterability. *Journal of Hazardous Material*, 98 (1–3), 51–67.

Neyens, E., Baeyens, J. & Creemers, C. (2003) Alkaline thermal sludge hydrolysis. *Journal of Hazardous Material*, B97, 295–314.

Neyens, E., Baeyens, J., Dewil, R. & De Heyder, B. (2004) Advanced sludge treatment affects extracellular polymeric substances to improve activated sludge dewatering. *Journal of Hazardous Materials*, 106 (2–3), 83–92.

Nielsen, J.L. & Nielsen, P.H. (1998) Microbial nitrate-dependent oxidation of ferrous Iron in activated sludge. *Environmental Science & Technology*, 32, 3556–3561.

Nielsen, P.H. (1996) The significance of microbial Fe(III) reduction in the activated sludge process. *Water Science and Technology*, 34 (5–6), 129–136.

Nielsen, P.H., Frolund, B., Spring, S. & Caccavo, E. (1997) Microbial Fe (III) reduction in activated sludge. *Systematic and Applied Microbiology*, 20 (4), 645–651.

Nielsen, S. (2003) Sludge treatment in wetland systems. In: Dias, V. & Vymazal, J. (eds.) *Proceedings of the Conference on the Use of Aquatic Macrophytes for Wastewater Treatment in Constructed Wetlands, Lisbon, Portugal*.

Nielsen, S. (2005a) Sludge reed bed facilities: Operation and problems. *Water Science and Technology* 51 (9), 99–107.

Nielsen, S. (2005b) Mineralization of hazardous organic compounds in a sludge reed bed and sludge storage. *Water Science and Technology* 51 (9), 109–117.

Nihlgard, B. (1985) The ammonium hypothesis-An additional explanation to the forest dieback in Europe. *AMBIO*, 14 (1), 2–8.

Nishioka, M., Yanagisawa, K. & Yamasaki, N. (1990) Solidification of sludge ash by hydrothermal hot pressing. *Research Journal Water Pollution Control Federation*, 62 (7), 926–932.

NOAA (1979) *Proceedings of a Workshop on Scientific Problems Relating to Ocean Pollution Environmental Research Laboratories*. Boulder, CO, National Oceanic and Atmospheric Administration.

Nordrum, S.B. (1992) Treatment of production tank bottom sludge by composting. In: *Proceedings of the 67th Annual Technique Conference and Exhibition of the SPE, Cincinnati, Ohio*. pp. 181–191.

Novak, L., Larrea, L., Wanner, J. & Carcia-Heras, J.L. (1993) Non-filamentous activated sludge bulking in a laboratory scale system. *Water Research*, 27, 1339–1346.

Ødegaard, H. (2004) Sludge minimization technologies – An overview. *Water Science and Technology*, 49 (10), 31–40.

Oku, S., Kasai, T., Hiraoka, M. & Takeda, N. (1990) Melting system for sewage sludge. *Water Science and Technology*, 22 (12), 319–321.

Okuno, N., Ishikawa, Y., Shimizu, A. & Yoshida, M. (2004). Utilization of sludge in building material. *Water Science and Technology*, 49 (10), 225–232.

Oman, C. & Hynning, P.A. (1993) Identification of organic compounds in municipal landfill leachates. *Environmental Pollution*, 80 (3), 265–271.

Onyeche, T. (2006) Sewage sludge as source of energy. In: *Proceedings of the IWA Specialized Conference on Sustainable Sludge Management: State-of-the-Art, Challenges and Perspectives. Moscow, Russia, May 29–31 2006*. pp. 235–241.

Ottewell, S. (1990) Sewage sludge incineration. *The Chemical Engineer*, 14, 477.

Park, B., Ahn, J., Kim, J. & Hwang, S. (2004) Use of MW pretreatment for enhanced anaerobiosis of secondary sludge. *Water Science and Technology*, 50 (9), 17–23.

Park, W.J., Ahn, H., Hwang, S. & Lee, C.K. (2010) Effect of output power, target temperature, and solid concentration on the solubilization of waste activated sludge using microwave irradiation. *Bioresource Technology*, 101 (1), S13–S16.

Parker, D.S., Morill, M.S. & Tetreault, M.J. (1992) Wastewater treatment process theory and practice: The emerging convergence. *Water Science and Technology*, 25 (6), 301–315.

Paulsrud, B. (1990) Sludge handling and disposal at small waste-water treatment plants in Norway. *Water Science and Technology*, 22 (3/4), 233–238.

Paulsrud, B. & Eikum, A.S. (1975) Lime stabilization of sewage sludges. *Water Research*, 9 (3), 297–305.

Peimin, Y. (1997a) PhD Dissertation, The United Graduate School of Agricultural Science, Shizuoka University.

Peimin, Y., Nishina, N., Kosakia, Y., Yahiro, K., Park, Y. & Okabe, M.J. (1997b) Enhanced production of L (+)-lactic acid from cornstarch in a culture of *Rhizopus oryzae* using an airlift bioreactor. *Journal of Fermentation and Bioengineering*, 84, 249–253.

Penaud, V., Delgenes, J.P. & Moletta, R. (1999) Thermo-chemical pretreatment of a microbial biomass: Influence of sodium hydroxide addition on solubilization and anaerobic biodegradability. *Enzyme and Microbial Technology*, 25, 258–263.

Perez-Cid, B., Lavilla, I. & Bendicho, C. (1999) Application of microwave extraction for partitioning of heavy metals in sewage sludge. *Analytica Chimica Acta*, 378, 201–210.

Perez-Elvira, S.I., Diez, P.N. & Fdz-Polanco, F. (2006) Sludge minimization technologies. *Reviews in Environmental Science and Bio/Technology*, 5, 375–398.

Perez-Elvira, S.I., Fdz-Polanco, M., Plaza, F.I., Garralon, G. & Fdz-Polanco, F. (2009) Ultrasound pretreatment for anaerobic digestion improvement. *Water Science and Technology*, 60 (6), 1525–1532.

Perez-Elvira, S.I., Fernandez-Polanc, F., Fernandez-Polanco, M., Rodriguez, P. & Rouge, P. (2008) Hydrothermal multivariable approach. Full-scale feasibility study. *Electronic Journal of Biotechnology*, 11, 7–8.

Pergamon PATSEARCHR, Pergamon Orbit Infoline Inc., 8000 Westpark Drive, McLean, Virginia 22102 USA.

Perry, J.H. (1973) *Chemical Engineers, Handbook*. 5th edition. New York, NY, McGraw-Hill.

Persson, N.A. & Welander, T.G. (1994) *Biotreatment of Petroleum Hydrocarbons-Containing Sludge by Land Farming in Hydrocarbon Bioremediation*. In: Hinchee, R.A., Alleman B.C., Hoeppel R.E. & Miller R.N. (eds.) Boco Raton, FL, Lewis Publishers. pp. 335–342.

Philippidis, G.P. (1996) *Handbook on Bioethanol: Production and Utilization*. In: Wyman, C.E. (ed.) Washington, DC, Taylor and Francis. pp. 253–285.

Philp, D.M. (1985) Sludge incineration.The Lower Molonglo water quality control centre. In: *Proceedings 11th Federal Convention, Australian Water and Wastewater Association, Melbourne*. pp. 459–466.

Pierre Le Clech (2013) *Schematic of MBR Process and Membrane Fouling*. Available from: http://en.wikipedia.org/wiki/Membrane_bioreactor [Accessed 3rd July 2013].

Pilli, S., Bhunia, P., Yan, S., LeBlanc, R.J., Tyagi, R.D. & Surampalli, R.Y. (2011). Ultrasonic pretreatment of sludge: A review. *Ultrasonics Sonochemistry*, 18, 1–18.

Pino-Jelcic, S.A., Hong, S.M. & Park, J.K. (2006) Enhanced anaerobic biodegradability and inactivation of fecal coliforms and salmonella spp. in wastewater sludge by using microwaves. *Water Environment Research*, 78 (2), 209–216.

Potter, C.L. & Glasser, J.A. (1995) Design and testing of an experimental In-vessel composting system. In: *Proceedings of the 21st Annual RREL Research Symposium, Cincinnati, Ohio*. pp. 56–60.

Priestley, A.J. (1992) *Sewage Sludge Treatment and Disposal-Environmental Problems and Research Needs from an Australian Perspective*. CSIRO, Division of Chemicals and Polymers.

Prince, M. & Sambasivam, Y. (1993) Bioremediation of petroleum wastes from the refining of lubricant oils. *Environmental Progress*, 12 (1), 5–11.

Ptasinski, K.J., Hamelinck, C. & Kerkhof, P.J.A.M. (2002) Energy analysis of methanol from the sewage sludge process. *Energy Conversion and Management*, 43 (9–12), 1445–1457.

Qiao, W., Wang, W., Wan, X., Xia, A. & Deng, Z. (2010) Improve sludge dewatering performance by hydrothermal treatment. *Journal of Residuals Science and Technology*, 7, 7–11.

Qiao, W., Wang, W., Xun, R., Lu, W. & Yin, K. (2008) Sewage sludge hydrothermal treatment by microwave irradiation combined with alkali addition. *Journal of Material Science*, 43, 2431–2436.

Ra, C.S., Lo, K.V. & Mavinic, D.S. (1998) Real-time control of two-stage sequencing batch reactor system for the treatment of animal wastewater. *Environmental Technology*, 19, 343–356.

Rabaey, K. & Verstraete, W. (2005) Microbial fuel cells: Novel biotechnology for energy generation. *Trends in Biotechnology*, 23, 291–298.

Randall, C.W., Turpin, J.K. & King, P.H. (1971) Activated sludge dewatering: Factors affecting drainability. *Journal of Water Pollution Control Federation*, 43, 102–122.

Rao, M.N. & Datta, A.K. (1987) *Waste Water Treatment*. 2nd edition. New Delhi, Oxford & IBH Publishing Co. Pvt. Ltd.

Rasmussen, H. & Nielsen P.H. (1996) Iron reduction in activated sludge measured with different extraction techniques. *Water Research*, 30, 551–558.

Ratsak, C.H., Kooi, B.W. & van Verseveld, H.W. (1994) Biomass reduction and mineralization increase due to the ciliate *Tetrahymena pyriformis* grazing on the bacterium *Pseudomonas fluorescens*. *Water Science and Technology*, 29 (7), 119–128.

Ratsak, C.H., Kooijman, S.A.L. & Kooi, B.W. (1993) Modeling the growth of an oligochaete on activated sludge. *Water Research*, 27 (5), 739–747.

Ray, B.T., Lin, J.G. & Rajan, R.V. (1990) Low level alkaline solubilization for enhanced anaerobic digestion. *Journal of Water Pollution Control Federation*, 62, 81–87.

Rensink, J.H., Donker, H.J.G.W. & Ijwema, T.S.J. (1982) *The influence of feed pattern on sludge bulking*. In: Chamber, B. & Tomlinson, E.J. (eds.) *Bulking of Activated Sludge: Preventative and Remedial Methods*. Chichester, Ellis Horwood Ltd. pp. 147–163.

Reynolds, D.T., Cannon, M. & Pelton, T. (2001) *Preliminary Investigation of Recuperative Thickening for Anaerobic Digestion*. WEFTEC Paper.

Rhee, S.K., Lee, J.J. & Lee, S.T. (1997) Nitrite accumulation in a sequencing batch reactor during the aerobic phase of biological nitrogen removal. *Biotechnology Letters*, 19, 195–198.

Rich, L.G. (1982) A cost-effective system for the aerobic stabilization and disposal of waste activated sludge. *Water Research*, 16, 535–542.

Richards, B.K., Steenhuis, T.S., Peverly, J.H. & McBride, M.B. (1998) Metal mobility at an old, heavily loaded sludge application site. *Environmental Pollution*, 99, 365–377.

Rifkin, J. (2002) *The Hydrogen Economy: The Creation of the Worldwide Energy Web and the Redistribution of the Power on Earth*. New York, NY, Penguin Putnam.

Riggle, D. (1995) Successful bioremediation with compost. *BioCycle*, 36 (2), 57–59.

Roberts, K. & Olsson, O. (1975) Influence of colloidal particles on dewatering of activated sludge with polyelectrolyte. *Environmental Science & Technology*, 9, 945–948.

Rocher, M., Roux, G., Goma, G., Begue, A.P., Louvel, L. & Rols, J.L. (2001) Excess sludge reduction in activated sludge processes by integrating biomass alkaline heat treatment. *Water Science and Technology*, 44 (2–3), 437–444.

Rosenberger, S., Kraume, M. & Szewzyk, U. (1999). Sludge free management of membrane bioreactors. In: *Proceedings of 2nd Symposium on Membrane Bioreactor for Wastewater Treatment. The School of Water Sciences, Cranfield University, UK*.

Rosenberger, S., Laabs, C., Lesjean, B., Gnirss, R., Amy, G., Jekel, M. & Schrotter, J.C. (2006) Impact of colloidal and soluble organic material on membrane performance in membrane bioreactors for municipal wastewater treatment. *Water Research*, 40, 710–720.

Rulkens, W. (2008) Sewage sludge as a biomass resource for the production of energy: Overview and assessment of the various options. *Energy & Fuels*, 22, 9–15.

Saby, S., Djafer, M. & Chen, G.H. (2002) Feasibility of using a chlorination step to reduce excess sludge in activated sludge process. *Water Research*, 36 (3), 656–666.

Sahu, S., Patnaik, K.K. & Sethunathan, N. (1992) Dehydrochlorination of γ-isomer of hexachlorocyclohexane by a soil bacterium, *Pseudomonas* sp. *Bulletin of Environmental Contamination and Toxicology*, 48, 265–268.

Sahu, S.K., Patnaik, K.K., Bhuyan, S., Sreedharan, B., Kurihari, N., Adhya, T.K. & Sethunathan N.J. (1995) Mineralization of alpha-, gamma-, beta-isomers og hexachlorocyclohexane by a soil bacterium under aerobic conditions. *Journal of Agricultural and Food Chemistry*, 43, 833–837.

Sakai, Y., Aoyagi, T., Shiota, N., Akashi, A. & Hasegawa, S. (2000) Complete decomposition of biological waste sludge by thermophilic aerobic bacteria. *Water Science and Technology*, 42 (9), 81–88.

Salanitro, J.P. & Diaz, L.A. (1995) Anaerobic biodegradability testing of surfactants. *Chemosphere*, 30, 813–830.

Salsabil, M.R., Laurent, J., Casellas, M. & Dagot, C. (2010) Techno-economic evaluation of thermal treatment, ozonation and sonication for the reduction of wastewater biomass volume before aerobic or anaerobic digestion. *Journal of Hazardous Material*, 174 (1–3), 323–333.

Salsabil, M.R., Prorot, A., Casellas, M. & Dagot, C. (2009) Pretreatment of activated sludge: Effect of sonication on aerobic and anaerobic digestibility. *Chemical Engineering Journal*, 148 (2–3), 327–335.

Schanke, C.A. & Wackett, L.P. (1992) Transition-metal coenzymes mimic environmental reductive elimination reactions of polychlorinated ethanes. *Environmental Science & Technology*, 26, 830–833.

Schmidt, S. & Padukone, N.J. (1997) Production of lactic acid from wastepaper as a cellulosic feedstock. *Journal of Industrial Microbiology and Biotechnology*, 18, 10–14.

Schnurer, A., Houwen, E.P. & Svensson, B.H. (1994) Mesophilic syntrophic acetate oxidation during methane formation by a triculture at high ammonium concentration. *Archives of Microbiology*, 162, 70–74.

Scholten, J.C.M. & Stams, A.J.M. (1995) The effect of sulfate and nitrate on methane formation in a freshwater sediment. *Antonie Van Leeuwenhoek*, 68, 309–315.

Scragg, A. (1999) *Environmental Biotechnology*. England, Pearson Education Ltd. pp. 70–77.

Senoo, K. & Wada, H. (1990) y-HCH-decomposing ability of several strains of *Pseudomonas paucimobilis*. *Soil Science and Plant Nutrition*, 36, 677–678.

Sezgin, M., Jeckins, D. & Parker, D.S. (1978) A unified theory of filamentous activated sludge bulking. *Journal Water Pollution Control Federation*, 50, 362–381.

Shen, T.T. (1979) Air pollutants from sewage sludge incinerators. *Journal of Environmental Engineering*, 105 (1), 61–74.

Sherwood, M.J. (1982) Fin erosion, liver condition and trace contaminant exposure in fishes from three coastal regions, In: G.F. Mayer (ed.) *Ecological Stress and the New York Bight*. Columbia, SC, Estuarine Research Foundation.

Shier, W.T. & Purwono, S.K. (1994) Extraction of single-cell protein from activated sewage sludge: Thermal solubilization of protein. *Bioresource Technology*, 49, 157–162.

Siddiquee, M.N. & Rohani, S. (2011) Lipid extraction and biodiesel production from municipal sewage sludges: A review. *Renewable and Sustainable Energy Reviews*, 15 (2), 1067–1072.

Sikora, L.J., Frankos, N.H., Murrary, C.M. & Walker J.M. (1980) Trenching digested sludge. *Journal of Environmental Engineering*, 106 (2), 351–361.

Sinha, R.K. & Heart, S. (2003) *Industrial and Hazardous Wastes: Health Impacts and Management Plan*. India, Pointer Publishers.

Smollen, M. (1990) Evaluation of municipal sludge drying and dewatering with respect to sludge volume reduction. *Water Science and Technology*, 22 (12), 153–161.

Solera, R., Romero, L.I. & Sales, D. (2002) The evolution of biomass in a two-phase anaerobic treatment process during start-up. *Chemical and Biochemical Engineering Quarterly*, 16 (1), 25–29.

Spartan Environmental Technologies (2013) *Ozone Sludge Reduction*. Available from: http://www.spartanwatertreatment.com/ozone-sludge-reduction.html [Accessed 3rd July 2013].

Spinosa, L. (2004) From sludge to resources through biosolids. *Water Science and Technology*, 50 (9), 1–9.

Stathis, T.C. (1980) Fluidized bed for biological wastewater treatment. *Journal of Environmental Engineering*, 106 (1), 227–241.

Steenhuis, T.S., McBride, M.B., Richards, B.K. & Harrison, E. (1999) Trace metal retention in the incorporation zone of land-applied sludge. *Environmental Science & Technology*, 33, 1171–1174.

Steenhuis, T.S., Ritsema, C.J. & Dekker, L.W. (1996) Introduction. *Geoderma*, 70, 83–85.

Stendahl, K. & Jäfverström, S. (2004) Recycling of sludge with the Aqua Reci process. *Water Science and Technology*, 49 (10), 233–240.

Straub, K.L., Benz, M., Schink, B. & Widdel, E. (1996) Anaerobic, nitrate-dependent microbial oxidation of ferrous iron. *Applied and Environmental Microbiology*, 62, 1458–1460.

Strauch, D. (1988) Improvement of the quality of sewage sludge: Microbiological aspects. In: Dirkzwager, A.H. and Hermite, P.L. (eds.) *Conference on Sewage Sludge Treatment and Use*. Elsevier Applied Science, England.

Stuckey, D.C. & McCarty, P.L. (1978) Thermochemical pretreatment of nitrogenous materials to increase methane yield. *Biotechnology and Bioengineering Symposium*, 8, 219–233.

Suprenant, B.A, Lahrs, M.C. & Smith, R.L. (1990) Oil crete. *Civil Engineering*, 60, 61–63.

Swinton, E.A., Eldridge, R.J., Becker, N.S.C. & Smith, A.D. (1988) Extraction of heavy metals from sludges and muds by magnetic ion-exchange. In: Dirkzwager, A.H. and Hermite, P.L. (eds.) *Conference on Sewage Sludge Treatment and Use*. Elsevier Applied Science, England.

Swisher, R.D. (1987) *Surfactant Biodegradation*. New York, NY, Marcel Dekker Inc.

Tanaka, S. & Kamiyama, K. (2002) Thermo-chemical pretreatment in the anaerobic digestion of waste activated sludge. *Water Science and Technology*, 46, 173–179.

Tanaka, S., Kobayashi, T., Kamiyama, K. & Bildan, M. (1997) Effects of thermo-chemical pretreatment on the anaerobic digestion of WAS. *Water Science and Technology*, 35 (8), 209–215.

Tanghe, T., Devriese, G. & Verstraete, W. (1994) Nonylphenol degradation in lab scale activated sludge units is temperature dependent. *Water Research*, 32, 2889–2896.

Tchobanoglous, G., Burton, F.L. & Stensel, H.D. (2003). *Wastewater Engineering: Treatment, Disposal, and Reuse*. 4th edition. New York, NY, McGraw-Hill, Inc. p. 1819.

Tenney, M.W., Echelberger Jr., W.F., Coffey, J.J. & McAloon, T.J. (1970) Chemical conditioning of biological sludges for vacuum filtration. *Journal of Water Pollution Control Federation*, 42, R1–R200.

Tenny, M.W. & Stumm W. (1965) Chemical flocculation of micro-organisms in biological waste treatment. *Journal of Water Pollution Control Federation*. 37, 1370–1388.

Tezel, U., Tandukar, M. & Pavlostathis, S.G. (2011) Anaerobic bio-treatment of municipal sewage sludge. In: Young, M.M. (Editor-in-Chief) & Agathos, S. (eds.) *Comprehensive*

Biotechnology, 2nd edition, Vol. 6, *Environmental Biotechnology and Safety*. Amsterdam, Elsevier.

Theis, T.L., McKieman, M. & Padgets, L.E. (1984) *Analysis and Assessment of Incinerated Municipal Sludge Ashes and Leachates*. Cincinnati, OH, US EPA Report No. 600/52-84-038.

Tian, Y., Zuo, W., Ren, Z. & Chen, D. (2011) Estimation of a novel method to produce bio-oil from sewage sludge by microwave pyrolysis with the consideration of efficiency and safety. *Bioresource Technology*, 102, 2053–2061.

Tiemeyer, E. (2002) *Method of Enhancing Biological Activated Sludge Treatment of Waste Water, and a Fuel Product Resulting Therefrom*. Available from: http://www.google.com.tr/patents/US20020148780.

Tomlinson, E.J. (1982) The emergency of the bulking problem and the current situation in the U.K. In: Chambers, B. & Tomlinson, E.J. (eds.) *Bulking of Activated Sludge: Preventive and Remedial Methods*. Chichester, Ellis Horwood Ltd. pp. 17–23.

Topping, G. (1986) Sewage sludge dumping in Scottish waters: Current practices and future outlook. In: *Proceedings of Scottish Centre's Annual Symposium (Sludge Disposal into the 1990s) at Hamilton on 10 December 1986*.

Tran, E.T. & Tyagi, R.D. (1990) Mesophilic and thermophilic digestion of municipal sludge in a deep-shaft V-shaped bioreactor. *Water Science and Technology*, 22 (12), 205–215.

Tsang, K.R. & Vesilind, P.A. (1990) Moisture distribution in sludges. *Water Science and Technology*, 22 (12), 135–142.

Turovskiy, I.S. & Mathai, P.K. (2006) *Wastewater Sludge Processing*. New Jersey, Wiley Interscience Publication.

Tyagi, R.D., Surampalli, R.Y. & Yan, S. (2009) *Sustainable Sludge Management: Production of Value Added Products*. Reston, VA, American Society of Civil Engineers. p. 72.

Tyagi, V.K. & Lo, S.L. (2011) Application of physico-chemical pretreatment methods to enhance the sludge disintegration and subsequent anaerobic digestion: An up to date review. *Reviews in Environmental Science and Biotechnology*, 10, 215–242.

Tyagi, V.K. & Lo, S.L. (2013) Sludge: A waste or renewable source for energy and resources recovery? *Renewable and Sustainable Energy Reviews*, 25, 708–728.

Uggetti, E., Ferrer, I., Llorens, E. & García, J. (2010) Sludge treatment wetlands: A review on the state of the art. *Bioresource Technology*, 101, 2905–2912.

Uggetti, E., Ferrer, I., Molist, J. & García, J. (2011) Technical, economic and environmental assessment of sludge treatment wetlands. *Water Research*, 45 (2), 573–582.

University of Tennessee (2013) *High Pressure Homogenization*. Available from: http://web.utk.edu/~fede/high%20pressure%20homogenization.html [Accessed 3rd July 2013].

Urbain, V., Block, J.C. & Manem, J. (1993) Bio-flocculation in an activated sludge: An analytical approach. *Water Research*, 27, 829–838.

USEPA, United States Environmental Protection Agency (1979) *Process Design Manual for Sludge Treatment and Disposal*. EPA 625/1-79/011.

USEPA, United States Environmental Protection Agency (1982) *Guide to the Disposal of Chemically Stabilized and Solidified Waste*, SW-872, Washington, DC, Office Solid Waste Emergency Response.

USEPA, United States Environmental Protection Agency (1993) *Standards for the Use or Disposal Sewage Sludge*. Final Rules 40 CFR Part 257.

USEPA, United States Environmental Protection Agency (2000a) *Biosolids Technology Fact Sheet: Alkaline Stabilization of Biosolids*. Washington, DC, Office of Water, EPA 832-F-00-052, September 2000.

USEPA, United States Environmental Protection Agency (2000b) *Biosolids Technology Fact Sheet: Centrifuge Thickening and Dewatering*. Washington, DC, Office of Water, EPA 832-F-00-053, September 2000.

Vail, R.L. (1991) Refiner biodegrades separator type sludge to BDAT standards. *Oil and Gas Journal*, 89, 53–57.

Valo, A., Carrere, H. & Delgene, J. (2004) Thermal, chemical, and thermo-chemical pretreatment of WAS for anaerobic digestion. *Journal of Chemical Technology and Biotechnology*, 79, 1197–1203.

Van Eekert, M.H.A., Schroder, T.J., Stams, A.J.M.M., Schraa, G. & Field, J.A. (1998a) Degradation and fate of carbon tetrachloride in unadapted methanogenic granular sludge. *Applied and Environmental Microbiology*, 64, 2350–2356.

Van Eekert, M.H.A., Van Ras, N.J.P., Mentink, G.H., Rijnaarts, H.H.M., Stams, A.J.M. Field, J.A. & Schraa, G. (1998b) Anaerobic transformation of p-hexachloroycyclohexane by methanogenic granular sludge and soil microflora. *Environmental Science & Technology*, 32, 3299–3304.

Van Loosdrecht, M.C.M. & Henze, M. (1999) Maintenance, endogenous respiration, lysis, decay and predation. *Water Science and Technology*, 39 (1), 107–117.

Vecchioli, G.I. Del Panno, M.T. & Painceira, M.T. (1990) Use of selected autochthonous soil bacteria to enhance degradation of hydrocarbons in soil. *Environmental Pollution*, 67, 249–258.

Venkateswaran, K., Hoaki, T., Kato, M. & Maruyama, T. (1995) Microbial degradation of resins fractionated from Arabian light crude oil. *Canadian Journal of Microbiology*, 41 (4–5), 418–424.

Venosa, A.D., Haines, J.R., Nisamaneepong, W., Govind, R., Pradhan, S. & Siddique, B. (1992) Efficacy of commercial products in enhancing oil biodegradation in closed laboratory reactors. *Journal of Industrial Microbiology*, 10 (1), 13–23.

Vesilind, P.A. (1988) The capillary suction time as a fundamental measure of sludge dewatering. *Journal of Water Pollution Contreol Federation*, 60 (2), 215–220.

Vesilind, P.A. & Martel, C.J. (1990) Freezing of water and waste water sludges. *Journal of Environmental Engineering*. 116 (5), 854–862.

Wahlberg, C., Renberg, L. & Wideqvist, D. (1990) Determination of nonylphenol ethoxylates as theirpentafluoro-benzoates in water, sewage sludge and biota. *Chemosphere*, 20, 179–195.

Wang, Q., Kuninobo, M., Kakimoto, K., Ogawa, H.I. & Kato, Y. (1999) Upgrading of anaerobic digestion of WAS by ultrasonic pretreatment. *Bioresource Technology*, 68, 309–313.

Wanner, J. (1992) Comparison of biocenosis from continuous and sequencing batch reactors. *Water Science and Technology*, 25 (6), 239–249.

Wanner, J. (1994) *Activated Sludge Bulking and Foaming Control*. Lancaster, PA, Technomic Publishing Co. Inc.

Webb, P.C. (1964) Dehydration. In: *Biochemical Engineering*. London, D. Nostrand Company Ltd.

Wedag, A.G. (1990) *HI-COMPACT Method-A Purely Mechanical Process for Maximum Secondary Dewatering of Sludges*. KHD Humboldt Brochure No. 5, 400.

WEF (1998) Design of municipal wastewater treatment plants, 4th edition, *Manual of Practice 8 (ASCE 76)*, Alexandria, VA, Water Environment Federation.

WEF (2007) *Pumping of Wastewater and Sludge*, Chapter 8. Alexandria, VA, Water Environment Federation. pp. 1–88.

Wei, Y., Van Houten, R.T., Borger, A.R., Eikelboom, D.H. & Fan, Y. (2003a) Comparison performances of membrane bioreactor (MBR) and conventional activated sludge (CAS) processes on sludge reduction induced by Oligochaete. *Environmental Science & Technology*, 37 (14), 3171–3180.

Wei, Y., Van Houten. R.T., Borger, A.R., Eikelboom, D.H. & Fan, Y. (2003b) Minimization of excess sludge production for biological wastewater treatment. *Water Research*, 37, 4453–4467.

Wilhelm, A. & Knopp, P. (1979) Wet air oxidation-An alternative to incineration, *Chemical Engineering Progress*, 75, 46–52.

Willett, I.R., Jakobsen, P., Cunningham, R.B. & Gunthorpe, J.R. (1984) *Effects of Lime Treated Sewage Sludge on Soil Properties and Plant Growth*. CSIRO Division of Soils, Report No. 67.

Wilson, S.C. & Jones, K.C. (1993) Bioremediation of soil contaminated with polynuclear aromatic hydrocarbons (PAHs): A review. *Environmental Pollution*, 81, 229–249.

Wong, W.T., Chan, W.I., Liao, P.H., Lo, K.V. & Mavinic, D.S. (2006) Exploring the role of hydrogen peroxide in the microwave advanced oxidation process: Solubilization of ammonia and phosphates. *Journal of Environmental Engineering Science*, 5, 459–465.

Wong, W.T., Lo, K.V. & Liao, P.H. (2007) Factors affecting nutrient solubilization from sewage sludge using microwave-enhanced advanced oxidation process. *Journal of Environmental Science and Health, Part A*, 42, 6, 825–829.

Woodard, S. & Wukasch, R. (1994) A hydrolysis/thickening/filtration process for the treatment of waste activated sludge. *Water Science and Technology*, 30 (3), 29–38.

Worner, H.K. (1990) Revolutionary new use for sewage sludges in smelting. *Australian and New Zealand Association for the Advancement of Science Journal*, 21 (8), 28–29.

Wu, Q., Wang, Y. & Chen, G.Q. (2009) Medical application of microbial biopolyesters polyhydroxyalkanoates. *Artificial Cells, Blood Substitutes, and Biotechnology*, 37 (1), 1–12.

Wunderlich, R., Barry, J., Greenwood, D. & Carry, C. (1985) Startup of a high-purity, oxygen-activated sludge system at the Los Angeles County Sanitation Districts' Joint water pollution control plant. *Journal of Water Pollution control Federation*, 57, 1012–1018.

Wymann, C.E. (1994) Ethanol from lignocellulosic biomass: Technology, economics, and opportunities. *Bioresource Technology*, 50, 3–15.

Wymann, C.E. & Goodmann, B. (1993) Biotechnology for production of fuels, chemicals, and materials. *Applied Biochemistry and Biotechnology*, 39/40, 41–59.

Xavier, S. & Lonsane B.K. (1994), Sugar-cane pressmud as a novel and inexpensive substrate for production of lactic acid in a solid-state fermentation system. *Applied Microbiology and Biotechnology*, 41, 291–295.

Xie, B., Liu, H. & Yan, Y. (2009) Improvement of the activity of anaerobic sludge by low-intensity ultrasound. *Journal of Environmental Management*, 90, 260–264.

Xu, G., Chen, S., Shi, J., Wang, S. & Zhu, G. (2010) Combination treatment of ultrasound and ozone for improving solubilization and anaerobic biodegradability of waste activated sludge. *Journal of Hazardous Material*, 180, 340–346.

Xu, X. & Anal, M.I. (1998) Gasification of sewage sludge and other biomass for hydrogen production in supercritical water. *Environmental Progress*, 17 (4), 215–220.

Xu, X., Matsumara, Y., Stenberg, J. & Antal, M.J. (1996) Carbon catalyzed gasification of organic feed-stocks in supercritical water. *Industrial and Engineering Chemistry Research*, 35, 2522–2530.

Yamamoto, K., Hiasa, M., Mahmood, T. & Matsuo, T. (1989) Direct solid-liquid separation using hollow fibre membrane in an activated sludge aeration tank. *Water Science and Technology*, 21, 43–54.

Yang, X., Wang, X. & Wang, L. (2010) Transferring of components and energy output in industrial sewage sludge disposal by thermal pretreatment and two-phase anaerobic process. *Bioresource Technology*, 101 (8), 2580–2584.

Yasuda, Y. (1991) Sewage sludge utilisation technology in Tokyo. *Water Science and Technology*, 23, 1743–1752.

Yasui, H. & Shibata, M. (1994) An innovative approach to reduce excess sludge production in the activated sludge process. *Water Science and Technology*, 30 (9), 11–20.

Yasui, H., Nakamura, K., Sakuma, S., Iwasaki, M. & Sakai, Y. (1996) A full-scale operation of a novel activated sludge process without excess sludge production. *Water Science and Technology*, 34 (3–4), 395–404.

Ye, F. & Li, Y. (2010) Oxic-settling-anoxic (OSA) process combined with 3,3,4,5-tetrachlorosalicylanilide (TCS) to reduce excess sludge production in the activated sludge system. *Biochemical Engineering Journal*, 49 (2), 229–234.

Young, D.R., Heeson, T.C. Esra, G.M. & Howard, E.B. (1979) ODE contaminated fish off Los Angeles are suspected cause in deaths of marine birds. *Bulletin of Environmental Contaminant Toxicology*, 21, 584–590.

Zullaikah, S., Lai, C.-C., Vali, S.R. & Ju, Y.-H. (2005) A two-step acidcatalyzed process for the production of biodiesel from rice bran oil. *Bioresource Technology*, 96 (17), 1889–1896.

Zuo, W., Tian, Y. & Ren, N. (2011) The important role of microwave receptors in bio-fuel production by microwave-induced pyrolysis of sewage sludge. *Waste Management,* 31 (6), 1321–1326.